Günther Mohr

COACHING UND SELBSTCOACHING MIT TRANSAKTIONSANALYSE

Professionelle Beratung
zu beruflicher
und persönlicher Entwicklung

EHP
– 2008 –

© 2008 EHP – Verlag Andreas Kohlhage, Bergisch Gladbach
www.ehp.biz

Bibliografische Information der Deutschen Bibliothek
Die Deutsche Bibliothek verzeichnet diese Publikation in der Deutschen Nationalbibliografie; detaillierte Daten sind im Internet über http://dnb.ddb.de abrufbar.

Redaktion: Corinna Roßbach

Umschlagentwurf: Uwe Giese
Satz: MarktTransparenz Uwe Giese, Berlin
Gedruckt in der EU

Alle Rechte vorbehalten
All rights reserved. No part of this book may be reproduced or transmitted in any form or by any means, electronic or mechanical, including photocopying, recording or by any information storage and retrieval system, without permission in writing from the publisher.

ISBN 978-3-89797-079-3

Inhalt

Dankesworte 9
Einführung 11

1. Coaching – persönlicher und wirtschaftlicher Nutzen 17
1.1 Coaching ist Entwicklung 17
1.2 Der persönliche Nutzen 19
    Respekt und Selbststeuerung (19) • Integrierte Professionalität (19)
1.3 Der wirtschaftliche Nutzen 21
    Coaching minimiert Transaktionskosten (21) • Coaching bringt Qualitätszuwachs (22) • Coaching entwickelt neue Lernkultur (22) • Coaching erzeugt Kompetenzmehrwert (23)

2. Ein kompaktes Modell – Coaching mit integrativer Transaktionsanalyse 25
2.1 Integrierte Professionalität als Grundlage für Coaching 26
2.2 Menschenbild und Organisationsverständnis 27
    Menschenbild (27) • Evolution und Revolution (28) • Wertschätzung gegenüber sich selbst und anderen (29) • Organisationsverständnis (30)
2.3 Persönlichkeit und Unterschiedlichkeit 31
    Die Grundidee der Persönlichkeitspsychologie der Transaktionsanalyse (31) • Wie drückt sich die Persönlichkeit aus? – Das Funktionsmodell (32) • Das Herkunftsmodell – Wo kommt ein Erlebens- und Verhaltensmuster her? (34) • Das Werte-Vernunft-Gefühle-Modell (36) – Das Lebensplan-(Skript)-Modell (36)
2.4 Beziehung und Kommunikation 41
    Die Transaktionsanalyse der Kommunikation im engeren Sinne (42) • Die »Spiel«-Analyse (44)
2.5 Kontext und Systembezug 46
    Kontext I: Der Bezugsrahmen (46) • Kontext II: Die »aktuelle Aufstellung« des Sytems (47)
2.6 Entwicklung und Veränderung 48
    Ich-Zustandsebene (49) • Transaktions- und Spielebene (51) • Einordnung des Veränderungsmodells (52) • Skriptebene (52) • Bezugsrahmenebene (54) • Systemveränderung (55)
2.7 Professionsmethoden – Beratungstechniken 56
    Erstexploration (56) • Beratungsvertrag (56) • Beratungstechniken (57) • Skriptveränderung – Umentscheidung (redicision) (59)
2.8 Das Integrative der Transaktionsanalyse 60

3.	**An den Lebensstrom anknüpfen – Emotionscoaching**	**65**
3.1	Homo emotionicus	66
3.2	Der Lebensstrom – Die Grundlage von Gefühlen und Grundbedürfnissen	67
3.3	Das Meldesystem – Die Gefühlstönungen	70
3.4	Die Überlagerung des Lebensstromes	72
3.5	Denkgefühle	74
3.6	Gefühle wahrnehmen und auf sie reagieren	75
3.7	Angst – die große Triebfeder der Wirtschaft	76
3.8	Trauer – das unregistrierte Alltagsgefühl	76
3.9	Verzweiflung und Hoffnungslosigkeit – zwei zentrale Gefühle in Veränderungsprozessen	78
3.10	Macht und Gefühl	79
3.11	Der Lebensstrom im Alltag, in Krisen und in der Entwicklung	82
3.12	Der Lebensstrom in der Begegnung zwischen Menschen	83
3.13	Die Aufgaben im Coaching	84
3.14	Generationenübergreifende Gefühle	85
3.15	Fundamentalinterventionen im Coaching	87
3.16	Im Coaching den inneren Beobachter schulen	88
3.16.1	Wissen um das eigene Persönlichkeits»kostüm«	88
3.16.2	Der »Entscheider«	89
3.16.3	Der »Beobachter«	89
3.16.4	Der Zugang des »inneren Körpers«	90
3.16.5	Praktische Tipps zur Wahrnehmungsschärfung im Coaching	91
4.	**Organisationale Kompetenz – Systemisches Coaching**	**93**
4.1	Systembegegnung	96
4.2	Systemannäherung	97
4.3	Systemankoppelung	98
4.4	Formulierte Coachinganlässe	100
4.4.1	Die Beziehung Führungskraft–Mitarbeiter	100
4.4.2	Die Beziehung zum Unternehmen	102
4.4.3	Die Beziehung der »Führungskraft« zu sich selbst	103
4.5	Coachingperspektiven	104
4.5.1	Die Perspektive des Führungssystems	106
4.5.2	Die Perspektive der Rolle	107
4.5.3	Die Perspektive der Persönlichkeit	107
4.6	Coaching unter Nutzung der Rollen-Perspektive	108
4.6.1	Organisationsrollen, Professionsrollen, Privatrollen, Gemeinwesenrollen	108
4.6.2	Rollenperspektive und Veränderungsrichtung	112
4.7	Systemdynamiken	115

5.	**Coaching bei verdeckten Ebenen – Aufmerksamkeitsteuerung**	**119**
5.1	Das Unbewusste	119
5.2	Aufmerksamkeit	119
5.3	Lernprozesse verändern den Aufmerksamkeitsgrad	120
5.4	Die Dimensionen des Unbewussten	122
5.4.1	Der unbewusste Alltag	122
5.4.2	Unbewusste Illusionen	124
5.4.3	Unbewusste Lebensplanziele und Übertragung	124
5.4.4	Der unbewusste Lebensstrom	125
5.5	Theoretische Modelle des Unbewussten	125
5.6	Coaching und das Unbewusste	127
5.6.1	Klassische tiefenpsychologische Ansätze	127
5.6.2	Hellinger-Arbeit und Aufstellungen	129
5.6.3	Ericksonsche Arbeit	130
5.6.4	Neuro-Linguistisches Programmieren (NLP)	131
5.7	Das Unbewusste der Organisation	132
6.	**Praxis I: Diagnostik, Phasen, Interventionen und Wirkung**	**137**
6.1	Diagnostik im Coaching	137
6.2	Prozessdiagnose	139
6.3	Phasen und Grundfiguren der Coachingintervention	140
6.4	Coaching-Interventionen in der Kontaktphase	141
6.5	Coaching-Interventionen in der Inhalts- und Konfliktphase	143
6.6	Coaching-Interventionen in der Konsolidierungsphase	146
6.7	Coaching-Interventionen in der Resultatsphase	147
6.8	Auswirkungsebenen des Coachings	147
6.9	Die Kriterien guten Coachings	150
7.	**Praxis II: Detailarbeit – Coaching des Verhaltens**	**153**
7.1	Arbeit mit dem Häusermodell	153
7.2	Psychologische Beratung im Unterschied zu Therapie	160
7.3	Coaching im Beziehungsverhalten	161
7.4	Anwendungen im Veränderungsbereich »Beziehung«	163
7.4.1	Veränderung in der Kommunikation	163
7.4.2	Veränderung in der Konfliktbewältigung	164
7.5	Coaching und der Veränderungsbereich »Verhalten«	165
7.6	Der Siegeszug der Verhaltenstherapie im Management	165
7.7	Veränderungsbereich »Verhalten« im einzelnen	167
7.7.1	Aufbau von Verhalten	167
7.7.2	Abbau von Verhalten	168
7.7.3	Steuerung durch kognitive Verhaltensregeln	168
7.7.4	Selbstkontrolltechniken – Eigensteuerung von Verhalten	169
7.8	Ein möglicher Prozessablauf	170
7.9	Abschließendes zur Detailarbeit	173

8.	**Praxis III: Coachinggruppen in Unternehmen**	175
8.1	Beispiel für Coachinggruppen: »Praxisberatung Führung und Management«	175
8.2	Die Organisation der Coachinggruppen	176
8.3	Die Themen in den Coachinggruppen	176
8.4	Coaching als Supervision der Führungskraft	177
8.5	Methodische Instrumente	179
8.6	Resonanz der teilnehmenden Führungskräfte	181
8.6.1	Nutzen	182
8.6.2	Arbeitsweise der Praxisberatung (Supervision)	182
8.7	Prinzipien einer Inhouse-Coachingstelle	183
9.	**Praxis IV: Das Entwicklungspentagon der Kompetenzen**	187
9.1	Das Entwicklungspentagon der persönlichen Sozialkompetenz	187
9.1.1	Lernkompetenz	188
9.1.2	Gefühlskompetenz	190
9.1.3	Motivationskompetenz	192
9.1.4	Vertriebskompetenz	193
9.1.5	Supportkompetenz	194
9.2	Einwände gegen das Entwicklungspentagon der Sozialkompetenzen	195
9.3	Abschließendes zur Zielbestimmung	197
10.	**Theoretischer Ausklang: Muster**	199
10.1	Musterbildung	199
10.2	Nutzen von Mustern	199
10.3	Das Vier-Türen-Modell: Entwicklung und Veränderung von Mustern	201
10.3.1	Muster konstruieren	201
10.3.2	Wahlfreiheit zwischen Mustern erhöhen	202
10.3.3	Vom Muster zum Fluss	202
10.3.4	Musterfreiheit	202
10.4	Musterperspektiven	203
10.5	Das Sechs-Fenster-Modell: Diagnoseebenen bei Mustern	206
10.5.1	Neuronale Muster: Die Hardware und der Kleber	206
10.5.2	Visuelle Muster: Von Yves Klein-Blau und von Marken	209
10.5.3	Auditive Muster: Die Welt ist Klang	209
10.5.4	Bewegungs- und Verhaltensmuster: Typisches	209
10.5.5	Beziehungs- und Systemmuster: Interpersonale Resultate	210
10.5.6	Professionsmuster	211
10.6	Abschließendes	211
Literatur		212

Dankesworte

Wem ist nicht zu danken, wenn man ein Buch schreibt: dem, der das Haus gebaut hat, in dem man jetzt sicher und warm arbeiten kann; dem, der die Nahrung hergestellt hat, die man verzehrt; dem, der einen etwas gelehrt hat und so weiter und so fort. Nichts entsteht ohne viele, viele andere Menschen, die heute und früher gelebt haben.

Dennoch will ich einige speziell erwähnen. Dieses Buch wäre nicht möglich gewesen ohne die Anregungen, die ich durch tägliche praktische Arbeit als Coach erfahren habe. Coaching ist Entwicklung und Lernen. Dies hört nie auf, auch für den Coach nicht.

Es wäre aber auch nicht entstanden ohne die Vorarbeit von 50 Jahren Transaktionsanalyse, die wiederum in der Tradition der gesamten psychologischen Forschung steht, sowohl der klassisch-tiefenpsychologischen Richtung eines Freud, Adler und Jung als auch der sozialpsychologischen Lerntheorie von Skinner und Bandura.

Es ist das vierte Buch meiner Veröffentlichungsreihe nach den Themen *Führung* (»Lebendige Unternehmen führen«) und *Organisationsentwicklung* (»Systemische Organisationsanalyse«) sowie *internationale Organisationsberatung* (»Growth an Change for Organizations«). Insbesondere gehört mein Dank meinem Verleger Andreas Kohlhage, der für die Veröffentlichung moderner deutschsprachiger Praxisliteratur zu Coaching und Organisationsentwicklung einen hervorragenden Beitrag leistet. Als kritisch wohlwollende Unterstützer hin zum vorliegenden Coaching-Konzept sind vor allem Dr. Judith Conrad, Renate Pinkernelle, Bernd Schmid und Anette Dielmann, Bernd Taglieber, Dolores Lenz zu erwähnen.

Meine Frau Sabine Hedewig-Mohr hat mich mit ihrem journalistischen Auge bezüglich der Gesamtanlage und vieler Einzelformulierungen vor Ungereimtheiten bewahrt. Meine beiden Töchter Annekatrin und Isabel hätten sicher lieber mit mir Karten gespielt, als mich am Computer werkeln sehen. Auch dieser Verzicht verdient Dank.

Einleitung

Die Grundidee

Coaching ist ein anspruchsvolles Verfahren zur Unterstützung von Menschen im Arbeits- und Berufsleben. Es ist hervorragend geeignet, Menschen die Fertigkeiten für die modernen Herausforderungen der Arbeitswelt zu vermitteln. Sie können dadurch mit der Komplexität und der Dynamik der Anforderungen angemessen umgehen, ohne sich selbst zu verlieren.

Modernes Coaching ist pluralistisch und bedient sich der Methoden aus sehr unterschiedlichen psychologischen, pädagogischen und verwandten fachlichen Disziplinen. Dennoch ist für das Coaching ein praktisches Basis- und Veränderungskonzept sinnvoll, das Persönlichkeit und persönliche Beziehungen zu anderen erfasst. Dies dient quasi als Hafen zum Ausgangspunkt und zur Wiederkehr für Ausflüge in verschiedene methodische Richtungen. Hier wurde dazu das Modell der integrativen Transaktionsanalyse (ITA) gewählt, weil es klare Struktur, Effektivität und ein humanes Menschenbild verbindet. Aber fürchten Sie keinen Psycho-Dialekt, den Sie zuerst lernen müssen. Das Markenzeichen der Transaktionsanalyse ist eine optimale Reduzierung von Komplexität, so einfach wie möglich, aber auch so differenziert wie nötig.

Integrativ heißt dabei, dass in diesem Buch die Transaktionsanalyse mit vielen anderen praktischen Change-Methoden (systemisches Vorgehen, Verhaltensmodifikation, Sozial- und Organisationspsychologie sowie das Unbewusste adressierende Methoden) verbunden und ergänzt wird. Der besondere Vorteil der »Klammer« TA ist dabei der klare Zusammenhang von Persönlichkeit, Beziehungsverhalten sowie Entwicklung und Veränderung von Menschen.

Sie ist nutzbar für Verhaltensänderungen genauso wie für das Aufarbeiten von tieferen, einstellungsbedingten Einschränkungen. Darüber hinaus ist sogar über die moderne systemische Transaktionsanalyse ein Anschluss an das Coaching der Organisation möglich.

Insofern profitieren von diesem Buch alle, die sich für Coaching interessieren:
- Führungskräfte, in deren Umfeld Coaching eingesetzt wird,
- Coaches, die andere Methoden gelernt haben und TA ergänzen wollen,
- Menschen, die sich überlegen, ein Coaching zu machen.

In zehn unabhängigen Kapiteln, die jeweils ein eigenständiges Modul bilden, werden wesentliche Vorgehensweisen des Coachings vorgestellt.

Fahrplan und roter Faden

Kap. 1: Nutzen und Ziele

Das erste Kapitel beschreibt, wie Coaching für die heutigen Anforderungen persönlichen und wirtschaftlichen Nutzen bringt.

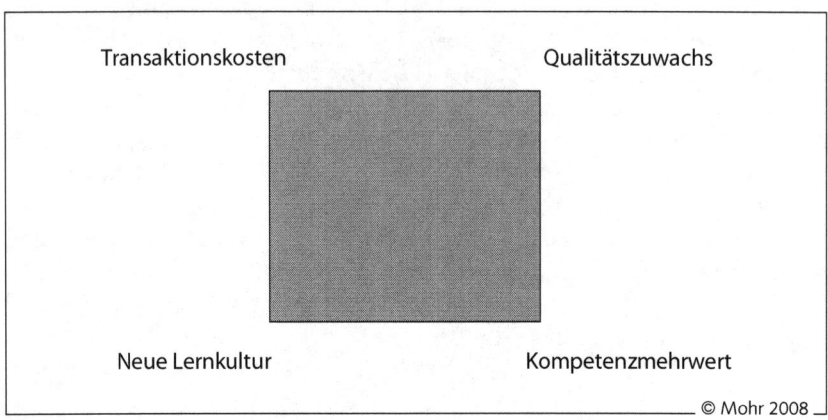

Kap. 2: Persönlichkeit, Kommunikation und Entwicklung

Danach erfolgt die Vorstellung der grundlegenden Konzeption von Persönlichkeit, Beziehung und Entwicklung, wie sie für berufsbezogene Kontexte erforderlich ist.

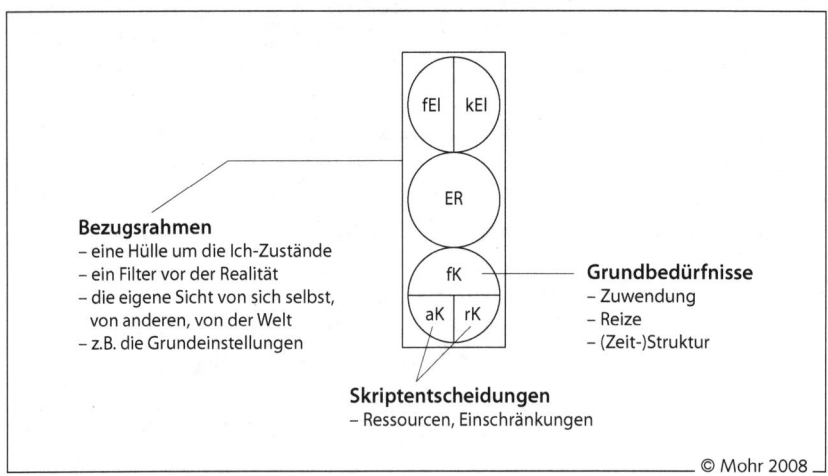

Kap. 3: Den Lebensstrom erforschen – Emotionscoaching

Anschließend folgen drei Vertiefungen. Die erste ist die Veränderung von Einstellungen und Emotionen. Beide sind durch Identifikation häufig tief im Menschen verwurzelt.

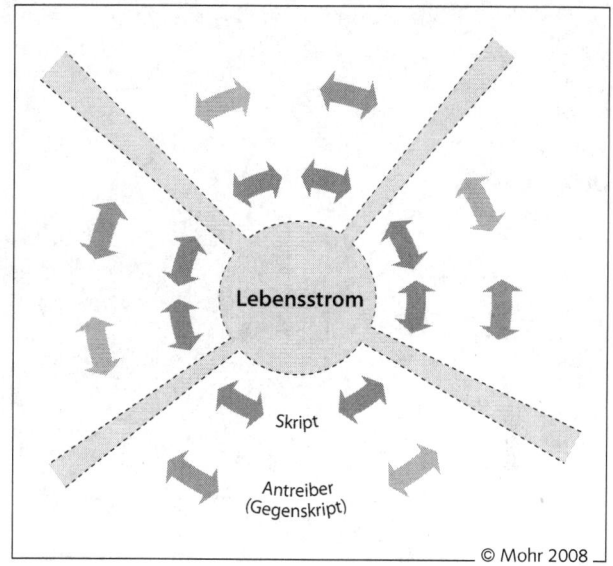

Kap. 4: Organisationale Kompetenz – Systemisches Coaching

Die zweite Vertiefung zeigt die Veränderung der Beziehung zum System. Dies erfolgt, egal ob ein externer Coach gerufen wird, oder aber ein interner Mitarbeiter, der im Handeln und Erleben seine Beziehung zum System ändern möchte.

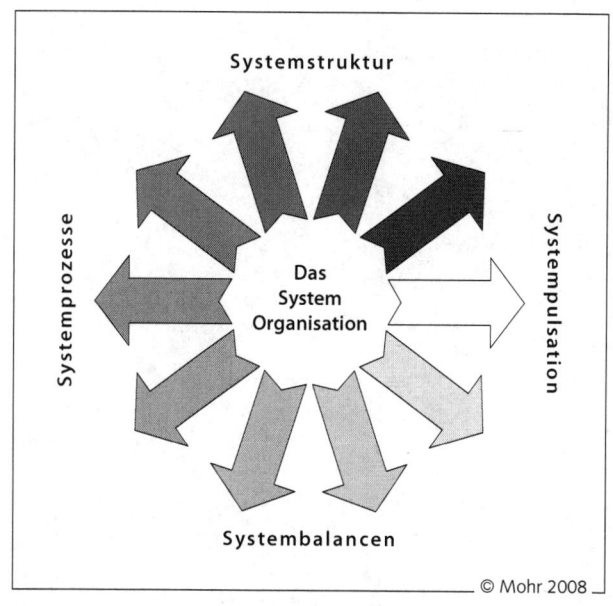

Kap. 5: Coaching bei verdeckten Ebenen

Verdeckte Ebenen beginnen damit, dass wir nicht immer alles im Kopf haben können, und enden mit folgenschweren Abwertungen von Tatsachen und Menschen. Verdeckte Ebenen des Handelns von Menschen bergen Gefahren, aber auch Ressourcen und sind gerade für Entwicklungsprozesse von zentraler Bedeutung.

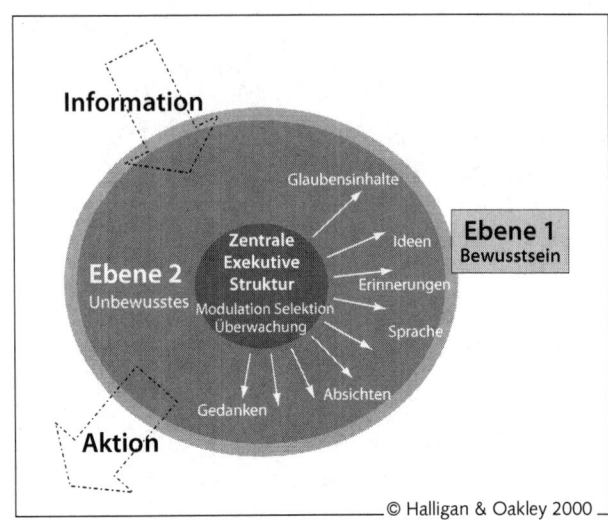

© Halligan & Oakley 2000

Kap. 6 bis 9: Praxisbeispiele

Vier Praxisbeispiele zeigen auf dem Hintergrund des Vorangegangenen konkrete Anwendungen und Handwerkszeug auf:

Praxis I:
Phasen und
Interventionen
im Coaching

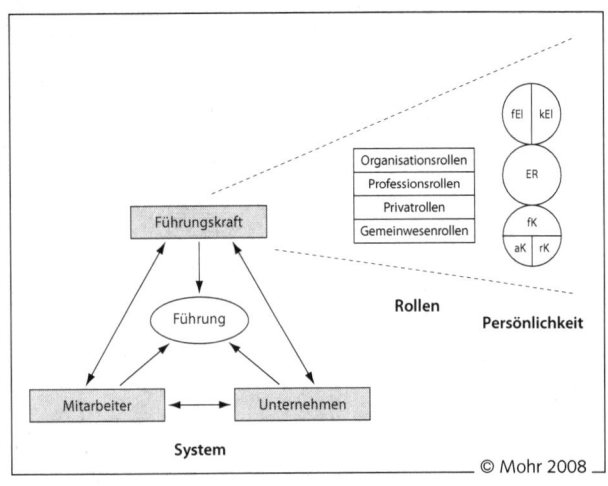

© Mohr 2008

**Praxis II:
Coaching des
Verhaltens –
Detailarbeit**

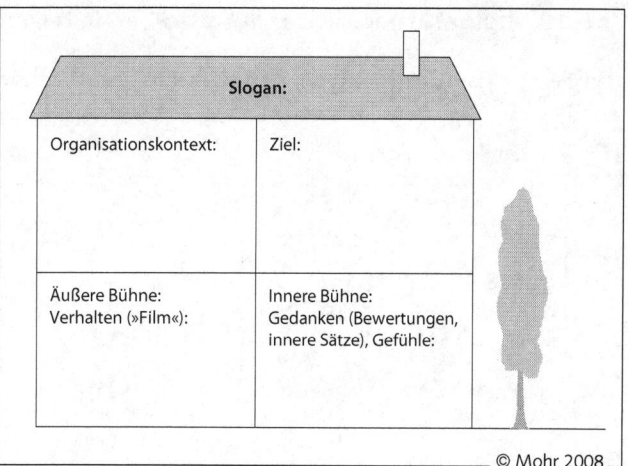

**Praxis III:
Coaching-
gruppen in
Unternehmen**

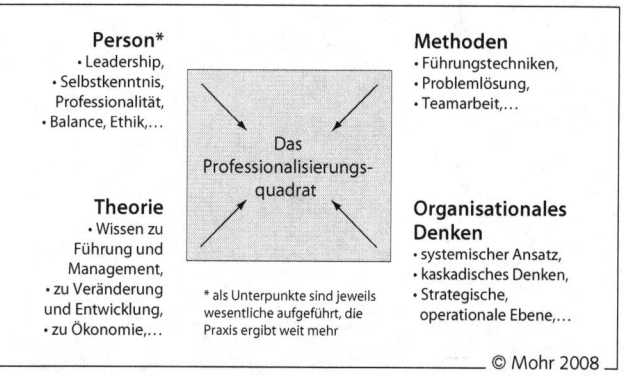

**Praxis IV:
Kompetenz-
entwicklung –
Fünf Ziele**

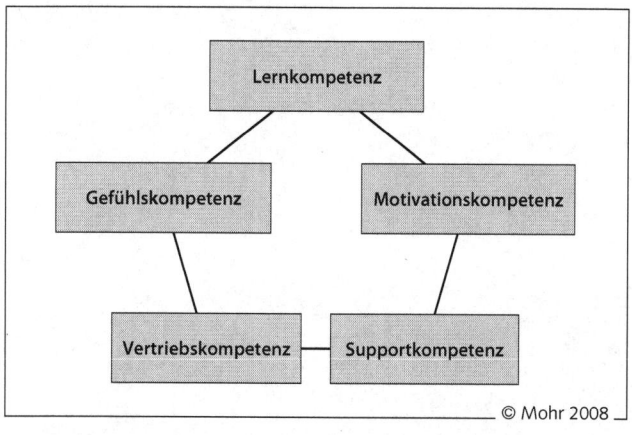

Kap. 10. Theoretischer Ausklang: Musterbereitstellung und -brechung

Am Schluss werden Sie noch zu einem kleinen theoretischen Exkurs eingeladen über Muster, die unser Leben bestimmen und auch im Coaching relevant sind.

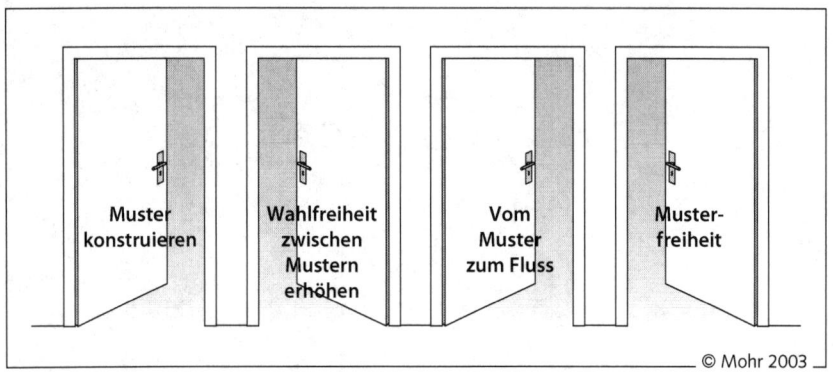

1. Coaching – persönlicher und wirtschaftlicher Nutzen

▸▸ *Zwei Manager setzen ein neues Konzept für Mitarbeitergespräche in einer Firma um. Beim ersten sind die Mitarbeiter begeistert und freuen sich auf die Gespräche. Beim zweiten Chef entsteht unter den Mitarbeitern Unmut und Angst vor den Mitarbeitergesprächen. Eine Analyse der Situation ergibt, dass beide Manager sich an die Vorgaben des Konzeptes gehalten haben. Die Beobachter sind verwirrt und riskieren einen zweiten Blick. Dieser ergibt, dass der zweite Vorgesetzte das Programm zwar technisch sauber, aber ohne jegliches Interesse an den Menschen durchführt. »Schnell, effizient und schmerzlos« ist sein Credo.*

Der erste Chef hingegen freut sich auf die Gespräche und auf die Mitarbeiter. »Was man alles über die Leute erfahren kann und wie vielfältig und lebenstüchtig sie sind, begeistert mich«, berichtet er fast entschuldigend und bekennt sein Interesse an den Menschen.

1.1 Coaching ist Entwicklung

Das Leben der Menschen und auch der Organisationen verändert sich zur Zeit fundamental. Die Entwicklung in Technik und Gesellschaft hat eine hohe Dynamik in Beruf und Arbeit gebracht. Überall, wo Menschen die Verantwortung für die Arbeit mit anderen Menschen tragen, spüren sie die hohen Anforderungen. Deshalb brauchen sie Unterstützung. Coaching als eine potentielle Unterstützung findet daher immer größere Verbreitung.

> Ich definiere Coaching als eine professionelle Entwicklung, in der ein Coachee bezüglich seines persönlichen Handelns und Erlebens im Beruf mithilfe professioneller Coachingtechniken unterstützt wird. Dies kann eine andere Person als Coach tun. Bis zu einem gewissen Grade kann und sollte jeder Profi aber den eigenen Coach in sich entwickeln.
>
> Ein professioneller Coach gestaltet in einem beratenden Lernkontext eine zeitweise Entwicklungsbegleitung und initiiert in Lehr- und Lernsituationen passende Impulse für den Coachee. Im Rahmen einer vereinbarten spezifischen Coachingzielsetzung steuert der Coach die Entwicklung über die Beratung, Begleitung, Reflexion und Unterstützung relevanten Handelns, Denkens und Fühlens.

Wenn Sie sich selbst coachen, dann sind Sie Coach und Coachee in einem. Dies setzt vor allem die Fähigkeit voraus, sich selbst mit Abstand zu betrachten. Denn es gilt, in eine Selbstbeobachterposition zu gehen und genau zu analysieren, was man braucht. Viele werden sagen, das ist gar nicht möglich. Aber auch das Ziel des Coachings mit einer anderen Person als Coach ist das Erlernen des Selbstcoachings. Warum also nicht gleich damit beginnen? Inwieweit Sie sich selbst coachen können, hängt von ihrem Lerntyp ab: Wie gehen Sie mit sich selbst beim Lernen um? Wie erfahren sind Sie mit sich selbst als eigener Lernbegleiter? Wer bei diesen Fragen Zweifel hat, ob er selbst eine positive Haltung und entsprechende Erfahrung in der Selbstentwicklung hat, sollte auf jeden Fall einen professionellen Coach konsultieren.

Coaching hilft Lösungen zu finden, die die Entwicklung des Coachee fördern. Es sind nicht immer vorher völlig unbekannte Lösungen. Aber die Lösungen werden erst durch den Kontakt und die Beziehung im Coaching erkannt. Denn die Basis des Coachings ist eine spezifische Beziehung aus Kompetenz und Vertrauen. Auf ihrer Grundlage können Coach und Coachee einen Fokus wählen und Entwicklungsschritte dafür ermöglichen. Der Coachee entscheidet, was er tatsächlich umsetzt und als Transfer realisiert. Der Coach entscheidet über die Methoden und die Konzepte, die den Prozess unterstützen. So wird persönlich-professionelle Entwicklung bei Erwachsenen ermöglicht.

Der Deutsche Berufsverband Coaching definiert Coaching als die »Professionelle Beratung, Begleitung und Unterstützung von Personen mit Führungs- und Steuerungsfunktionen und von Experten in Organisationen« (DBVC, 2007, S. 19). Daüber hinaus sieht der DBVC Coaching »auch auf die entsprechenden sozialen Gruppen und organisationalen Systeme« gerichtet. »Sowohl im Einzel- wie auch im Mehrpersonen-Coaching wird dieser soziale und organisationale Kontext immer berücksichtigt« (ebenda).

Der Entwicklungsfokus des Coachings kann in unterschiedlichen Bereichen liegen:
- Persönliche Entwicklung (z.B. Übernahme einer Führungsrolle),
- Methoden und Vorgehensweisen (z.B. »Technik« der Leistungsbeurteilung),
- Konzepte und Theorien (z.B. der transformationale Führungsstil),
- Kontext, Einordnung und Vernetzung (z.B. vertikale Teamstrukturen).

Die Entwicklungsfelder des Coachings beziehen sich auf
- Einzelfallsituationen im Arbeitsleben (z.B. Projekte managen oder mit schwierigen Situationen umgehen),
- Rollen und Beziehungen im beruflichen Kontext (z.B. Veränderungen und neue Rollen annehmen, Beziehungen zu Kunden oder organisatorische Veränderungen gestalten),
- Persönliche Auswirkungen der beruflichen Tätigkeit (z.B. eigene persönliche Ressourcen managen, Work-Private Life-Balance leben).

1.2 Der persönliche Nutzen

Respekt und Selbststeuerung

Interesse und Respekt gegenüber Menschen und ihrer persönlichen Lebensgestaltung sind der Schlüssel zum Erfolg. Dies gilt für die Beziehung zwischen einer Führungskraft und ihren Mitarbeitern und dies gilt auch für eine Coachingbeziehung. Coaching ist weit mehr als die Anwendung von einigen in Abendkursen erlernten Kommunikationstechniken. Coaching ist eine Haltung, eine Einstellung, die eine hohe übergeordnete Professionalisierung erfordert. Technik und Haltung wirken nur zusammen, nicht allein. Im Folgenden habe ich daher versucht, die aus meiner Sicht wesentlichen Aspekte, die Coaching heute ausmachen und die es erfolgreich machen, darzustellen.

Coaching wird in Unternehmen oft mit dem Ziel der Leistungssteigerung eingesetzt. Ein unmittelbarer, direkter Effekt auf das Verhalten eines Menschen ist jedoch nicht möglich. Die moderne Neurobiologie hat dies mit dem Satz »Es gibt keine instruktive Interaktion« beschrieben. Der Mensch bestimmt als lebendes System immer selbst, was er aus Impulsen von außen macht. Er lässt sich nicht direkt linear instruieren oder umstrukturieren. Der Mensch ist keine Maschine. Selbst wenn er sich als abhängig Beschäftigter in Unternehmen bei Vielem anpassen muss, ist er ein sich selbst steuerndes, lebendes System und entscheidet über sein Verhalten, auch sein Leistungsverhalten selbst. Wir wissen aus der modernen Kommunikationsforschung, dass ca. 80 Prozent der kommunikativen Inhalte im Empfänger der Kommunikation gebildet werden. Erst der interne Verarbeitungsprozess des Coachee schafft den relevanten Inhalt sowie den Willen und die Fähigkeit zur Veränderung.

Integrierte Persönlichkeit

Aus der Erkenntnis der Selbststeuerung jedes lebenden Systems gilt, dass Coaching effektiv ist, wenn es dem Coachee ein Mehr an integrierter Persönlichkeit gibt.

> Integrierte Persönlichkeit ist durch Achtsamkeit, Flexibilität, Beziehungsfähigkeit und deren Integration charakterisiert.

Achtsamkeit ist das Gewahrsein dessen, was aktuell passiert. Es betrifft die wesentlichen Aspekte, die zurzeit im Zentrum der Aufmerksamkeit stehen. Dies beinhaltet auch die Bewusstheit über den Kontext. Nur mit Bewusstheit sind viele Lernprozesse möglich. Zur Achtsamkeit zählt auch die Selbst-Bewusstheit in dem Sinne, dass man sein eigenes »Persönlichkeitskostüm«, d.h. die eigenen Gewohnheitsmuster, für normale Situationen wie auch für Stresssituationen, kennt. Achtsamkeit bedeutet nicht verklärtes Selbstbewusstsein. Dies bedeutet Abstand zu den eigenen Mustern. So tendiert man im Zweifelsfall auch eher zur bescheideneren Variante des Sich-selbst-Sehens.

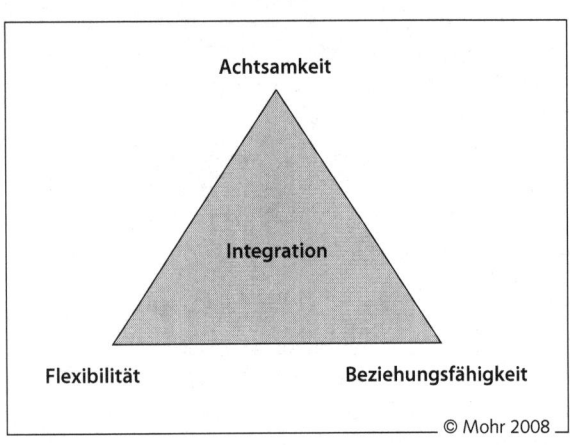

Abb. 1: Persönlicher Nutzen integrierter Persönlichkeit

Flexibilität bedeutet, dass der Mensch auf nicht nur eine Weise des Verhaltens oder einen Ausgang der Situation festgelegt ist. Es gibt eine Art Wahlmöglichkeit, die der Tatsache Rechnung trägt, dass es manchmal anders kommt, als man erwartet und dass es nicht immer nur der eine Weg sein muss. Die Realität lebender Humansysteme, ob einzelner Menschen, Gruppen oder Organisationen, ist immer auch die nicht endgültige Überschaubarkeit der relevanten Einflussfaktoren und Szenarien. Darauf ist Flexibilität die Antwort. Zur Flexibilität tragen beispielsweise auch verarbeitete Erfahrungen des Scheiterns bei.

Beziehungsfähigkeit ist die Fähigkeit, mit anderen Menschen und mit Themen in eine der Situation angemessene Beziehung zu treten. Dies enthält Kontaktfähigkeit, das heißt, die Lust mit Menschen in Kontakt zu treten und die Fähigkeit für beide Seiten erfüllende Beziehungen herzustellen. Vielfach liegt im Organisationskontext eine Beziehungskonstellation aus mehreren Menschen und Themen vor. Dies erfordert die Kompetenz zu balancierten Beziehungen.

Integration ist die vierte Disziplin. Erst wenn Achtsamkeit, Flexibilität und Beziehungsfähigkeit zusammenwirken, ist ein tatsächlich schöpferischer Prozess möglich. Dann kann man von einem Professionalisierungsfortschritt sprechen, der wenig mit vorgestanzten Lösungen gemein hat.

Ein Teil der integrierten Personalität ist Autonomie, Freisein von Einschränkungen, die für die aktuelle Situation nicht angemessen sind. Dies hat Eric Berne, der Begründer der Transaktionsanalyse, als Ziel formuliert (Berne, 1972). Ein anderer Teil besteht im Sich-Entwickeln. Die Coaches Bernd Schmid und Joachim Hipp sprechen hier von »professioneller Individuation« (Schmid und Hipp, 1999) Sie übernehmen damit den von Carl Gustav Jung geprägten Begriff der Individuation, der beschreibt, wie das Individuum zunehmend zu seinen eigenen Möglichkeiten findet.

Begreift man Coaching als Begleitung bei beruflichen Entwicklungsprozessen, so geht es um das Vorankommen in den drei Einzeldisziplinen und deren Integration. Alle weiteren Ziele wie Leistungssteigerung, mehr Zufriedenheit oder das Aufgeben hinderlicher und störender Verhaltensweisen werden über zunehmend integrierte Professionalität erzielt.

1.3 Der wirtschaftliche Nutzen

Coaching minimiert Transaktionskosten

Unter welchen Bedingungen kann sich Coaching längerfristig als Angebot und Kulturimpuls in Organisationen etablieren? Es reicht nicht, wenn ein Verfahren interessant ist (»nice to have«). In marktwirtschaftlichen Ökonomien gilt: Institutionen entwickeln sich, wenn sie helfen Transaktionskosten zu sparen. Transaktionskosten sind Kosten, die um die Transaktionen in Geschäftsprozessen herum als Reibungsverluste, Risikokosten oder Qualitätsverluste entstehen. Institutionen halten sich so lange, wie sie einen Mehrwert erzeugen, indem sie beispielsweise diese Transaktionskosten minimieren. Auf diesem Hintergrund muss eine neue Institution, wie sie auch das Coaching noch ist, einen Return on Investment versprechen. Sie muss andere Transaktionskosten entscheidend vermindern. Das tut professionelles Coaching, wenn es präventiv Schaden verhindert, langfristig wirklich anwendbare Kompetenz schafft und in Akutsituationen konstruktive Lösungen ermöglicht.

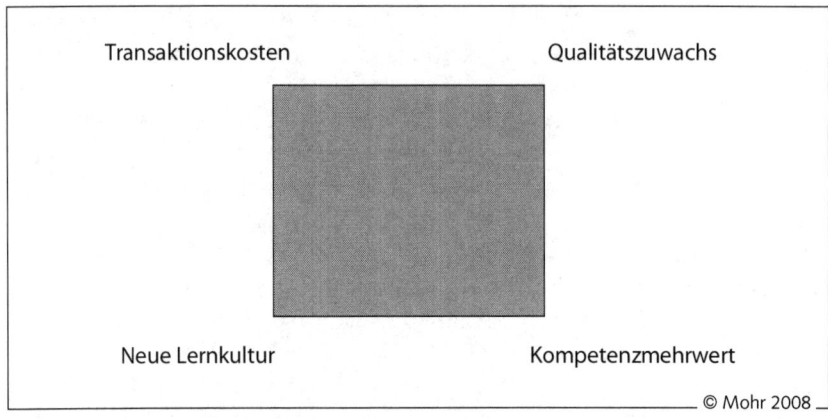

Abb. 2: Wirtschaftlicher Nutzen

Coaching bringt Qualitätszuwachs

Als weiteres leistet Coaching einen Qualitätszuwachs in Berufsbereichen. Dazu zählt auch die Reduzierung von Risiken, wie sie heute nach den Basel-II-Anforderungen immer mehr in Firmen beachtet werden müssen. Durch Coaching schaut noch mal einer drüber, der einen »läuternden« Blick hat oder besser haben sollte. Beispielsweise in der Dienstleistung ›Führung von Mitarbeitern‹ stellt sich die Herausforderung der Qualität heute zunehmend, da die Anforderungen an Führung größer geworden sind. Zur Qualität trägt aber auch die Aufmerksamkeit und das Befinden der in den Berufen Tätigen entscheidend bei. Diese Ergänzung des Qualitätsbegriffs wird heute in Wirtschaftsunternehmen zunehmend gesehen, da die Spielräume auf der technischen und Hard-Fact-Ebene oft ausgereizt sind oder zumindest nicht ohne Fortschritte im organisationskulturellen Bereich zu realisieren sind. Gerade in Umstrukturierungszeiten sind die Transaktionskosten hoch. Coaching bringt dabei die notwendige Kultur der flexiblen und situationsbezogenen Problemlösung in ein Unternehmen ein.

Coaching entwickelt eine neue Lernkultur

Ein weiterer Aspekt ist die Ergänzung zu Veränderungen im Managementinstrumentarium. Fortschritte im Controlling, die die EDV möglich machen, haben zeitweise zu einer neuen Distanz im Führen geführt. Der Vorgesetzte kann in Distanz zum Mitarbeiter gehen und wie ein Jury-Mitglied über dessen Zielerfüllung urteilen. Management lässt sich aber nicht auf das Zahlenabfragen reduzieren. Der Weg, den eine Führungskraft mit Mitarbeitern von einem Ist-Zustand zu einem Soll-Zustand zu leisten hat, wird durch Coaching begleitet. Diese Wegbegleitung ist dabei gleichzeitig das Modell für die Aufgabe der Führungskraft. Dies wirkt als ein so genannter positiver Parallelprozess. Es bedeutet: Das, was die Führungskraft ihren Mitabeitern gegenüber in der Beziehung zeigen soll, erlebt sie selbst modellhaft in der Beziehung zum Coach. In einem ganzen Unternehmen praktiziert, unterstützt Coaching gesamtunternehmerische Veränderungsprozesse (Höher, 2007).

Alles Lernen geschieht in Beziehung. Wir lernen nie alleine. Selbst wenn wir am Computer einen neuen Inhalt lernen, stehen internalisierte Lernpartner Pate. Lernen und sich Entwickeln hat beim Menschen immer eine persönliche Beziehungsgeschichte. Schon die ersten Lernprozesse (gehen, essen, sprechen lernen) passieren im Beziehungskontakt. Dies führt dazu, dass die besondere Art und die Haltung der Bezugspersonen auch verinnerlicht werden. Der Kontext und das »Wie« sind bei den frühen Lernprozessen wichtiger als das »Was«. Die »frühen« Beziehungserfahrungen aus den ersten Lebensjahren eines Menschen sind außerordentlich prägend. Sie werden zu den wesentlichen Rahmen- und Begleitbedingungen jedes späteren Lernprozesses, ob innerpsychologisch oder durch die Wahl der Lernpartner.

Praktisch heißt das: Wenn wir später am Computer quasi alleine lernen, sind wir dennoch nicht alleine. Internalisierte Stimmen unserer früh erlebten »Lernbegleiter« sind unbewusst mit dabei und lassen sich auf Befragen auch sehr schnell identifizieren. Nach heutigen Erkenntnissen sind die inneren Lernbegleiter ausschlaggebend für den Erfolg des Lernprozesses bei Erwachsenen. Der innere Dialog mit dem Lernbegleiter erleichtert oder erschwert das Lernen, macht es manchmal gar unmöglich. In der Entwicklung, Veränderung und Korrektur dieses internalisierten Lernkontextes liegt die wesentliche Herausforderung im Coaching. Dies ist nur in einer entsprechend professionell gestalteten Beziehung möglich.

Coaching erzeugt Kompetenzmehrwert

Führungskräfte haben eine gesellschaftliche Funktion. Manager werden heute vielfach als gestaltende Faktoren nicht nur der Wirtschaft, sondern auch der Gesellschaft angesehen. Zudem müssen sie gesellschaftliche Veränderungen in die Wirtschaft übersetzen. Sie bekommen andererseits sehr schnell die Dynamik wirtschaftlicher Veränderungen zu spüren. Ihre Aufgabe ist es, darauf angemessen zu reagieren. Die aktuellen Veränderungen betreffen vor allem den Prozessaspekt, die Art, wie sich Entwicklungen heute vollziehen. Die Geschwindigkeit von Entwicklungen in Gesellschaft und Wirtschaft hat sich beschleunigt. Früher unvereinbare Elemente treten heute gleichzeitig auf wie wirtschaftliche Aufschwungdynamik bei zunehmender Gefährdung der Arbeitsplätze. Zusätzlich bleiben Begrenzungen wirtschaftlicher Aktivität durch die Belastung der ökologischen Systeme. Dies ergibt unklarere Zukunftsszenarien. Überhaupt lassen sich Trends weniger gut fortschreiben. Szenarien, deren Auftreten relativ gesichert erscheint, gibt es nur noch für kurze Zeiträume. Persönliche Erfahrungen aus früheren Situationen erscheinen weniger anwendbar. Altbewährtes Denken und Verhalten verliert seine Rolle als tragfähiges Konzept für eine gesunde Entwicklung. War es über einige Generationen günstig, Führungsqualität als Aufbau eines stabilen Bezugsrahmens mit festen Grundsätzen für relativ konstante Umfeldbedingungen zu verstehen, ist heute Flexibilität, ständige Gefasstheit auf Veränderungen für Manager gefordert. Insgesamt sind stetige Veränderungsprozesse immer mehr die Regel als die Ausnahme. Gleichzeitig Kontinuität herzustellen ist die Herausforderung der heutigen Zeit. Diese Umkehrung von Basisprozess und Zusatz wird gerade für Manager in Branchen zum Problem, deren Produkte durch Konstanz und Kontinuität ihren Wert bekamen (Öffentliche Verwaltung, Banken etc.). Vor diesem Hintergrund wird die ganzheitliche methodische und persönliche Kompetenz des Umgangs mit den heutigen wirtschaftlichen und gesellschaftlichen Veränderungen zum Markenzeichen guter Führungskräfte. Komplexitätsmanagement wäre hier ein Stichwort. Lösungen sollen einerseits systemangemessen, andererseits für den einzelnen wesensgemäß sein. Effizienz setzt hier einen längeren kontinuierlichen, persönlichen Entwicklungsprozess voraus. Dazu wird die Begleitung durch Coaching als eine gute Unterstützung und damit passende Dienstleistung erlebt.

2. Ein kompaktes Modell – Coaching mit integrativer Transaktionsanalyse

▸▸ *Mit Fanita English, der großen alten Dame der Transaktionsanalyse, saß ich einmal in einer Besprechungspause einer langen Sitzung zusammen. Wir besprachen sehr diffizile Einzelthemen, die wir beide damals als Mitglieder des Board of Trustees der Internationalen transaktionsanalytischen Gesellschaft (ITAA) zu erarbeiten hatten. Ich musste mit meinem Englisch manchmal nach Formulierungen suchen. Nach einer ganzen Weile fragte sie mich sehr höflich, ob es mir etwas ausmachen würde, wenn wir die Konversation deutsch fortsetzten. Ich war zunächst etwas irritiert, willigte aber ein. Wie sollte ich ihr das auch abschlagen, wenn sie mir das als amerikanische Delegierte vorschlug. Es stellte sich heraus: Ihr Deutsch war weit präziser als mein Englisch. Ihre große Lebenserfahrung, die ihr das fließende Sprechen von sechs Sprachen eingebracht hatte, zeigte sich. Aber sie machte mit mir auch etwas, das transaktionsanalytisches Arbeiten immer auszeichnet: einen Vertrag. Mit ihrer immer den anderen wertschätzenden und gleichermaßen präzisen Verhandlungsweise fanden wir dann schnell gute gemeinsame Vorschläge, die für Amerikaner und Europäer tragbar waren. Noch ein anderer Punkt faszinierte mich hier an der gelebten TA der Fanita Englisch: Wenn viele um 17.00 Uhr nachmittags das Ende der Board-Sitzung herbeisehnen, war Fanita mit ihrer Energie immer noch voll da und sorgte für Präzision und sorgfältige Arbeit. Sie war zu dem Zeitpunkt 89 Jahre alt. TA hält fit und jung, lernte ich daraus.*

Coaching benötigt ein kompaktes Modell, wie menschliches Verhalten, Denken und Fühlen funktioniert. Ein ideales Grundkonzept ist dazu die Transaktionsanalyse, weil hier Verhalten, Denken und Gefühl, genauso wie Vergangenheit, Gegenwart und Zukunftserwartungen im Beratungsansatz kombiniert sind. Die TA hat mittlerweile 50 Jahre ständige Erprobung, Auswertung und Weiterentwicklung vorzuweisen, so dass diese Methode mit Recht als eine der wesentlichen methodischen Eckpfeiler des Coaching dienen kann. Integrative Transaktionsanalyse bedeutet zusätzlich Offenheit für das methodische Ankoppeln von anderen Grundkonzepten. Beispielhaft seien hier die systemische Theorie (vgl. auch Kap. 4) und die hypnosystemischen Konzepte (Kap. 5) genannt.

2.1 Integrierte Professionalität als Grundlage für Coaching

Integrierte Professionalität ist der Zustand in der Berufsausübung, der durch eine Einheit aus Denken, Fühlen und Verhalten mit entsprechender Beziehungsgestaltung geprägt ist. Das Handeln aus der integrierten Professionalität heraus verlangt Aufmerksamkeit und professionelles Handeln auf mehreren Ebenen:

- Menschenbild und Organisationsverständnis
- Persönlichkeit und Unterschiedlichkeit
- Beziehung und Kommunikation
- Entwicklung und Veränderung
- Kontext- und Systembezug
- typische Professionsmethoden

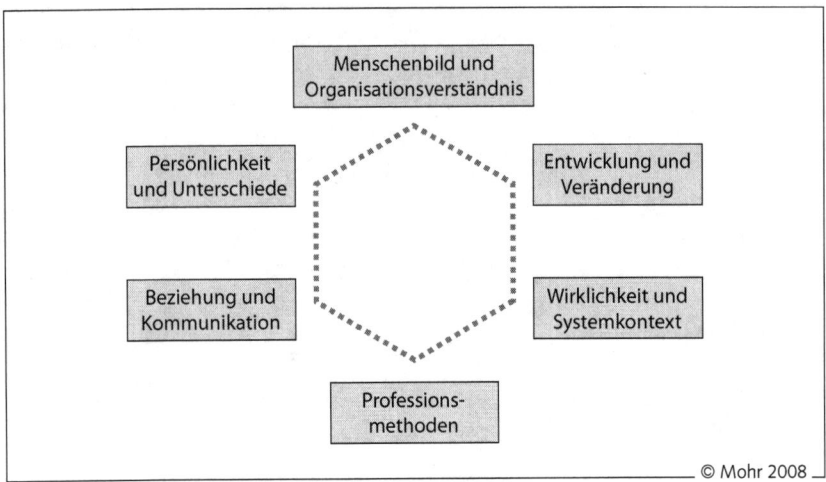

Abb. 3: Handlungsebenen der integrierten Professionalität

Für die sechs Dimensionen braucht jeder Profi passende Antworten, ob er als Führungskraft im Unternehmen, als Dachdeckermeister mit seinem Kleinbetrieb, als freiberuflicher Rechtsanwalt oder als Kardinal einer Erzdiözese arbeitet.

2.2 Menschenbild und Organisationsverständnis

Menschenbild

Zunächst erfordert integrierte Professionalität in der Arbeit mit Menschen eine Menschenkenntnis, die tragfähig für den betreffenden Kontext ist. Kenntnis meint hier nicht nur Wissen, sondern verinnerlichtes Wissen, das man in Erleben und Verhalten umsetzen kann. Der Profi braucht ein Menschenbild, das ihm in seinem Leben und insbesondere im Berufsleben wirklich nützt. Es muss die Realität der Welt abbilden und es muss Fortschritte ermöglichen. Sonst taugt es nichts. Zum Menschenbild gehört eine langfristig tragfähige Haltung zu sich und anderen. Ein Profi macht sich nicht selber klein, er stellt sich aber auch nicht über andere. Beides sind Sackgassen. Der Profi geht den Weg der Mitte. Wie er dies tun kann, wird in den folgenden Kapiteln dargestellt.

> Die Transaktionsaktionsanalyse ist entwicklungsoptimistisch, realistisch und systemisch.

Die erste Klassifizierung des Entwicklungsoptimistischen bedeutet, dass die grundsätzliche Orientierung des Coachings darauf gerichtet ist, dass ein Mensch sich entwickeln kann, denken kann, Neues entscheiden und psychisch wachsen kann. Realistisch meint in dem Zusammenhang, dass das Leben in seiner ganzen Breite angenommen wird. Es gibt keinen pauschalen positivierenden Blick. Betrachtet wird auch negativ wirkendes Verhalten, sei es beispielsweise kriminelles oder auch schädigendes Verhalten unter Kollegen, wie es leider auch in Wirtschaft und Organisationen immer wieder vorkommt. Dies wird gesehen, thematisiert und konfrontiert. Dennoch gibt es in dem Zusammenhang die Grundidee – und dies führt zum dritten, dem systemischen Aspekt – dass Menschen vernetzt sind miteinander und gleichzeitig aufgrund ihrer jeweiligen Lebenserfahrung mit einem eigenen Erfahrungshintergrund antreten. Allein schon diese gegenseitige Vernetzung macht auf der Grundebene der persönlichen Begegnung eine gegenseitige positive Haltung erforderlich.

Hierhin gehört auch, dass Profis eine nützliche Vorstellung von Organisationen, ein Organisationsverständnis, brauchen. Wofür sind Unternehmen und andere Organisationen überhaupt da? Was ist der einzelne im Unternehmen? Je weniger die Vorstellung hier verträumt ist, umso mehr wird eine gute Anpassung an die Realitäten gelingen. Ebenso falsch ist es, Organisationen negativ anzusehen, weil sie eine nützliche Funktion haben. Eine Organisation entsteht immer dann, wenn Leute sich zusammenschließen, um ein größeres Ziel zu erreichen, als sie es alleine erreichen können. Dies muss kein höheres Ziel sein. Es kann ganz profan sein. Aber Menschen haben die Fähigkeit, sich zu Gemeinschaften zusammenschließen, um etwas Größeres zu erreichen. Welchen »Geist« diese organisierte Gemeinschaft, sprich das Unternehmen dann hat, hängt sehr vom Organisationsbild der Entscheider ab.

Evolution und Revolution

Eric Berne, der den Begriff der Transaktionsanalyse prägte und die ersten Konzepte entwickelte, stand damit in den 50er und 60er Jahren unter dem Einfluss der aufsteigenden humanistischen Psychologie. Modelle wie Abraham Maslows Bedürfnispyramide und die neue Kybernetik Norbert Wieners waren ihm nicht fremd. Berne initiierte zwei revolutionäre Ideen in der Beratungslandschaft:

- *Kurzzeitberatung:* Die Maxime lautete »Erziele einen signifikanten Fortschritt in der ersten Sitzung, und wenn das nicht gelingt, in der zweiten, usw...«. Dies bedeutete, den Beratenen nicht zum Objekt zu machen wie es vorher häufig der Fall gewesen war.
- *Transparenz:* Der Klient kann dabei sein, wenn die Profis über ihn reden. Dies bedeutete nicht mehr den Beratenen zum Objekt zu machen wie es bisher häufig der Fall gewesen war. Außerdem verlangte dies eine Sprache, die auch ein Beratungsklient verstehen kann.

Berne starb leider sehr früh mit 60 Jahren. Die transaktionsanalytische Methode wurde jedoch von seinen Schülern sehr intensiv weiterentwickelt. Es gibt mittlerweile in vielen Ländern TA-Gesellschaften. Darüber hinaus gibt es länderübergreifende und auch eine internationale TA-Gesellschaft (ITAA), die insbesondere die Entwicklung der TA und die Qualität der Weiterbildung fördern. Vor allem fünf Impulse haben die TA in den letzten Jahren beflügelt: der systemische Ansatz (z.B. Allen, 2003; Schmid, 2004), die Verknüpfung der TA mit psychoanalytischen Konzepten (Novellino, 2003) sowie die beziehungsorientierte Richtung (Cornell und Hargarden, 2005) und die entwicklungsorientierte TA (Hay, 2006) und die organisationale TA (Mohr und Steinert 2006). Die Transaktionsanalyse wird heute in vier beruflichen Feldern angewendet:

Vier Anwendungsfelder der TA:
- Pädagogische Arbeit
- Organisationsentwicklung und Coaching
- Beratung zu Lebensbereichen und -themen (Erziehung, Partnerschaft, Sucht, Krisen …)
- Psychotherapie

Wertschätzung gegenüber sich selbst und anderen

Der wichtigste Kernsatz der TA lautet: »Ich bin o.k., du bist o.k.« Obwohl diese Formulierung sehr amerikanisch und für mache Europäer etwas oberflächlich klingt, steckt darin ein sehr weitreichendes und folgenreiches Postulat: Jeder Mensch ist im Kern in Ordnung. Gleichgültig wie er sich verhält, hat er einen Teil in sich, der liebenswert ist und der wachsen kann. Das erinnert auch an christliche oder buddhistische Wertvorstellungen. Für Berne kommt der Mensch mit bestimmten Anlagen auf die Welt, die er unter günstigen Umständen entwickeln wird. Viele der späteren Potenziale eines Menschen werden in der Kindheit angelegt. Der »kleine Mensch« will, wenn er auf die Welt kommt:

- leben (dürfen),
- sein (dürfen), was und wie er ist (z.B. ein Junge, der nicht allzu groß, aber kräftig gebaut ist),
- Säugling, Kleinkind, Schulkind sein (dürfen), also so alt sein und sich verhalten, wie er ist,
- anderen Menschen körperlich und gefühlsmäßig nah sein (dürfen),
- all seine Gefühle fühlen und äußern (dürfen),
- seinen Verstand benutzen (dürfen),
- Erfolg haben (dürfen) – auch als Säugling,
- physisch und psychisch gesund sein (dürfen) (Petersen, 1980).

Wie die angeborenen Anlagen eines Menschen konkret aussehen, dazu wird in der TA nichts Näheres ausgesagt. Die Betonung liegt auf den Lernprozessen und den Auswirkungen der Umfeldbedingungen des Menschen in seinen prägenden Jahren. Der Ansatz erinnert in dieser Frage auch sehr an Erik Eriksons »Urvertrauen«, das es zu entwickeln gilt.

Gerade heute ist Vertrauensmanagement wieder durch Reinhold Sprenger (2003) zu einem der Eckpfeiler guten Managements erklärt worden. Aus dem

Menschenbild der TA leitet sich auch ein bestimmtes Organisationsverständnis ab. Organisationen sind lebendige Humansysteme (Mohr, 2000), bei denen es darum geht, die Aufgabenorientierung mit der Menschenorientierung zu verbinden. Jede Organisation entwickelt eine eigene Charakteristik. Diese ist in zehn Systemdynamiken beschreibbar:

Organisationsverständnis

Organisational denken heißt für jede Herausforderung die angemessene Organisationsform zu finden. Um die Komplexität und die Dynamik eines Systems zu erfassen und zu beeinflussen, ist eine Klassifizierung hilfreich. Vier Kategorien von Betrachtungsperspektiven helfen bei Systemen wie Unternehmen und Institutionen (Mohr, 2006):

- die Systemstruktur
- die Systemprozesse
- die Systembalancen
- die Systempulsation

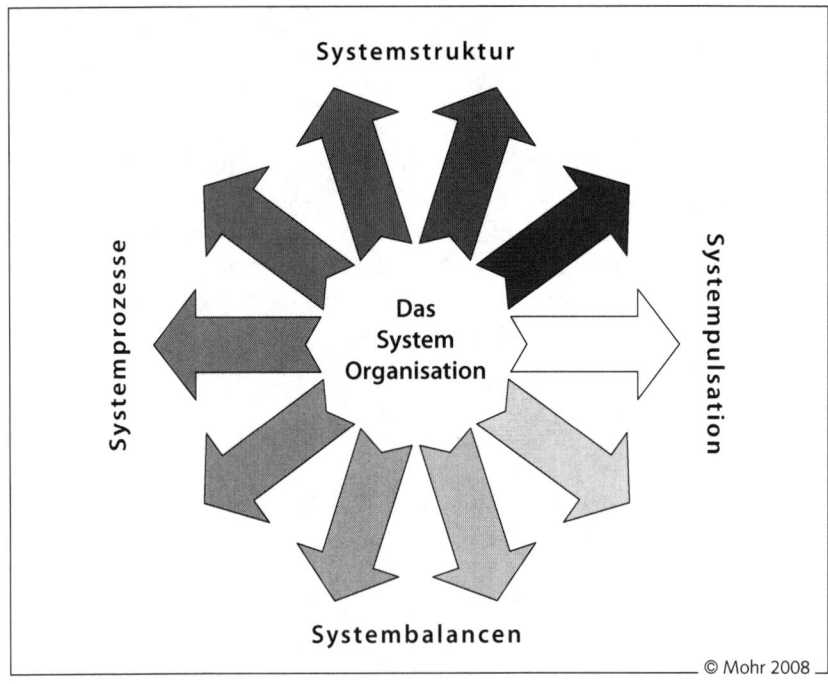

Abb. 4: Betrachtungsperspektiven von Systemen

Wie die vier Felder durch einzelne Dimensionen beschrieben werden, wird in Kapitel 4 behandelt. Organisationen reagieren als sich selbst erhaltende Systeme. Sie verhalten sich dabei manchmal komplett anders, als es der einzelne sich vielleicht wünscht. Dies wird beispielsweise daran deutlich, wie Organisationen Dank zeigen. Erfüllt eine Führungskraft in einer Organisation ihre Aufgabe sehr gut und entwickelt ihre Mitarbeiter angemessen, so zeigt manche Organisation ihren Dank, indem sie dem Rollenträger eine noch größere Aufgabe auflädt oder ihm die guten Mitarbeiter wegnimmt und neue, noch zu entwickelnde anvertraut. Organisationen reagieren nach ihrer eigenen Logik.

2.3 Persönlichkeit und Unterschiedlichkeit

Der zweite Bereich professioneller Kenntnisse betrifft Persönlichkeit und Unterschiedlichkeit. Was macht Persönlichkeit aus und was sind die Unterscheidungskriterien? Denn dies gibt Hinweise, was zu entwickeln ist. Einer der größten Irrtümer besteht darin anzunehmen, dass der andere, wenn er doch vernünftig ist und denken kann, zu genau dem Ergebnis kommen muss, das man selbst hat. Das ist falsch. Menschen sind unterschiedlich. Der Profi braucht ein Wissen darüber, wie und warum Menschen unterschiedlich sind. Es zeigt auch, welche Wirkung ich auf andere habe und wer zu mir passt. Persönlichkeit hat auch nichts mit Hierarchie zu tun. Hierarchie ist nur eine vertikale Arbeitsteilung, obwohl sich viele da ganz anders benehmen. Dies trifft übrigens für die »unten« mindestens so stark wie für die »oben« zu. Denn gerade das Hoch-Schauen und mangelnde Zivilcourage ermöglichen skurrile Hierarchiesysteme.

Die Grundidee der Persönlichkeitspsychologie der Transaktionsanalyse

Zwei Grundideen prägen die Persönlichkeitsvorstellung der Transaktionsanalyse:
- Die erste Grundidee ist, dass Menschen sehr unterschiedliche Reaktionsmöglichkeiten auf Situationen haben. Sie bestehen aus einem großen Schatz an so genannten Ich-Zuständen, die jeweils durch eine Einstellung, ein Gefühl, ein Verhalten und eine Körperempfindung gekennzeichnet sind.
- Die zweite Grundidee ist: Menschen bilden sehr früh eine zusammenhängende, konsistente unbewusst wirksame Geschichte über sich selbst, die anderen und die Welt, genannt das Skript.

Zunächst zur ersten: Ich-Zustände entwickeln Menschen ständig.

> Ein Ich-Zustand ist definiert als ein zusammenhängendes Muster aus Denken (Einstellung), Fühlen und Verhalten.

Die drei Komponenten Verhalten, Denken (Einstellungen) und Fühlen werden zu einer zusammenhängenden Gestalt, einem Muster gefügt, dem Ich-Zustand. Viele davon sind sicher nur kurz vorhanden und flüchtig. Oft allerdings werden sie hier zu »Gewohnheitstieren«, dass sie sich auf immer wieder bestimmte Ich-Zustände begrenzen. Eric Berne hatte allerdings auch schon mit dem Satz »Jeden Tag ein neuer Ich-Zustand« auf die stetige Entwicklung des Menschen hingewiesen. Wie man neue Ich-Zustände entwickelt, dazu mehr unter »Entwicklung und Veränderung«.

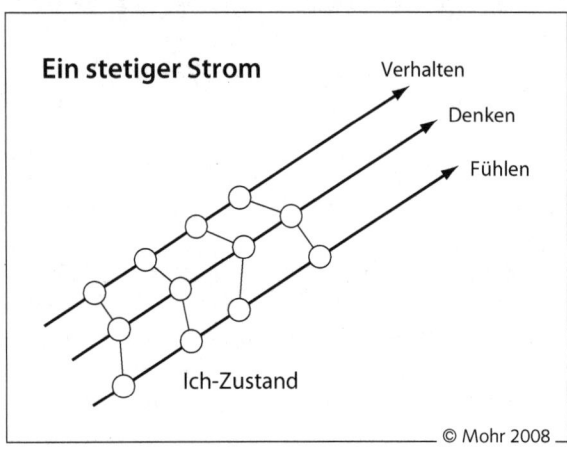

Abb. 5: Ein Muster des Ich-Zustands

Wie drückt sich die Persönlichkeit aus? – Das Funktionsmodell

Eine Perspektive der TA auf Persönlichkeit ist dann, die Ich-

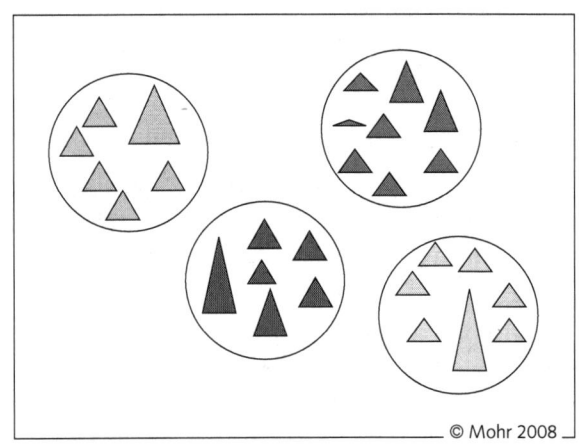

Abb. 6: Ich-Zustandssysteme: Cluster von Ich-Zuständen

Zustände in Ich-Zustandssysteme, beispielsweise nach dem Kriterium ihrer sozialen Ausdrucksqualität, zu gruppieren.

Dies ergibt persönliche Stile, die jeder zur Verfügung hat und die bedingen, wie sich eine Persönlichkeit nach außen ausdrückt (Ausdrucksanalyse). Aber bei manchen sind bestimmte einzelne Stile zu Gewohnheitsmustern geworden und werden nicht mehr der Situation entsprechend angemessen eingesetzt. Dies unterscheidet dann die positive (= angemessen bezüglich der Situation und der Form) und negative (= unangemessen, gewohnheitsmäßig, mit unpassender Form) Wertung.

Das Modell stellt sechs Persönlichkeitshaltungen dar, die wie ein inneres Team bei jedem Menschen vorhanden sind, wenn auch sehr unterschiedlich ausgeprägt. In Klammern sind die von Berne ursprünglich geprägten, manchmal etwas missverständlichen Bezeichnungen aus der Familienwelt aufgeführt:

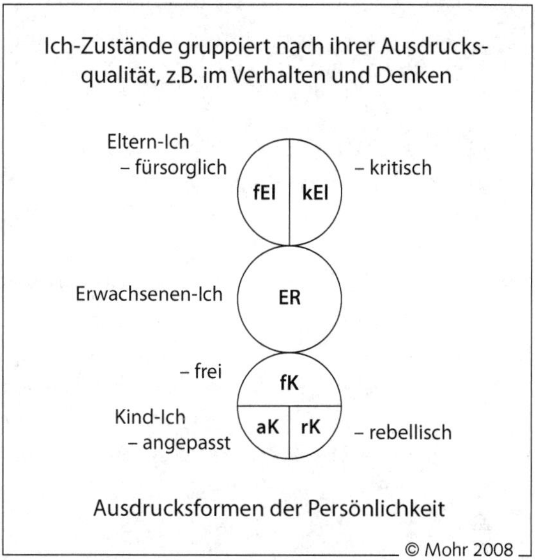

- eine natürliche, spontane, gefühlsbetonte Haltung (das sog. freie Kind-Ich, fK),
- eine sich an Erwartungen anderer anpassende Haltung (das sog. angepasste Kind-Ich, aK)
- eine prinzipiell gegen Erwartungen gerichtete Haltung (das sog. rebellische Kind-Ich, rK),
  eine sich um andere kümmernde Haltung (das sog. fürsorgliche Eltern-Ich, fEl)
- eine andere einschränkende und orientierende Haltung (das kritische Eltern-Ich, KEl)
- die vernunftgeprägte, sachliche Haltung (Erwachsenen-Ich, ER).

Abb. 7: Persönliche Stile des Verhaltens

Diese sechs Ausprägungen können sowohl in positiver Wirkung als auch in negativer Wirkung auftreten. Nur das Erwachsenen-Ich als innerer Moderator und auf das ›Hier-und-Jetzt‹ bezogene Instanz ist quasi per definitionem positiv.

Das ergibt die »elf Gänge«, die von einer Person eingesetzt werden können:
1. Das positiv fürsorgliche Eltern-Ich (+fEl), Funktion: Erlaubnis-Geben. »Ich mag Dich, wie du bist, egal, was du tust.«
2. Das negativ fürsorgliche Eltern-Ich (-fEl), Funktion: Retten. Jemand anderen kleiner machen als er ist, indem man ihm unnötige Hilfe aufdrängt.
3. Das positiv kritische Eltern-Ich (+kEl), Funktion: Schützen. »Pass auf dich auf, das kannst du!«
4. Das negativ kritische Eltern-Ich (-kEl), Funktion: Verfolgen. »Jetzt zeig ich dir mal, was du wieder alles falsch gemacht hast.«
5. Das Erwachsenen-Ich, das per definitionem positiv ist.
6. Das negativ freie Kind-Ich (-fK); hier sind sich die Autoren uneinig, ob es eine Negativ-Funktion des fK überhaupt gibt. Wenn ja, würde z.B. unbedachtes Schwimmen in gefährlichen Gewässern als exemplarisches Verhalten gelten.
7. Das positiv freie Kind-Ich (fK); ungehemmter Ausdruck von Gefühlen und Impulsen
8. Das negativ angepasste Kind-Ich (-aK): »*Ich werde euch zwingen, euch mit mir zu beschäftigen!*« Dies wäre der rebellische Aspekt des -aK. Der brave Aspekt des -aK wäre: »*Was muss ich tun, um gemocht zu werden?*« (»*Eigentlich bin ich ja nicht liebenswert, aber vielleicht erbarmt sich ja jemand*«)
9. Das positiv angepasste Kind (+aK) macht etwas, was von ihm erwartet wird, fühlt sich aber gut dabei: Zähne putzen, Aufräumen, Grüßen etc.
10. Das negativ rebellische Kind-Ich (-rk) ist prinzipiell gegen alles.
11. Das positiv rebellische Kind-Ich (+rK), das intuitiv an bestimmten Punkten merkt, dass etwas nicht gut läuft, und »Stopp« sagt, ohne eine klare Begründung zu haben.

Diese Aufteilung ist mit bestimmten Konzepten von Erziehungsstilen zu vergleichen.

Das Herkunftsmodell –
Wo kommt ein Erlebens- und Verhaltensmuster her?

Die Transaktionsanalyse untersucht weiterhin die Struktur einer Persönlichkeit ausgehend von der Frage, wo ein bestimmtes persönliches Muster herkommt. Die Frage der Herkunft ist für eine mögliche Änderungsinitiative im Coaching oder Selbstcoaching von großer Bedeutung. Ferner betrachtet die TA, wie sich eine Persönlichkeit in bestimmten Stilen nach außen ausdrückt. In Bezug auf die erste Fragestellung, die nach der Herkunft der Persönlichkeit, lassen sich drei Musterkategorien für Ich-Zustände beschreiben:

- Eltern-Ich (»Exteropsyche«): ein System von Mustern aus Einstellungen, Gedanken, Verhaltensweisen und Gefühlen, die wir von unseren Eltern oder aus anderen signifikanten Quellen übernommen haben: Literatur, Lehrer usw.
- Kindheits-Ich (»Archeopsyche«): alle Muster, die ein Kind von Natur aus hat; die selbstentwickelten Aufzeichnungen seiner früheren Erfahrungen, seiner Reaktion darauf und die Grundanschauungen über sich und andere.
- Erwachsenen-Ich (»Neopsyche«): das aktuelle Neubestimmen, Musterbilden im Hier und Jetzt; das Intelligente, die aktuelle äußere und innerpsychische Realität.

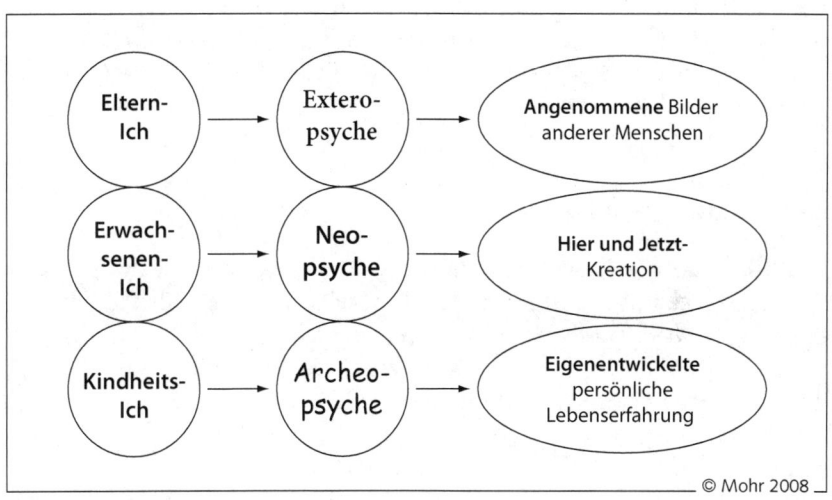

Abb. 8: Die drei Musterkategorien für Ich-Zustände

Diese Abgrenzungen stehen in der Tradition der Psychoanalyse, sie ähneln der Freudschen Abgrenzung von Über-Ich, Ich und Es. Die Transaktionsanalyse sieht die Ich-Zustände allerdings als Teil des Ichs und als konkret wahrnehmbare Einheiten: Das Konzept der herkunftsanalytischen Ich-Zustände lässt sich gut mit den Ergebnissen der Gedächtnispsychologie vereinbaren.

Das Werte-Vernunft-Gefühle-Modell

Oft wird in der TA-Praxis auch damit gearbeitet, dass das Eltern-Ich eher von Werten, das Erwachsenen-Ich von Vernunft, das Kind-Ich von Gefühlen bestimmt gesehen wird. Dies ist eine Art verkürztes Funktionsmodell und ist theoretisch nicht konsistent.

Dennoch entspricht es als Vorstellungsbild auch landläufiger Plausibilität, dass die wertemäßige Orientierung etwas mit dem Elternhaus (»Kinderstube«) zu tun hat, dass Kinder eher gefühlsmäßig reagieren und dass Vernunft ein erwachsenes Lernprodukt ist. Es ist auch dann eine interessante Landkarte, wenn es um so genannte Ausschlüsse von Ich-Zuständen geht (z.b. jemand lebt keine Gefühle; jemand bezieht sich nicht auf Werte). Es wäre eine interessante Überlegung, die drei Ich-Zustands-Perspektiven (Herkunft, Ausdrucksqualität und Werte-Vernunft-Gefühle) in Verbindung zu sehen. Dann wäre zu fragen, wie eine kritische innere Stimme (kritisches Eltern-Ich) von den eigenen Eltern (Herkunftsmodell) erworben wurde und so ein bestimmtes Wertesystem zeigt. Da solche Zusammenhänge nicht selten der Fall sind, werden von manchen Autoren alle drei Perspektiven mit Eltern-Ich bezeichnet. Sie sind aber unterschiedliche Blickrichtungen auf die Persönlichkeit eines Menschen. Für die Praxis des Coachings gilt es, jeweils die Perspektive zu nutzen, die als »Landkarte« für eine Lernaufgabe eines Menschen am ehesten passt.

Das Lebensplan-(Skript)-Modell

Das Lebensskript-Modell ist ein die tiefenpsychologische Seite der Transaktionsanalyse charakterisierendes Modell. Aber auch bei der tiefenpsychologischen Perspektive gilt der Grundsatz der Transaktionsanalyse, dass Aspekte der Person immer in ihren Transaktionen sichtbar werden oder sichtbar gemacht werden können, und nicht generalisierte Annahmen sind, wie sie für andere tiefenpsychologische Konzepte schon einmal gelten (z.B. Freuds »Ödipus-Komplex«, Adlers Minderwertigkeitserleben).

Der geniale Grundgedanke des Skriptes ist, dass sich Menschen in ihren prägenden Jahren individuell einen Grundreim aufs Leben machen. Dieser Reim aufs Leben beinhaltet wie in einem Drehbuch – deshalb Skript – die wesentlichen Themen, mit denen dieser Mensch sich im Leben herumschlagen wird, die wesentlichen Typen von Beziehungspartnern, die er/sie anlockt und sogar mögliche Formen des Lebensendes. Sie werden sagen: »Dann ist ja alles vorbestimmt.«

> Eric Berne übernahm die Vorstellung, dass man das Leben eines Menschen so betrachten kann, als laufe es nach einem bestimmten Muster ab, wie nach einen unbewussten »Lebensplan«: dem *Skript*.
>
>
>
> Die *Theatermetapher*: Das Skript beschreibt das Leben wie eine Rolle im Theater. Es gibt Rollen aus dem Drama, aus der Tragödie, aus der Komödie, aber auch Rollen ohne besondere Ausprägungen.

Die Skriptanalyse im Coaching betrachtet spezielle für einen Menschen sehr charakteristische Muster aus Einstellungen, Fühlen und Verhalten. Menschen erwerben in ihren ersten Lebensjahren diese individuell grundsätzliche Perspektive auf das Leben. Jedes Individuum entwickelt so ein ihm sehr eigenes Muster eines Denk- und Gefühlsapparates, das wiederum mit bestimmten Verhaltensweisen verbunden ist. Kultur, Familie, eigene Anlagen nehmen ebenfalls Einfluss auf die Tönung dieses Instrumentes, mit dem ein Mensch dann durch das Leben geht und das nach Bestätigung seiner selbst sucht. Bei den meisten Menschen fällt dieses Persönlichkeitskostüm aus Denken, Fühlen und Verhalten nicht sonderlich auf, weil es zu den Erwartungen der Umwelt passt. Aufmerksam wird man auf diesen Teil menschlichen Funktionierens nur durch sehr auffällige Persönlichkeiten. Die werden dann als nicht »normal« beschrieben. Dass der Mechanismus der Kostümbildung aber bei jedem Menschen in frühen Jahren am Werke ist, wurde durch die Arbeiten zu den Lebensleitlinien von Alfred Adler und das Konzept zum Lebensskript von Eric Berne populär. Die TA geht in der Folge Bernes davon aus, dass der Mensch sich im Alter von etwa drei bis acht Jahren für ganz bestimmte Themen entscheidet, unter denen sein Leben dann steht. Das Kind kreiert das so genannte Lebensskript, eine Art unbewusstes Lebensdrehbuch, als Reaktion auf bestimmte Anforderungen, Erwartungen und Verhaltensweisen in der von ihm wahrgenommenen Welt, insbesondere seiner direkten sozialen Umwelt, der Familie. Die Entscheidung für dieses Lebensdrehbuch wird aus Sicht der TA aufgrund der altersspezifischen inneren Entscheidungsprozesse, d.h. auch der kindtypischen Informationsverarbeitung wie magisches Denken, Identifikation mit Märchengestalten etc. gefällt. Sie beruht bei der äußeren Stimulanz des Kindes sehr stark auf dem nonverbalen Verhalten, der Stimmung der Eltern dem Kind gegenüber. Viele Familienforscher (Hellinger,

Weber) gehen heute sogar von einem Mehrgenerationenansatz aus. Die dabei angenommene Gleichgewichtstendenz von Familien- bzw. Sippensystemen beinhaltet, dass immer wieder bestimmte Rollen zu besetzen sind. Wenn in einer Familie ein Unrecht geschehen ist, z.B. eine Person wurde ausgestoßen, kann die Erziehung unbewusst ein Kind dahin bringen, die Rolle dieser Person zu übernehmen oder das Unrecht wieder gutzumachen. Es kann auch sein, dass ein »schwarzes Schaf« in der Familie, über das die Erwachsenen immer nur hinter vorgehaltener Hand sprechen, zur interessanten Identifikationsfigur für das Kind wird. Neben dieser Möglichkeit, ein Lebensmanuskript (Rollenbuch, Drehbuch) anzunehmen, gibt es noch einen anderen Ansatz: Jedes Kind ist auf die Liebe seiner Eltern angewiesen. Es würde ohne diese nicht leben können. Wir sind eine phylogenetische Frühgeburt, die auf die gelebte Liebe und Hilfe anderer Menschen angewiesen ist. Wenn das Kind diese Liebe nicht so einfach bekommt, wird es alles tun, was ihm die maximale Zuwendung sichert. Oft muss es dabei schmerzhafte Gefühle unterdrücken. Bei seltener Umarmung leitet ein Kind aus diesem Umstand vielleicht ab: Ich bin nicht liebenswert, also zeige ich lieber nicht, was ich eigentlich will (Petersen, 1980, 268). Das Lebensskript wird allgemein als sehr beständig angenommen. Versuche, das Gegenteil in einer Art Gegenskript zu leben (»counterscript«), sind nicht Erfolg versprechend (James & Jongeward, 1974, 111). Für das Skript sind intelligente Lösungen und Alternativen erforderlich. Hier liegt die positive Weiterentwicklung eines Menschen im Bewusstwerden der bisher unbewusst lenkenden Skriptanteile und in der entschiedenen

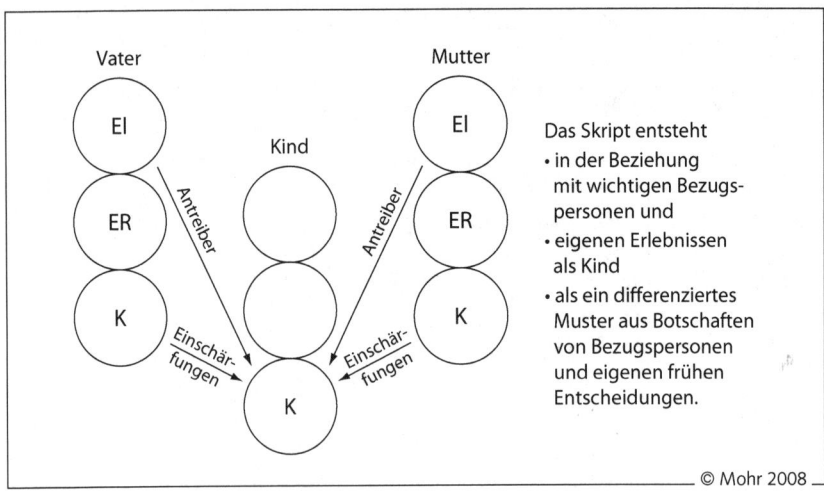

Abb. 9: Script-Matrix

Entwicklung eines Lebensstils, der gleichzeitig sorgsam mit den eigenen früheren Lebensprägungen umgeht und für heute angemessene autonome Reaktionen beinhaltet.

In der Skriptmatrix werden Einflussfaktoren des Skripts thematisiert. Aus den entsprechenden Ich-Zustandssystemen (Eltern-Ich = El; Erwachsenen-Ich = ER; Kind-Ich = K) von Vater und Mutter werden Impulse für die Skriptkreation des Kindes gegeben. Und zwar sind die so genannten Einschärfungen, unter denen man aus dem emotional und selbst früh entschiedenen Teil der Eltern kommende Impulse versteht, als sehr wesentliche Impulse zu sehen. Dies können die emotionale Tönung sein, die ein Elternteil in die Beziehung bringt (»die Mama ist immer etwas depressiv«) oder auch Zuschreibungen (»Du bist leider so ein Tollpatsch«) mit entsprechendem Nachdruck.

Atmosphärische Übermittlungen und auch Zuschreibungen können natürlich zwischen Elternteilen sehr variieren, was unter Umständen später zu wechselnden Selbstbildern führt. Eine interessante Ebene des Skriptes, die später als die frühen Einschärfungen angeboten wird, sind so genannte Antreiber, auch Gegenskriptbotschaften genannt. Sie geben Ratschläge, wie man sich bei empfundenen Stress- und Unbehaglichkeitssituationen verhalten soll.

Eine Vorstellung über einzelne ganzheitliche Skriptmuster liefern auch die neun Enneagrammtypen. Das Enneagramm stammt nicht aus der Transaktionsanalyse, gibt aber bei der Skripttheorie eine anschauliche Illustrierung, wie ein Skript sein kann.

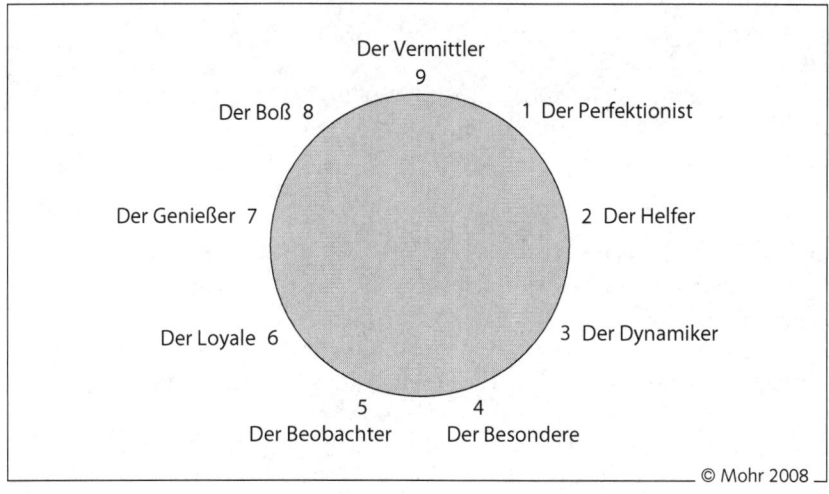

Abb. 10: Die neun Typen des Enneagramms

Interessant ist hier auch, das alle Typen sehr viele Ressourcen haben, aber auch an ihren Schattenseiten arbeiten müssen. Die neun Typen des Enneagramms sind Persönlichkeitsmuster, die quasi wie Skripte übernommen werden im Sinne einer frühen Lebensentscheidung für die Herangehensweise an die Welt. Sie lassen sich leicht in Verbindung bringen mit gängigen Persönlichkeitsfragebogen wie dem MBTI.

Das Skript: Vorbewusste, aber außerordentlich erlebens- und verhaltenswirksame Lebensmuster, die sehr stark durch ein entschiedenes Glaubenssystem über sich, andere und die Welt untermauert sind. Sie treten gerade in Konflikten sehr stark auf. Das Skript ist eine ganz wichtige frühe Lebenserfahrung, die die eigene persönliche Haltung wesentlich geprägt hat.

Skriptenergie I: Wenn man selbst im Skript ist, spürt man eine ganz eigene Stimmung. Man hat die Vorstellung, dass einem die Situation jetzt sehr wichtig ist. Es kann sein, dass man Werte oder Sichtweisen bedroht sieht, die einem persönlich sehr wichtig sind.

Beispiel 1: Wenn Ungerechtigkeit auftritt, dann macht mich das fuchsteufelswild. Ich könnte denjenigen umbringen, der für die Ungerechtigkeit verantwortlich ist.

Beispiel 2: Jemand muss im Kontakt mit Männern immer die Oberhand behalten. Männer sind immer Konkurrenten. Sie wollen mir etwas wegnehmen. Entweder macht er im Kontakt gleich deutlich, dass er ein harter Hund ist, oder er geht gar nicht in den Kontakt mit Männern.

Skriptenergie II: Mit dem eigenen Skript verbundene Situationen sind durchaus mit mehreren Gefühlen verbunden. Es gibt die angenehme Erfahrung des »Davongekommenseins«. Dies lockt, den gleichen Ausweg zu wählen, wenn man in eine ähnliche Situationen kommt. Gleichzeitig liegt darunter oft ein ungelöstes Bedürfnis. Wäre es nicht schön, wenn eine angemessenere Lösung möglich wäre?

Aus welchen Wurzeln stammt ein Skript? Das Skript eines Menschen – in der umfassenden Definition – ist normalerweise sehr vielfältig. Es gibt förderliche Bestandteile im Sinne von Erlebens- und Verhaltenserfahrungen, die für die Lebensgestaltung sehr nützlich sind. Natürlich hängt dies auch von den Lebenssituationen ab. Wichtig sind aber vor allem auch einschränkende Skriptbestandteile, die einem Menschen in seinem Erwachsenenleben immer wieder Leid oder auch Probleme mit anderen Menschen bringen. Diese Skriptbestandteile resultieren oft aus Situationen, in denen ein Mensch in seinen frühen Entwicklungsjahren durch eine Situation überfordert und ohne genügende Unterstützung war, aber doch irgendeinen Ausweg aus diesem Dilemma für sich erfahren hat. Der Ausweg im Verhalten ist oft mit einem Denken und Fühlen verbunden. In seinen frühen Entwicklungsjahren hat der Mensch häufig auch noch magische Denkmuster dazu, wie Menschen und die Welt sind. Man macht sich einen Reim auf die Situation. Diese Situationsbewertung prägt sich dann ein und wird auch in späteren Lebensphasen nicht so leicht hinterfragt. Das Gefühl, da noch einmal rausgekommen zu sein, überlagert oft das ursprüngliche Gefühl der Hilflosigkeit. Noch einmal herausgekommen zu sein, ist auch ein angenehmes Gefühl. Dies festigt das Auswegmuster als erfolgreich. Die Situationen der Entwicklungsjahre erlebt der Mensch meist in Kontakt mit seinen frühen Beziehungspartnern, den Eltern. Sie zeigen ihm das Leben. Sie sind für ihn so wie Menschen sind. Daneben haben gerade Kinder aber auch Grundbedürfnisse nach Zuwendung und Sicherheit. Werden diese in der Kindheit durch das Verhalten der Eltern nicht erfüllt, nimmt der Mensch dies auch für das Leben mit. Die Zuneigung zu den Eltern führt eher dazu, dass die Welt so gesehen wird, wie die Eltern sie repräsentieren, als wie sie nach den inneren Bedürfnissen sein müsste. Dies führt im Erwachsenenalter dazu, dass oft in der Partnerschaft oder im Arbeitsleben Situationen kreiert werden, die die Grunderfahrung der Beziehung mit den Eltern bestätigen sollen. Obwohl dahinter der Wunsch steckt, die eigenen Bedürfnisse erfüllt zu bekommen, ist die Versuchung groß, eben genau die von den Eltern vermittelte Welt zu bestätigen.

2.4 Beziehung und Kommunikation

Der dritte Bereich betrifft Kommunikation und Beziehung. Man kann es so gut meinen, wie man will. Wenn man nicht in der Lage ist, das nach außen zu kommunizieren, erreicht man nichts. Kommunikation ist Beziehungspflege. Vernachlässigt man die Kommunikation, so darf man sich nicht wundern, wenn Beziehungen nicht gelingen. Mich hat einmal der Spruch beeindruckt: »Liebe ist ein Verhalten, nicht primär ein Gefühl.« Das ist vielleicht überspitzt. Aber wir werden an unserem Tun und dessen Wirkung gemessen, nicht an dem, was irgendwie dahinter gedacht werden könnte. Angemessene Beziehungs- und Kommunikationsfertigkeiten zeichnen einen Profi aus.

Die Transaktionsanalyse der Kommunikation im engeren Sinne

Um die Bedeutung dessen herauszustreichen, was konkret und wahrnehmbar zwischen zwei Menschen in der Kommunikation passiert, betrachtet die Transaktionsanalyse die Mikroeinheiten der Kommunikation. Was »strahlt« der eine Kommunikationspartner aus und was gibt der andere zurück. Dieser Fokus auf die konkreten Botschaften kennzeichnet die Transaktionsanalyse.

> Eine Transaktion ist definiert als ein Austausch von Information (Stimulus und Reaktion) zwischen zwei Personen.

Damit ist es quasi ein doppeltes Sender-Empfänger-Modell à la Shannon und Weaver (1948). Der Unterschied zu anderen Kommunikationsmodellen liegt darin, dass Kommunikation als ein Austausch zwischen den Ausdrucksfiguren der Ich-Zustände verstanden wird. Beziehungen bestehen aus einem Fluss von Transaktionen. Je nach dem, ob kEl mit fEl mit K, oder ER mit ER etc. kommuniziert, gibt es sehr unterschiedliche Formen, die komplementär, überkreuz oder verdeckt sein können. Somit entspricht die Transaktionsanalyse der modernen Kommunikationsdefinition von Gunther Schmidt (2005): Kommunikation besteht aus Einladungen, die Aufmerksamkeit auf bestimmte Punkte zu richten.

Komplementäre Transaktion bedeutet, dass der adressierte Ich-Zustand antwortet und sich auch an den sendenden Ich-Zustand wendet. In der gekreuzten Transaktion antwortet ein anderer als der adressierte Ich-Zustand. Dann existieren noch die verdeckten Transaktionen, bei denen neben einer offenen Ebene eine unterschwellige vorhanden ist. Drei Beispiele dazu:

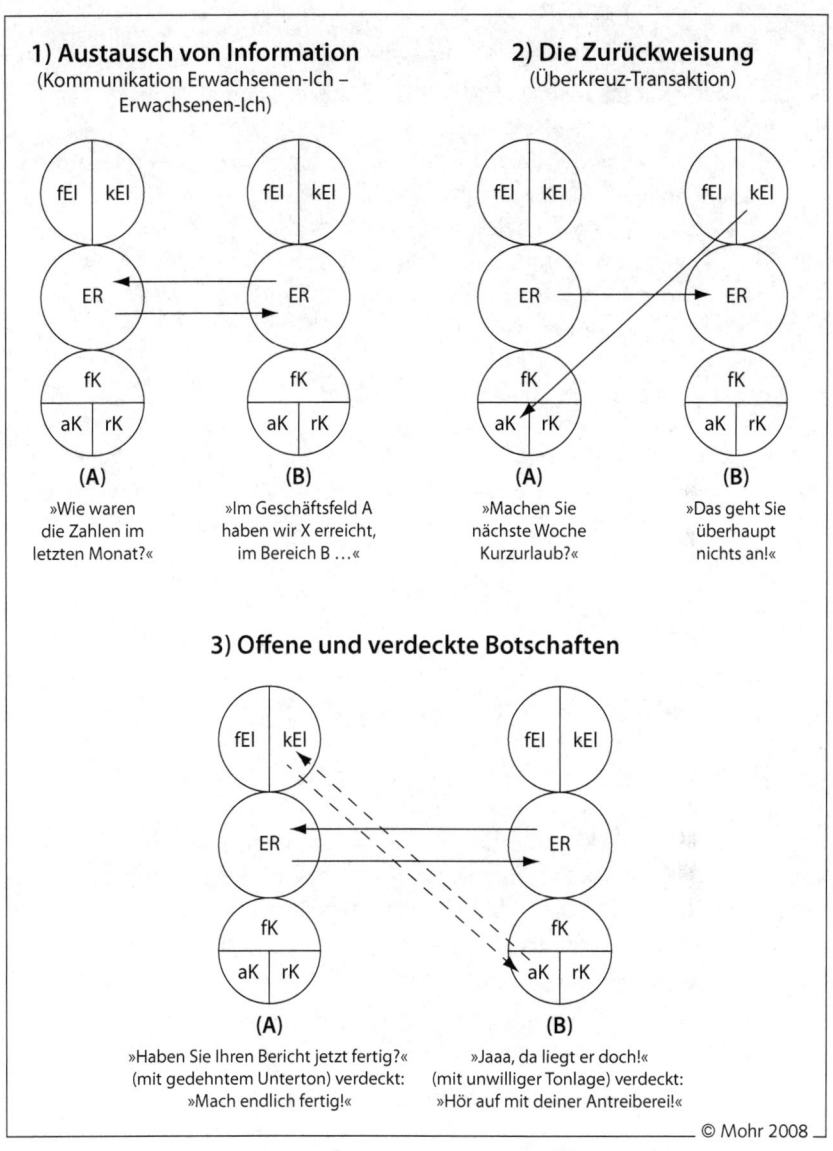

Abb. 11: Parallele (1), Gekreuzte (2), Verdeckte Transaktionen (3)

> Die TA hat Kommunikationsregeln entwickelt:
> - Solange die Transaktionen parallel verlaufen, kann die Kommunikation unbegrenzt weitergehen.
> - Die Überkreuztransaktion bedeutet eine Störung in der Kommunikation; soll diese wieder »glatt« ablaufen, muss einer der Gesprächspartner oder müssen beide den Ich-Zustand wechseln.
> - Bei der verdeckten Transaktion fällt die Entscheidung über das weitere Verhalten durch die verdeckte und nicht durch die offene Ebene.

Die »Spiel«analyse

Das Skript lässt bestimmte Muster der Kommunikation und Beziehungsgestaltung entstehen. Diese treten besonders in Stresssituationen, aber auch als Gewohnheitsmuster auf. Die Transaktionsanalyse nennt diese Muster »Spiele«, weil sie wie eingespielt wirken, aber auch den Charakter von Spielchen haben.

> »Ein Spiel besteht aus einer fortlaufenden Folge verdeckter komplementärer Transaktionen, die zu einem ganz bestimmten voraussagbaren Ergebnis führen.« (Berne, 1970, 57)

Spiele kann man als Kommunikationssituationen verstehen, bei denen bestimmte einge«spiel«te Folgen von Transaktionen ablaufen. Nach James und Jongeward (1974, 52) haben Spiele drei Merkmale:

1. eine fortlaufende Folge von Komplementär-Transaktionen, die auf der gesellschaftlichen Ebene plausibel sind,
2. eine verdeckte Transaktion, die zugrunde liegende Mitteilung des Spiels, und
3. einen vorauszusehenden Nutzeffekt, der das Spiel beendet und Zweck des Spielens ist.

In Spielen werden die drei Rollen des Dramadreiecks besetzt: Verfolger, Retter und Opfer.

Es gibt unterschiedliche Kontexte, in denen Spiele eine Rolle »spielen«. Ulrich Dehner hat besonders noch einmal Bürospiele betrachtet (Dehner, 2001). Ähnlich wie Spiele dienen »Rackets« (English, 1986) dazu, das Skript aufrecht zu erhalten. Es sind

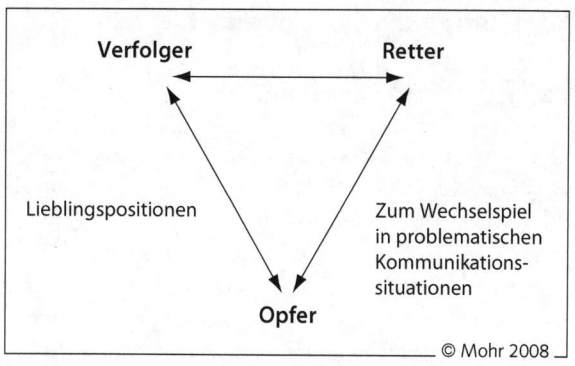

Abb. 12: Drama-Dreieck von Steve Karpman

Verhaltensmuster, die auf Positionen und Skriptbotschaften beruhen und durch die gewohnte und alte Stimmungen wieder belebt werden. »Im Racket geht es um Ersatzgefühle, hinter denen ein wirkliches Gefühl steht, das in der frühen Kindheit nicht erlaubt oder abgewertet wurde.« (Frühmann, 1978, 374). Jemand zeigt zum Beispiel Ärger, wenn eigentlich Angst angesagt ist. Die Racket-Gefühle haben in der Regel negativen Charakter und sind auf die Abwertung meines Selbst und anderer gerichtet. Der Unterschied zwischen Racket und Spiel besteht darin, dass bei einem Racket die Ich-Zustände nicht gewechselt werden.

Psychologische Spiele

zwischen Verfolger und Opfer
Da hab ich dich, du Schweinehund
Makel
Hilfe, Vergewaltigung
Wenn du nicht wärst
Gerichtssaal
Schlemihl
Meins ist besser als deins
Tumult

zwischen Retter und Opfer
Ich will dir doch nur helfen
Holzbein
Blöd
Alkoholiker
Sieh nur, was du angerichtet hast
Robin Hood
Ja, aber
Verehrer

Spielformel nach Eric Berne

| Abwertung Spieler 1 Angebot | Abwertung Spieler 2 Einhaken | Serie von parallelen verdeckten Transaktionen | Rollenwechsel | Verblüffung | Endauszahlung für Spieler 1 und Spieler 2 |

Abb. 13: Die neun Typen des Enneagramms

2.5 Kontext und Systembezug

Kontext I: Der Bezugsrahmen

Der vierte Bereich ist die Kenntnis des Einflusses von Umfeldern auf Menschen. Das Umfeld, in dem jemand lebt, auch und vor allem das, in dem jemand aufgewachsen ist, bestimmen seine Weltsicht. Es gibt nicht »die« Weltsicht. Jeder Mensch lebt in seiner Welt. 80 Prozent der Kommunikation findet im Empfänger der Kommunikation statt. Was im Empfänger stattfindet, ist durch seine bisherigen Erfahrungen bestimmt, nicht durch das, was der Sender gerade zu senden versucht. Ob die mangelnden Schulerfolge von Unterschichtkindern oder die Ordnung, die Menschen um sich erleben, immer ist der aktuelle Kontext wesentlich für das Denken und Handeln. Wer in der Schweiz, nachdem er achtlos ein Tempotaschentuch auf die Straße geworfen hat, von einer älteren Dame höflich angesprochen wurde: »Entschuldigen Sie, ich glaube Sie haben etwas verloren« merkt, dass hier ein bestimmtes Ordnungsprinzip gilt. Ein anders Beispiel für die Auswirkung des Umfeldes: Jeder Zusammenschluss ist immer auch ein Ausschluss anderer. So erleben Menschen das. Sobald in einer Firma zwei Abteilungen vorhanden sind, nennen wir sie einfach Apachen und Komantschen, entsteht sehr schnell eine Konkurrenz, manchmal Gegnerschaft, nicht selten auch Feindschaft bis hin zum Krieg. Wie Sie ein Umfeld-Profi werden, lernen Sie in den nachfolgenden Kapiteln.

Seit der »systemischen Wende« (etwa 1980) haben alle professionellen Veränderungsmodelle zwei Aspekte integriert:
- den Aspekt der Vernetzung jedes einzelnen Menschen in mannigfaltigen Systembezügen (Familie, Firma, Vaterland,…)
- den Aspekt, dass jeder Mensch aus seiner Selbsterhaltung heraus sich ein Modell über die Welt, die anderen und sich selbst konstruiert.

Den ersten Aspekt hat die Transaktionsanalyse durch ihre letztlich internalisierten Bilder erlebter Beziehungskonstellationen (Eltern-Ich zu Kind-Ich, Skript) und das Außen-in-Szene-Setzen dieser Muster durch Transaktionen und psychologische Spiele schon von Anfang an beschrieben. TA ist also sehr systemisch per se (Kreyenberg, 2005). Den Aspekt des Konstruktivismus bringt TA durch das Bezugsrahmenmodell von Schiff et al. zur Geltung.

> Der allgemeine Bezugsrahmen ist die aktuelle Sicht, die ein Mensch von sich, von anderen und von der Welt hat.

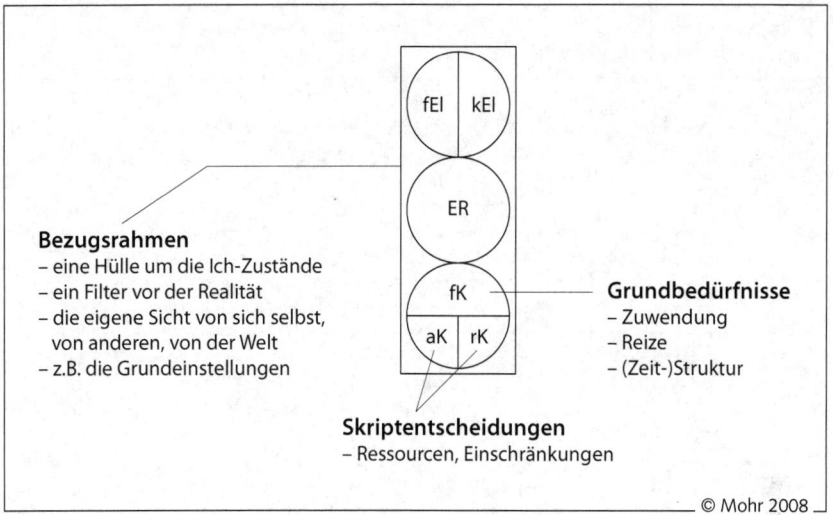

Abb. 14: *Persönlichkeitsausdruck, Grundbedürfnisse, Bezugsrahmen und Script*

Interessant sind hier besonders spezielle Bezugsrahmen, die Menschen zu allen möglichen Fragen ihres Leben haben, z.b. zum Lernen, zur Erziehung, zu Führung, zu Politik etc. Dieses Einstellungssystem zu einer bestimmten Fragestellung ist äußerst wichtig für die Bezugnahme auf eine solche Frage. Das heißt zum Beispiel: Die Sicht, die ich vom Lernen habe, bestimmt auch mein Lernverhalten. Denke ich etwa, dass man mit 18 Jahren ausgelernt hat, ergibt sich ein anderes Verhalten, als wenn ich der Idee lebenslangen Lernens anhänge.

Kontext II: Die »aktuelle Aufstellung« des Systems

Um die Wirklichkeit eines Coachees in einem Unternehmen oder einer Organisation zu erfassen, ist der Bezug zum System, in dem er tätig ist, von zentraler Bedeutung. Dies bedeutet die Erfassung der schon oben erwähnten Dynamikfelder (s. Tab. S. 48). Antworten auf die Fragen zu den zehn Dimensionen ergeben ein hervorragendes Bild, wie eine Organisation aktuell beschaffen ist.

Zusätzlich lassen sich die 10 dynamischen Felder durch TA-Konzepte näher beschreiben. Auf diese Weise wird der vor allem für das Coaching so zentrale Bezug zum System Organisation hergestellt. Ohne diesen bleibt das Coaching auch ohne Bezug zur aktuellen Realität des Coachees. Mehr dazu in Kapitel 4.

Dynamik-felder	Die zehn Systemdynamiken	Einzelfragen zu den Dynamiken
System-struktur	1. Dynamik der Aufmerksamkeit	– Womit beschäftigen sich die Leute in der Organisation(seinheit) am meisten? – Wie verhält sich das, was im Moment die Hauptaufmerksamkeit genießt, zu dem, was eigentlich Ziel der Einheit ist?
	2. Dynamik der Rollen	– Welche Rollen gibt es momentan im System? – Welche Merkmale haben die Rollen? – Verändern sie sich zur Zeit, und wenn ja, wie?
	3. Dynamik der Beziehungen	– Wie stehen die Rollen und die Personen miteinander in Beziehung? – Welche Grundbotschaften gibt es zwischen den Rollenakteuren?
System-prozesse	4. Kommunikationsdynamiken	– Was charakterisiert die Art, wie man miteinander kommuniziert?
	5. Problemlösedynamiken	– Was sind zur Zeit »Probleme«? – Wie geht man damit um?
	6. Erfolgsdynamiken	– Wie erreicht oder vermeidet man Erfolge?
System-balancen	7. Dynamik der Gleichgewichte	– Welches Gleichgewicht würde wer gerne erhalten? – Welches Gleichgewicht wird angestrebt?
	8. Dynamik der Rekursivität	– Wie sind ähnliche Prinzipien auf unterschiedlichen Ebenen der Organisation verwirklicht?
System-pulsation	9. Dynamik »Äußere Systempulsation« (Äußere Grenzlinien / Offenheit / Geschlossenheit)	– Wie entwickelt sich zur Zeit die äußere Grenzlinie des Systems? – Welche Maßnahmen braucht es, um eine »angemessene« Offenheit und Geschlossenheit herzustellen?
	10. Dynamik »Innere Systempulsation« (Innere Grenzlinien / Subsysteme)	– Welche relevanten Subsysteme lassen sich in der Organisation zur Zeit unterscheiden und wie wirken sie sich aus?

© Mohr 2006

2.6 Entwicklung und Veränderung

Der fünfte Bereich ist Entwicklung und Veränderung. Entwicklung betrifft den normalen Verlauf, wenn etwas in einer einmal eingeschlagenen Richtung weitergeht. Veränderung ist ein Einschnitt in das, was bisher war. Das ist ein fundamentaler Unterschied. Veränderungen werden oft von außen angestoßen, zum Teil einem aufgezwungen. Ein plötzlich notwendiger Personalabbau ist eine völlig andere Situation als das altersbedingte Ausscheiden von Arbeitnehmern aus dem Unternehmen. Das erste ist Veränderung, das zweite Entwicklung, auf die man sich einstellen kann. Sie werden sagen, für den altersbedingt Ausscheidenden ist der Übergang in die Rente ebenso eine Veränderung. Aber es ist eigentlich eine Entwicklung, die bekannt, absehbar und vorzubereiten war. Dass viele Menschen aus Entwicklungen, indem sie nicht hinschauen, eine Veränderungssituation machen, steht auf einem anderen Blatt. Entwicklung und Veränderung, beides sind Rhythmen des Leben. Manchmal kommt es so, manchmal so. Es ist wie mit dem Fahrradfahrer, der umfällt, wenn er nicht mehr die Pedale bewegt. Aber auch das weckt manchmal auf und führt dann zu Veränderung.

Ich-Zustandsebene

Zunächst ist Ich-Zustands-Coaching die Entwicklung neuer Ich-Zustände. Dazu gilt es für eine Situation oder ein bisheriges Reaktionsmuster ein neues zu etablieren:

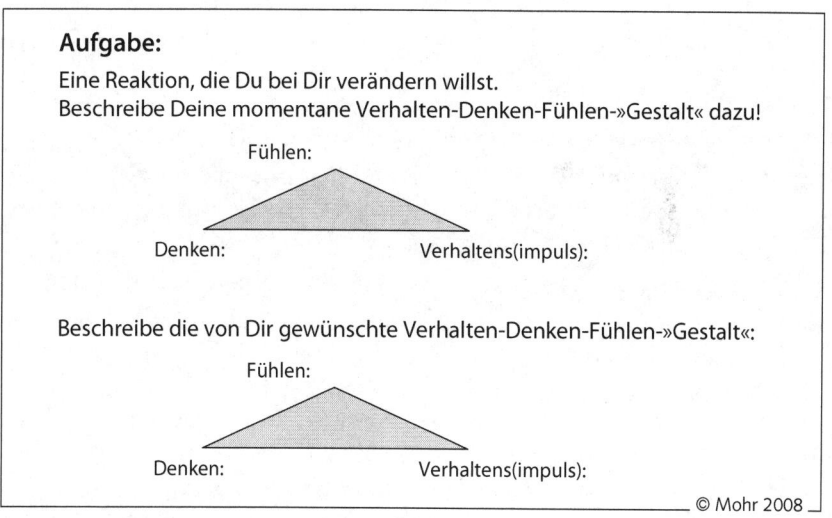

Abb. 15: *Entwicklung neuer Ich-Zustände*

Der neue zu entwickelnde Ich-Zustand steht allerdings in Konkurrenz zu den schon etablierten Ich-Zustandsmustern der Eigenentwicklung und der Modelle von außen.

Bezüglich der Ausdrucksqualitäten der Ich-Zustände (freies Kind-Ich bis kritisches Eltern-Ich) strebt die TA den freien Zugang zu allen positiven Ich-Zuständen an. Inhaltlich stellt sich an eine Person die Frage: Ist sie glücklich, ist sie frei? James beschreibt die »gesunde« Struktur der Ich-Zustände so:

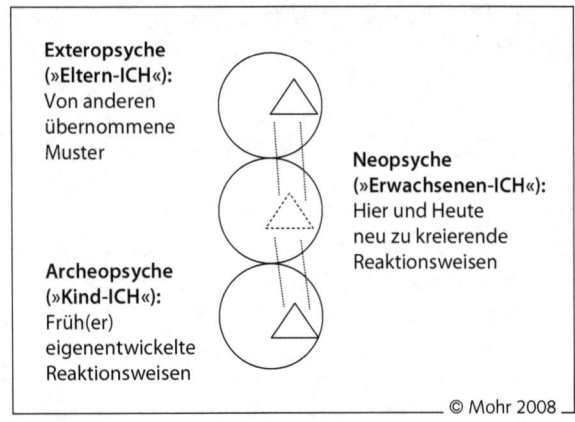

Abb. 16: Drama-Dreieck von Steve Karpman

»Bei einer gesunden Person gilt:
1. Die Ich-Zustände sind klar gegeneinander abgegrenzt.
2. Die Klientin hat freien Zugang zu ihren Ich-Zuständen.
3. Das Erwachsenen-Ich filtert das Verhalten« (James, 174; zit. n. Petersen, 1980, 270)

Eine problematische Struktur der Ich Zustände sieht folgendermaßen aus:
Situation a) Grenzen zwischen ER, El und K verfließen; z.B. zwischen ER und K: Vorurteile werden als realistische Einschätzungen der Realität empfunden.
Situation b) Ein oder mehrere Ich-Zustände sind ausgeschlossen;
Situation c) Nur in einem Zustand sein, z.B. im Kind (überschneidet sich z.T. mit b).

Aus den angegebenen Zuständen ergeben sich problematische Interaktionen. Wenn ein Klient einen seiner Ich-Zustände nicht benutzt, wird er ihn in anderen Personen suchen. Solche Menschen gehen symbiotische Beziehungen ein. Viele Ehen funktionieren nach diesem Prinzip. Die symbiotische Tendenz wird durch »Abwertung« aufrechterhalten. Abwertungen sind Ausblendungen und Wahrnehmungsverzerrungen. Je weniger der Klient wahrnimmt, je mehr er ausblendet und abwertet, desto schwerer ist er gestört.

Transaktions- und Spielebene

Natürlich gibt es auch in Coaching und Selbstcoaching die Versuchung, »Spiele zu spielen«, d.h. den Coach oder sich selbst zu Kommunikationsmustern mit einer verdeckten Ebene einzuladen, ohne dass es bewusst ist. Das ist einerseits eine willkommene Chance zum Bewusstmachen der Strukturen, andererseits aber auch eine Gefahr. Denn ein Coach, der sich über seine eigenen Spiele nicht im Klaren ist, wird leicht zum Mit»spieler«: z.B. er ist im Eltern-Ich als Helfer und hält möglicherweise ein Spiel lange aufrecht.

Bemerkt der Coach, dass hinter einer vordergründigen ER-ER-Beziehung eine K-El-Beziehung steckt, versucht er mit dem »Kind« des Coachee Kontakt aufzunehmen, mit dem Teil also, der fühlt und oft genug von dem Coachee selbst vernachlässigt wird. Einen Coachee, der immer das Spiel spielt, dass keiner ihm helfen kann, wird er fragen: »Wie ist es für Dich, dass dir niemand helfen kann?« Er wird vielleicht auf eine Trauer und den Wunsch des Klienten stoßen, dass die »Großen« ihm helfen sollen. Jetzt lässt sich die aktuelle – unbewusst motivierte – Verhaltensweise mit der Realität vergleichen und evtl. lösen. Sie hatte vielleicht in der Lebensgeschichte einen wichtigen Platz, ist aber heute eine Einschränkung. So muss gefragt werden: Was ist die immer noch aufrechterhaltende »alte« Entscheidung, die das jetzige Problem verursacht?

> **Aussteigen aus einem Spiel:**
> 1. gelingt nur, wenn man über die eigene Verwicklung Bewusstheit erlangt hat
> 2. nicht einsteigen
> 3. Äußerungen von ehrlicher Betroffenheit und Befürchtungen über weiteren Verlauf können hilfreich sein
> 4. direktes Eingehen auf Bedürfnisse des anderen aus seinem freien Kind-Ich
> 5. zeitweilig räumliche Distanzierung, um zu einem angekündigten Zeitpunkt – in besserer Verfassung – Klärung herbeizuführen
> 6. als Berater kann man, wenn man nicht wirklich mitgespielt hat, die Endauszahlung anbieten
> 7. das Spiel transparent machen
> 8. selbst die Endauszahlung bei sich nicht nehmen

Hier zeigt sich, dass Coaching erlebnisorientierte und kognitive Komponenten hat. Deshalb lässt sich die Aufspürung des zugrunde liegenden Gefühls auch durch Techniken aus Konzepten der Gestaltarbeit (James & Jongeward, 1974, English 1976) unterstützen. Ebenso wichtig ist dabei für den Coach die Kenntnis von Theorien der kognitiven (Piaget) und der emotionalen Entwicklung (Erikson).

Liegen Ausblendungen insbesondere der eigenen Bedürfnisse oder bei deren Äußerung vor, muss Zuwendung auf indirektem Weg kommen, über Gefühlsmaschen (Rackets) und Spiele, die beide letztlich nur Nicht-o.k.-Gefühle produzieren und zur Verwirklichung eines unguten Lebensplans beitragen. Übertragen in die Sozialpsychologie heißt das: Der Mensch mit einem negativen Selbstbild, das auf seiner Lerngeschichte beruht, entwickelt Attributionsmuster, die immer wieder zum negativen Selbstbild zurückführen. Das gesunde Gegenstück zur Symbiose ist Autonomie, das höchste Ziel der TA.

Einordnung des Veränderungsmodells

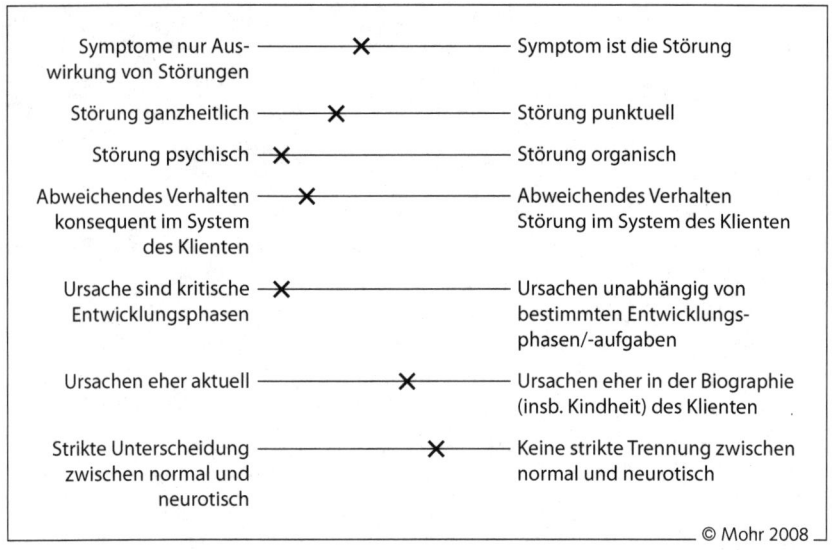

Abb. 17: Einordnung

Skriptebene

Das Ziel der Beratung ist die Autonomie von unangemessenen Einschränkungen. Sie soll das Leben eines Menschen bestimmen. Voraussetzung dazu ist, dass man sich der Transaktionen, die man vornimmt, bewusst wird. Das schließt Spiele und Rackets ein. Man soll seine früheren Skriptentscheidungen erkennen und gegebenenfalls ändern. Aus der Tatsache, dass jeder Mensch irgendwelche Spiele spielt, müsste eigentlich für jeden die Notwendigkeit einer Entwicklung und Veränderung folgen. Tatsächlich fingen nach dem Erscheinen von Bernes »Games People Play« (1964) viele Leute in Amerika damit an, eine Art Selbsttherapie zu starten, weil sich alles so einfach anhörte.

Bei den Skripts ist es schon schwieriger für den einzelnen. Auch sind sich die TA-Autoren hier nicht so ganz einig. Steiner (1974, 104) geht davon aus, dass »banal scripts« die Regel, dramatische Skripts in der Minderheit sind, dass es aber auch skriptfreie Menschen gibt, die ihre Lebensentscheidungen später und autonom getroffen haben. Das macht die Sache dann schon nicht mehr so einfach.

Meiner Auffassung nach ist der konsistentere und für die Praxis hilfreichere gesamte Ansatz, bei jedem ein Skript anzunehmen. Der Mensch sollte die Ich-o.k.–du-o.k.-Position einnehmen können. Er sollte affektiv Zugang zu seinen Gefühlen haben, kognitiv wissen, was er will und auf der Verhaltensebene auf »faire Weise« seine Bedürfnisse befriedigen. Eine gesunde Person »wird die Blumen riechen und die Vögel sehen« (Kahler, 1977, 232). Petersen (1980) vermutet, dass in dieser Zielvorstellung das kalifornische Weltbild des »have a good time« steckt. Sie hält diese Lebenshaltung für die Lebensumstände in Deutschland für fremd. Beim Coaching geht es um die Bearbeitung aktueller und zurückliegender Probleme, die der Coachee letztlich kognitiv bewältigen soll. Wie es zu Veränderungen kommt, wird noch bei den Coachingtechniken deutlich.

Die Notwendigkeit, an die Skriptglaubenssätze heranzukommen, wurde schon im Rahmen der Spielanalyse deutlich. Vorab wird jedoch kurz der Ansatz von Taibi Kahler (1977) dargestellt, der weniger die unterliegenden Überlebensschlussfolgerungen des Lebensplanes angeht, als vielmehr den konkreten Lebensstil, d.h. die sog. Antreiber, die ein Mensch hat, um täglich seinen Lebensplan zu realisieren. Diese »Miniskript-Beratung« genannte Vorgehensweise geht davon aus, dass viele Menschen ihren Wert von Bedingungen abhängig machen. Sie glauben zum Beispiel,

»Ich bin nur etwas wert, wenn
1. ich perfekt bin
2. ich mich beeile
3. ich mich anstrenge
4. ich mich zusammenreiße
5. ich mich um andere kümmere.«

Es gelingt nie ganz, diesen Antreibern zu genügen. »Diesmal gerade so, aber das nächste Mal geht es vielleicht schief.« Der Coach soll mit dem Coachee hier die Erlaubnis für das Eltern-Ich ermitteln, die ihm den Weg aus den Antreibern heraus finden lässt. Der Klient soll ein Gefühl dafür bekommen, auf welcher Position er sich befindet, um das Nicht-o.k.-Miniskript zu verlassen.

Bezugsrahmenebene

Als Beispiel für Veränderung auf der Bezugsrahmenebene ein kurzer Fragebogen, der zur Exploration eines beliebigen spezifischen Bezugsrahmens zu einem Thema benutzt werden kann.

> **Das Bezugsrahmen-Interview zu »..........«**
> (Sag das, was du wirklich denkst und empfindest ....)
>
> Wie definierst du persönlich »..........«? Was gehört für dich persönlich zu .... dazu?
>
> Wie ist deine persönliche Erfahrung mit ....? Welche Bedeutung hat das für dich?
>
> Wie findest du persönlich ....? Wie bewertest du ....?
>
> Wie siehst du dich im Vergleich zu anderen beim Thema ....? (z.B. eher überlegen, eher mit wenig Emotionen, ...)
>
> Gib ein typisches Beispiel für ...., wenn du damit zu tun hast.
>
> Welche Muster bei .... sind für dich eher typisch?
> Gibt es von letzterem gravierende Ausnahmen?
>
> Was charakterisiert dich am meisten beim Thema ....?

> Was möchtest du an deinem Verhalten in Bezug auf .... ändern?
>
> Von wem hast du dein Muster bei ....? Wer ist dir da ähnlich in der Familie?
>
> Wer hat dich bezüglich .... am meisten beeindruckt?

Auf der Ebene des Bezugsrahmens ist die Zielsetzung die Erweiterung der Sicht von Dingen. Bisherige rigide und einseitige Bezugsrahmen werden flexibler. Manchmal geht es jedoch auch darum, erst einmal einen Bezugsrahmen zu etablieren (vgl. Kap. 10.1: Musterbildung), wenn bisher keine Position zu einem Phänomen vorhanden war. Als Beispiel kann man hier den Umgang mit E-Mails betrachten. Vielen Menschen ist unklar, was eine E-Mail bedeutet. Es handelt sich um ein schriftliches Dokument, für das man sich früher sehr viel länger Zeit zum Ausführen und Verschicken nahm. Gerade in Konfliktsituationen erweisen sich hier schnell »herausgefeuerte« Antworten als prekär und problematisch. In der Coachingpraxis ist hier oft erst einmal ein Bezugsrahmen zu dem noch recht jungen Kommunikationsinstrument zu entwickeln.

Systemveränderung

Systemveränderung bedeutet Entwicklung in den Systemdynamiken
- der Struktur (Aufmerksamkeit, Rollen, Beziehungen),
- der Prozesse (Kommunikation, Problemlösung, Erfolg),
- der Balancen (Gleichgewicht, Rekursivität) und
- der Pulsation (äußere und innrere Pulsation) eines Systems.

Entsprechend sind die Dynamiken, die eine Veränderung nötig haben oder die am vielversprechendsten für die Entwicklung des Gesamtsystems sind, ins Visier zu nehmen. Lineare Veränderungen gibt es hier in der Regel nicht, man muss ständig im Auge behalten, wie sich die Dimensionen entwickeln. Zudem sind bei Organisationsveränderungen ständig die menschlichen Reaktionen zu betrachten. Dazu mehr in Kapitel 4.

2.7 Professionsmethoden – Beratungstechniken

Die sechste Dimension sind angemessene Professionsmethoden. Der Profi ist *state of the art* bei den Methoden seines Berufes. Er hat das Lernen nicht schon vor Jahren aufgegeben, sondern bleibt wach in seinem Berufsfeld. Man hört von ihm nicht, »das haben wir doch alles früher schon gemacht, gewusst«, vor allem »besser gewusst«. Der Profi ist offen für Neues, schätzt das Bewährte und weiß vor allem einzuschätzen, wann was notwendig ist. Sein Vorrat an so genannten Professionsmethoden in seinem Arbeitsfeld nimmt stetig zu.

Erstexploration

In einer Art Exploration geh es um die Standortbestimmung des Coachee. Dabei hat der Coach besonders zu achten auf:
- Entscheidungen (z.B. »Überlebensentscheidungen« nach Fanita English, 1976, 138)
- Verbote (sog. injunctions – Steiner, 1974, 60)
- unerfüllte Wünsche

Der Coach versucht, die wesentlichen Bewertungsmuster, mit denen der Coachee Situationen für sich bewertet, zu ermitteln. Die wesentlichen Bewertungsmuster basieren auf Skriptentscheidungen. Es sind die Schablonen, die jeder von uns individuell – hier der Coachee – anlegt. Der Berater nutzt dazu zunächst Skriptfragebögen (siehe Anhang) und fragt daraufhin ganz konkret:
- Was wollen Sie entwickeln?
- Was wollen Sie in Ihrem Leben ändern?
- Was wollen Sie an sich ändern, um es zu erreichen?

Beratungsvertrag

Als Ergebnis der Erstexploration erhält man in einem Beratungsvertrag:
- das Ziel, auf das Coach und Coachee hinarbeiten wollen,
- die zeitlichen und finanziellen Modalitäten des Coachings.

Der Kontrakt enthält nicht nur formale, sondern schon entscheidende beraterische Intervention, durch die dem Klienten Angst genommen und seine aktive Mitarbeit klar festgelegt wird. Zum Kontrakt gibt es eine ausführliche TA-Literatur. Der Kölner Transaktionsanalytiker Fritz Mautsch hat in den »Coaching-Tools« von Christopher Rauen einen schönen Überblicksartikel geschrieben.

Beratungstechniken

Berne hat acht zentrale Beratungstechniken hervorgehoben, die sich auch im Coaching hervorragend nutzen lassen. Die ersten vier sind wie den Fuß in die Tür zu kriegen, die zweiten vier sind dann das Erreichen einer Änderung. Wem diese Sprache zu sehr ans Verkaufen erinnert, sei auf zwei Dinge hingewiesen. Einmal Paul Watzlawiks Empfehlung »Wenn Du etwas über effektive Kommunikation lernen willst, geh zu einem Autoverkäufer. Der zweite Hinweis liegt im Grundgesetz des Neurotikers »Die Bürde des Menschen ist unantastbar«, nach der sich viele Menschen verhalten, wenn es leichter für sie werden soll.

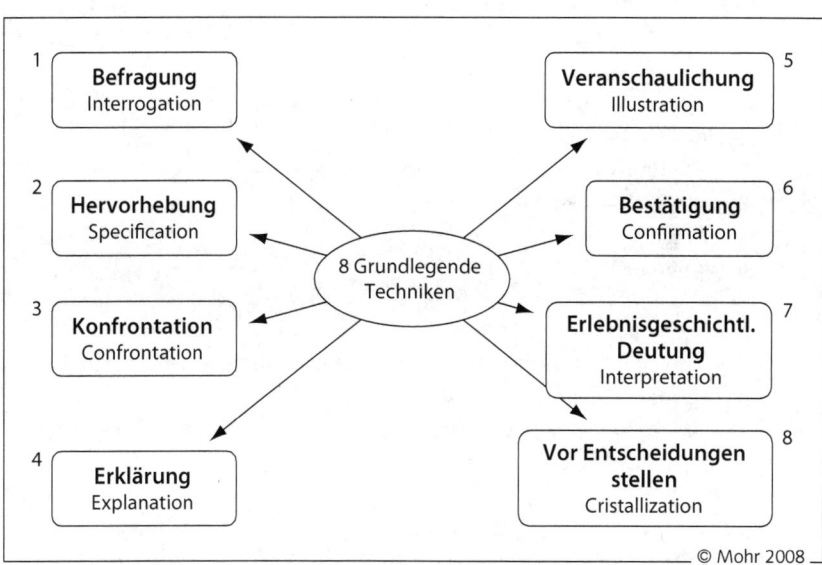

Abb. 18: Die acht zentralen Beratungstechniken bei Berne

Diese Techniken sind universell einsetzbar in allen Bereichen, in denen es um Einflussnahme in sozialen Beziehungen geht. Führung und Coaching sind

Einflussnahme. Alles andere wäre unehrlich. Zum Glück entscheidet aber der Empfänger einer Kommunikation, was er damit macht.

Beispiel zum Einsatz der Beratungstechniken im Vertriebscoaching

1. **Befragung (interrogation)**
   »Mit welchen Worten haben Sie den Kunden auf das Produkt angesprochen?«
   »Wo sehen Sie den Grund, dass Sie keinen ... verkaufen?«
   »Mit welchen Konsequenzen haben Sie zu rechnen?«

2. **Hervorhebung (specification)**
   »Sie sagen, dass Sie eine innerliche Sperre gegenüber Person X (Produkt Y) haben.«
   »Sie sagen, dass Ihnen die Herausforderung für diese Aufgabe zu hoch gesteckt ist.«
   »Mir ist aufgefallen, dass Sie den Kunden nicht gleich angesprochen haben.«

3. **Konfrontation (confrontation)**
   »Einerseits neiden Sie dem Kollegen XY seinen Erfolg, andererseits lehnen Sie übergeleitete Kunden ab.«
   »Sie wollten doch jeden Kunden ansprechen, haben es dann doch nicht getan. Wie kam's?«
   »Sie kannten doch die Empfehlung. Sie haben sich dann doch nicht danach gerichtet. Was war da?«

4. **Erklärung (explanation)**
   »Das Produkt hat schon eine beträchtliche Risikoseite. Ist das für Sie der schwer zu bewältigende Punkt?«
   »Seit noch ein Produkt dazu gekommen ist, hat Ihre Begeisterung stark nachgelassen. Sehen Sie das auch so?«
   »Sie sind sehr vorsichtig beim Anschluss. Kommt das durch die Abmahnung ihres Kollegen? Wie sehen Sie das?«

5. **Veranschaulichung (illustration)**
   »Ihr Verhalten erinnert mich an die Angst des Schützen vor dem Elfmeter.«
   »Es kommt mir so vor, als reden Sie wie die Katze um den heißen Brei...«
   »Von Ihren Beratungen sind unsere Kunden so begeistert, wie von einem 5-Sterne-Menue.«

6. **Bestätigung (confirmation)**
   »Es fällt mir auf, das Sie schon wieder die Kunden nicht auf unsere Produkte angesprochen haben.«
   »Es fällt mir auf, das Sie schon wieder Ihr Zeitziel deutlich überschritten haben.«
   »Mir ist erneut aufgefallen, dass sie die Aufgabe, die Sie sich für die Woche vorgenommen haben, noch einmal für sich umdefiniert haben. Wie sehen Sie das?«

7. **Deutung in Bezug auf Professionspersönlichkeit (interpretation)**
   »Sie lassen sich durch Ihre Hilfsbereitschaft ausnutzen. Wie sehen Sie das?«
   »Sie versperren sich wichtige Abschlussmöglichkeiten durch ihre abgewandte Körperhaltung.«
   »Aufgrund Ihrer Erfahrung haben Sie Angst erneut Fehler zu machen. Stimmt's?«

8. **Vor Entscheidungen stellen (cristallisation)**
   »Nachdem Sie die Ziele nun kennen ... Was wollen Sie tun, um Ihre Ziele zu erreichen?«
   »Wie wollen Sie das Gelernte umsetzen?«
   »Wenn der Kunde morgen zum Termin kommt, wie treten Sie ihm gegenüber auf?«
   »Jetzt, wo Sie Ihre Ziele kennen, wie gehen Sie deren Erreichung an?«

Skriptveränderung – Umentscheidung (redicision)

Durch die Bewusstmachung des Skripts kann der Kient sein Verhalten ändern. Im persönlichkeitsorientierten Coaching werden innere Bedingungen aufgearbeitet, die die Einschränkungen produzieren. Das Ziel ist eine bewusste Neuentscheidung bezüglich der skriptbezogen Glaubenssätze. Hier steckt eine Gegenüberstellung von verhaltensmodifikatorischen und tiefenpsychologischen Elementen dahinter. Der tiefere Ansatz hat drei Phasen:

1. Bewusstmachung der Einschränkungen und der früheren Entscheidungen

Dabei sollen folgende Fragen geklärt werden:
a) Was ist die ursprüngliche Entscheidung, die das jetzige Problem verursacht?
b) Was sagt der Klient sich selber jetzt, um diese ursprüngliche Entscheidung aufrecht erhalten zu können?

c) Welche Vorteile hat er durch sein jetziges Verhalten?
d) Wie lebt er seine alte Entscheidung in der Beratung aus?
e) Welche Informationen fokussiert, welche ignoriert er (Wertungen/Abwertungen)?
f) Was braucht er, um eine neue Entscheidung zu treffen?
g) Was braucht er vom Coach an Erlaubnis, Schutz, Information, Zuwendung?

2. Neue Entscheidungen treffen

Ist dem Coachee die immer noch aufrechterhaltene Entscheidung klar geworden, fragt der Coach: »Wie kommen Sie mit Ihrer Entscheidung zurecht?« Hier wechselt der Coachee seinen Ich-Zustand häufig vom angepassten Kind, das die Entscheidung traf, zum freien Kind und fühlt kurzzeitig die Schmerzen, aufgrund derer er die Bedürfnisse immer noch unterdrückt oder gewohnheitsmäßig mit großer Anstrengung kompensiert.

An dieser Stelle wird der erlebnisorientierte Aspekt der TA deutlich, der Berührungspunkte zu anderen Ansätzen eröffnet (Gestalttherapie, Psychodrama). Die damals notwendige Entscheidung kann man jetzt neu fällen, da sie meist zum aktuellen Zeitpunkt vom Aspekt der Bedrohung nicht mehr notwendig ist.

3. Integration der neuen Entscheidungen in das tägliche Leben des Klienten

Woolams & Brown (1978, 263) lassen hier folgende Fragen bearbeiten:
a) Wie will ich meine neue Entscheidung leben?
b) Wann?
c) Was will ich tun, damit ich positive Zuwendung von anderen für mein neues Verhalten bekomme?
d) Wie hindere ich mich daran, meine neue Entscheidung auszuführen?
e) Wie will ich durch diese Blockaden durchkommen?

→ In dieser Phase soll der Coach Anregungen für Verhaltensänderungen geben und dem Klienten unterstützend zur Seite stehen (die 3 Ps sind wieder gefragt: Potency, Permission und Protection).

2.8 Das Integrative der Transaktionsanalyse

Die Transaktionsanalyse ist als eine Methode zu verstehen, in der sich die Elemente der drei Bereiche Beziehung, Ursprung von Einschränkungen und konkretes Verhaltenstraining sehr stark integrieren. Sowohl der humanistischpsychologische Aspekt im Menschenbild und Bezugsrahmen als auch der tiefenpsychologische im Skriptmodell und der verhaltensmodifikatorische im Stärken des Erwachsenen-Ichs oder der Veränderung von Transaktionen und Spielmustern sind in der Transaktionsanalyse integriert. Das nächste Kapitel wird die Bereiche Beziehung und Verhalten noch einmal vertiefen.

Das integrative Element der TA wird vor allem durch die Offenheit und Verbindung zu anderen psychologischen und professionsfördernden Ansätzen deutlich. Die Verbindung besteht dabei aus drei Perspektiven:
- Die TA hat einerseits Wurzeln in bestimmten Verfahren, die mit der Ausbildung der Gründer zusammenhängt (z.B. Berne: Psychoanalyse; English: Psychoanalyse; Gouldings: Gestalttherapie).
- Zum Teil kommen während der Weiterentwicklung der TA Ideen aus anderen Schulen und Fachgebieten, die sie im Laufe der Zeit integrierte.
- Zusätzlich ist die TA in ständigem Kontakt geblieben mit den Ansätzen, die ihr im Laufe der Zeit begegnet sind und hat so auch von deren Entwicklung profitiert. So ist die psychoanalytische Theorieentwicklung auch aktuell sehr einflussreich auf die TA, was im beziehungsorientierten Ansatz (Sills und Hargarden, 2003) zum Ausdruck kommt.

Diese Offenheit bei gleichzeitig vorhandenem kompaktem Theoriekern ist das »Asset« der TA. In Abb. 19 sind einige wesentliche Verbindungen der Transaktionsanalyse zu anderen Verfahren aufgezeigt. Dabei sind auch beispielhaft Einzelkonzepte der Verbindung erwähnt.

Die Transaktionsanalyse fußt auf tiefenpsychologischen Ansätzen. Dabei sind alle drei klassischen Schulen relevant. Die Psychoanalyse Freuds hat zu Zeiten Bernes die psychotherapeutische Szene bestimmt. Berne hat selbst bei zwei Schülern von Freud, nämlich Erik Erikson und Paul Federn gelernt. Insbesondere Elemente der Persönlichkeitstheorie der TA mit den Ich-Zuständen und dem Skript haben deutlichen Bezug zu psychoanalytischem Denken. Auch die Jung'sche Analytische Psychologie mit ihren Archetypen und der persönlichen Typenlehre haben Bezüge zu Skriptprozessen beziehungsweise zum Erwachsenen-Ich. Adlers Individualpsychologie wirkte insbesondere mit dem Konzept der Lebensleitlinie, das der Skripttheorie ähnlich ist, auf die TA ein.

Auch die aus der universitären Lerntheorie entstandene Verhaltenstherapie und insbesondere die neuere Form in der kognitiven Verhaltenstherapie haben viele Transaktionsanalytiker im praktischen Vorgehen beeinflusst. Psychodrama, Gestalttherapie, Gesprächstherapie, Verhaltenstherapie haben genauso wie später Hypnotherapie, NLP und die systemischen Ansätze sowohl im methodischen Vorgehen als auch in theoretischen Fragen entscheidende Impulse gegeben.

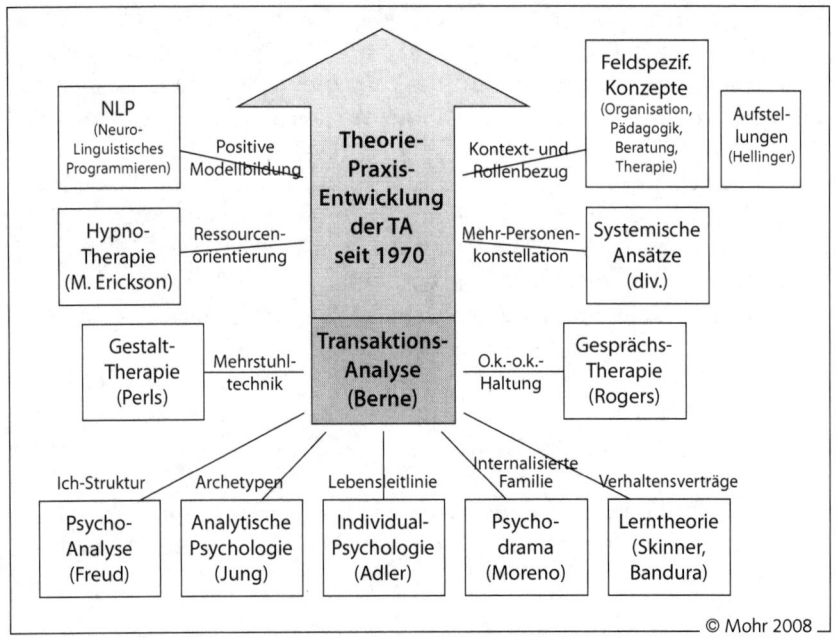

Abb. 19: Verbindungen der Transaktionsanalyse zu anderen Verfahren

Durch die Verbindung schon in den Wurzeln ist auch immer eine stetige Befruchtung durch die Weiterentwicklungen der anderen Theorieschulen in Richtung TA möglich.

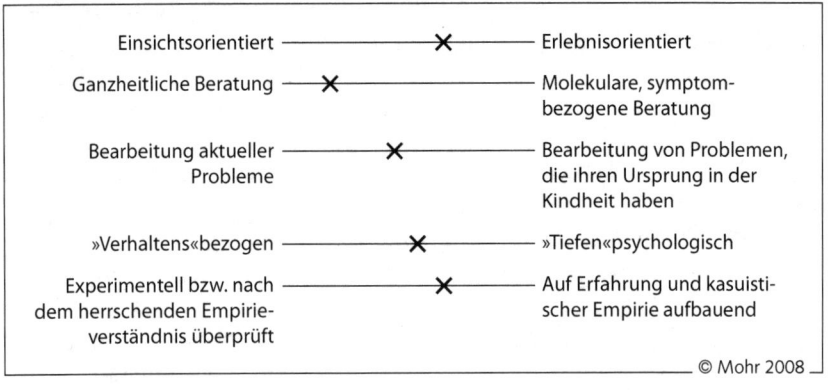

Abb. 20: Einordnung und Dimensionen der Veränderungstheorie der Transaktionsanalyse

Abb. 21: Einordnung und Dimensionen der Beratungstechnik der Transaktionsanalyse

Der wesentliche steuernde Aspekt im Leben von Menschen sind Gefühle. Sie stellen Energie zur Verfügung und wirken richtunggebend für Verhalten. Werden die Gefühle im Coaching nicht erreicht, findet keine Wirkung statt. Nach dem Überblick über die Transaktionsanalyse der integrierten Professionalität ist daher dieser Kraftquelle des Menschen besondere Aufmerksamkeit zu schenken.

3. An den Lebensstrom anknüpfen – Emotionscoaching

▸▸ *Der Veranstaltungsraum lag mitten in einem paradiesisch anmutenden Früchtegarten. Hier wuchsen Papayas, Mangos, Bananen und Zitrusfrüchte. In der runden Meditationshalle, in der die Veranstaltung stattfand saß Isaac Shapiro, der für alle dort anwesenden Veränderungs-, Beratungs-, Coaching- und Therapieexperten eine einfache, aber revolutionäre Lehre verbreitete. Isaac Shapiro ist Südafrikaner, gelernter Hypnotherapeut und hatte lange in Indien zugebracht. Sein Credo war: Das Ergebnis des Lernens ist in der Regel schon am Anfang vorhanden. Wir übersehen es nur, weil die inneren Stimmen der Gewohnheitsmuster des Denkens und Fühlens viel lauter sind und den schon vorhandenen Status des Erreichten überlagern. Dies war eine empörende Botschaft. All das Lernen, noch eine Ausbildung, noch eine Technik – sollte das ein Irrweg sein? Wo kämen wir hin, wenn wir das mehr nützen würden? Alle Veränderungs- und Deutungsexperten müssten erst einmal ihre teuren Umwege einstellen. Shapiro lebte das auch im Umgehen mit den Leuten und die Leute blühten unmittelbar auf.*

Für mich mit meinen transaktionsanalytisch geschulten Deutungsmustern war sofort klar: Hier geht es um das tatsächliche, praktische Leben von »Ich bin o.k., du bist o.k.«. Das so häufig als oberflächliche Freundlichkeit oder als Vorwand für egozentrisches Verhalten herhaltende »Ich bin o.k.« wurde zu einer tiefen, erfahrbaren Kategorie. Es geht nicht so sehr darum, o.k. zu sein, wenn das und das erfüllt ist, oder wenn man über vieles hinweg sieht. O.k.-Sein ist einfach da. Interessant war, dass aus dieser Perspektive auch kein Impuls mehr für störendes Verhalten Anderen gegenüber da ist. Die Frage ist nur, wie kommt man zu dieser tiefen O.k.-Einstellung sich selbst und anderen gegenüber. Das Umgehen mit Emotionen ist dazu ein wesentlicher Punkt.

In diesem Kapitel geht es um einen wesentlichen Hintergrund der »Energieversorgung des Menschen«. Emotionen, wie Gefühle in der Fachsprache genannt werden, geben die Energie für Verhalten. Emotion und Motivation hängen direkt zusammen. Wer Motivation zu Verhalten betrachten oder sogar beeinflussen will, kommt an Gefühlen nicht vorbei. Gefühle sind wiederum mit Gedanken und Einstellungen verknüpft, zum Teil durch diese ausgelöst, zum Teil mit ihnen so eng verwoben, dass sie kaum zu unterscheiden sind. Im Folgenden wird eine Grundidee von Gefühlsenergie und ihre Manifestation in den für Coaching relevanten Ausprägungen behandelt.

3.1 Homo Emotionicus

»Die Hälfte der Wirtschaft ist Psychologie.« Mit diesem oft verwendeten Ausspruch ist der Einfluss der Emotionen gemeint. Gefühle wie Angst, Freude, Ärger, Zuneigung, Trauer, Scham und Schuld spielen alle im Berufsleben eine eminent wichtige Rolle. In der Theorie der Wirtschaftswissenschaft reagiert der Mensch nach rationalen Gesichtspunkten. Das wird Homo Oeconomicus genannt, aber einen solchen rationalen Entscheider gibt es nicht. Schaut man genauer hin, so wird auch behauptet, dass der Homo Oeconomicus lediglich seinen Nutzen maximieren will. Aber was ist sein Nutzen? Wie erfährt er ihn? Er spürt und fühlt ihn. »Geld kann man nicht essen«, aber Geld kann Sicherheit, Freude oder Lust vermitteln, zumindest zeitweise. Ob Geld diesen Effekt für ihn tatsächlich erzielt, ist allerdings der Bewertungsprozess jedes einzelnen. Die Untersuchungen über plötzlich zu Geld gekommene Leute wie Lottogewinner zeigen, dass Geld keineswegs eine Einbahnstraße zum Glück ist. Die meisten Lottogewinner kommen mit ihrem »Glück« nicht zurecht. Auch andere Ergebnisse der Glücksforschung überraschen. Es wurde geprüft, welche von den folgenden Faktoren direkt mit Glück verbunden sind:

- Aktivitäten
- Gesundheit
- Liebe
- Bildung
- innere Einstellung

Das Ergebnis ist: Aktivitäten, Liebe und innere Einstellung sind direkt mit Glück verbunden. In der wissenschaftlichen Fachsprache sagt man, sie korrelieren mit Glück. Dagegen fühlen sich Menschen mit höherem Bildungstand nicht unbedingt glücklicher. Die größte Überraschung war jedoch, dass auch Gesundheit nicht mit Glück korreliert. Menschen mit chronischen und schweren Krankheiten fühlen sich nicht unglücklicher als gesunde Menschen. Im Gegenteil, sie lernen auf Dinge wieder aufmerksam zu werden und Glück aus vielen kleinen Alltagswahrnehmungen zu ziehen, was der hektische gesunde Mensch verlernt hat (Gilbert, 2004).

Der **Gefühls-Bewertungs-Zusammenhang** des Menschen ist höchst individuell. Und er verändert sich je nach der Lebenssituation von Menschen. Es sind keine rationalen Aspekte, nach denen der Mensch sich steuert, sondern seine subjektiven Bewertungen und Gefühle. Deshalb nenne ich ihn den Homo Emotionicus. Gefühle sind entscheidend. Dies korrespondiert mit der Bedeutung, die Gefühle auch in unserem Organismus haben. Was für uns Bedeutung erlangt, was in unser Bewusstsein gelangt, was wir uns im Gedächtnis merken, hängt von der »Gefühlsladung« ab, die wir diesem Phänomen geben. Bevor auf die einzelnen Gefühle eingegangen wird, soll erst einmal deren grundsätzliches Warum und Wieso beleuchtet werden. Gefühle werden von Menschen unterschiedlich wahrgenommen. Die Wahrnehmungsform und die Wahrnehmungsintensität lässt sich von Mensch zu Mensch nur schwer vergleichen. Wir versuchen, an Mimik und Verhaltensreaktionen abzulesen, wie ein Mensch fühlt. Er selbst kann aber auch nur sein Erleben berichten. Viele Coaches und Coachees haben Angst vor Gefühlen, weil Gefühle Energie bedeuten und eine Eigendynamik jenseits der rationalen Kontrollierbarkeit entwickeln. Dennoch, der Zugang zu den Gefühlen ist im Coaching der Königsweg. Denn Gefühle werden vom Coachee oft falsch interpretiert und fehlgesteuert und müssen im Coaching freigelegt werden.

3.2. Der Lebensstrom –
Die Grundlage von Gefühlen und Bedürfnissen

Ich möchte hier mit einem Phänomen beginnen, das in der Wirtschaftspsychologie neu ist: dem **Lebensstrom**. Fürchten Sie keine esoterische Ausführungen. Der Lebensstrom ist die innere Quelle des Lebens, die jedes Lebewesen in sich trägt. Der Lebensstrom ist insbesondere hilfreich für die Einordnung und das Verstehen von Gefühlen. Er beschreibt die Quelle der psychischen Aktivität und Energie eines Menschen. Sie ist noch nicht durch bestimmte charakteristische Ausprägungen gekennzeichnet. Für Erwachsene ist der Lebensstrom allerdings oft ein unbewusstes, psychisches Phänomen, das nur selten im Alltagsleben aufblitzt. Allerdings bringt ihn jeder Mensch mit in die Welt. Außerdem ist es für die Erklärung vieler Phänomene hilfreich, das Vorhandensein der unabhängigen Grundenergie das ganze Leben lang anzunehmen.

> **Reflexionsübung dazu:**
>
> »Vielleicht empfindest Du dich auch in Kontakt mit Deiner inneren Quelle, dem Teil in dir, der hinter dem Verstand liegt. Wenn alles Denken und Bewerten einmal zur Ruhe kommt, zeigt sich diese immer präsente Ebene. Es ist der Teil in Dir, der Dich selbst ausmacht, der Dich ausmacht, egal was Du auf den Oberflächenebenen des Handelns, Denkens und der Emotionen gerade im Programm hast. Viele Menschen leben dieser Ebene gegenüber völlig unbewusst. Diese Ebene ist immer da bei jedem von uns, aber mehrere Millionen Jahre Verstandestraining im Überle-

> benskampf der Menschen gegenüber der Natur haben uns trainiert, da nicht mehr wahrzunehmen. Diese Ebene ist frei von Schicksalsschlägen, sie neigt deshalb nicht zur Angst. Sie beobachtet aus einer Haltung der Hingabe an das gesamte Leben und strahlt deshalb eine feine unaufgeregte Energie aus. Falls in einer Gruppe von Menschen einer diese Ebene zugänglich hat, wird eine klare Energie in die Gruppe strömen.«

Die Fähigkeit, **Bedürfnisse und Gefühle** zu empfinden, gehört zu der Grundausstattung, die der Lebensstrom mitführt. Dieses Phänomen der grundlegenden Lebensenergie ist unabhängig von den körperlichen und den umweltbedingten Einflüssen, die den Menschen vom Beginn seiner Existenz an begleiten. Der Lebensstrom wird von diesen Einflüssen stark überdeckt und kann durch vielfältige Themen völlig überlagert werden. Bewertungen und Interpretationen bestimmen das Registrieren und Äußern von Bedürfnissen und Gefühlen von Beginn an. Insofern ist die unabhängige Existenz des Lebensstroms nicht so einfach zu erfassen und zu spüren. Aber besonders in Umbruchsituationen des Lebens bringt er sich manchmal in Erinnerung. Dies geschieht dann zum Teil durch intensive Gefühle, zum Teil aber auch durch längeres, unterschwelliges Unbehagen. Der Lebensstrom äußert sich dann als eine Art Weckruf, einmal hinter die eigenen »Kulissen« zu schauen.

In der Psychologie kommen dem Lebensstrom am nächsten die Vorstellungen von der so genannten Physis, einer Energie, die Berne als »Lebensdrang« bezeichnet hat (Berne, 1972, 78; Clarkson, 1996, 27ff.). Allerdings wird bei der Physis eher die Qualität des Drangs nach Wachsen und positiver Veränderung herausgestrichen. Dies ist im Konzept des Lebensstromes nicht unbedingt vorausgesetzt. Er steht möglicherweise jenseits einer Veränderungsnotwendigkeit. Im Buddhismus wird dieser Teil auch »das nie Geborene« genannt (Suzuki, 1980, 31). In der indischen Philosophierichtung Vedanta Advaita ist vom »That« die Rede, dem Teil, der jenseits der Ich-Strukturen liegt (Shapiro, 1997). Allerdings ist es auch eine interessante Überlegung, dass der Lebensstrom sich im Laufe des Lebens aus sich selbst heraus weiterentwickelt und dadurch auch Aufgaben an die Instanzen der menschlichen Psyche wie Ich-Zustände oder Skript stellt.

Hilfsgrößen, um den Lebensstrom in seinem Wirken zu erfassen, sind Vorstellungen über Grundbedürfnisse von Menschen. Bedürfnisse scheinen nach heutigem Wissen allen Menschen gemeinsam zu sein. Was brauchen Menschen wirklich, um ihr Leben zur Entfaltung zu bringen? Es gibt Versuche mit Hilfe von Bedürfnis-Theorien (Berne, 1961/2001; Maslow, 1970; Alderfer,

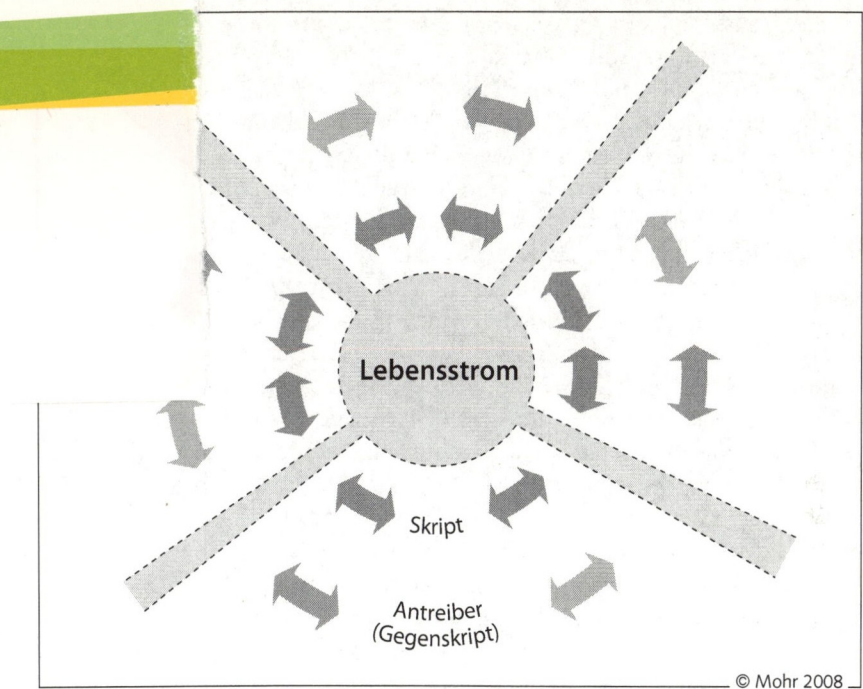

Abb. 22: Der Lebensstrom

1977; English, 2004) den unterliegenden Lebensstrom in seiner Qualität zu erfassen:
- Maslows fünfstufige **Bedürfnispyramide** (physiologische Versorgung, Sicherheit, Kontakt, Anerkennung, Selbstentfaltung),
- Alderfers E.R.G.-Modell (Existence, Relatedness, Growth), **Existenz-Bezogensein-Wachstum**
- Bernes **Grundhunger** nach Beachtung, Reiz und Struktur oder
- English's **Triebkräfte** (Überleben, Gestalten, Ruhen).

Alle versuchen, grundlegende Dimensionen des Menschen unterhalb des Persönlickeits-»kostüms« zu beschreiben. Fanita English's Triebkräfte-Theorie ist wahrscheinlich die treffendste. Sie beschreibt drei grundlegende Phänomene des Lebensstroms. Das Überlebensbedürfnis: Leben will leben. Jeder Mensch versucht sein Leben zu erhalten. Das zweite Bedürfnis ist das Gestaltungsbedürfnis. Der Mensch möchte im Grunde so sein wie er ist und sich so auch in die Welt einbringen. Das dritte ist das Ruhebedürfnis. Jeder Mensch braucht Phasen der inneren Regeneration.

Bedürfnisse sind wichtige Versorgungsinstanzen für Körper und Psyche. Wir nehmen Bedürfnisse nicht direkt wahr. Durch bestimmte Körperempfindungen wird auf sie geschlossen. Wer beispielsweise Hunger, Kälte oder körperliche Schmerzen spürt, merkt, dass ihm etwas Wichtiges fehlt. Die mehr psychologischen Grundbedürfnisse zeigen ihre Nichterfüllung durch Gefühle wie Trauer, Angst, Scham, Schuld oder Ärger an. Bei Erfüllung ist die Reaktion Freude und Zufriedenheit. In der Evolution scheinen die Spezies zu überleben, die sich am besten, intelligentesten an Umweltentwicklungen anpassen. Daraus leiten die einen die Interpretation ab, dass man um seine Existenz gegen andere kämpfen muss, um deren Einflüsse möglichst gering zu halten. Diese Interpretation wird insbesondere gerne von denen gewählt, die selbst am häufigsten mit Kampfsituationen zu tun haben, sowohl auf der Gewinner- als auch der Verliererseite. Andere gehen auf die dem Kampf gegenüberliegende Seite, das Mitgefühl. Sie nehmen an, dass die Liebe zu jeder Spezies auf der Erde der beste Selbstschutz für das Leben ist. Dazu gehören auch die Buddhisten, allerdings behauptet der Dalai Lama: »Wir sind mit unserem Mitgefühl eigentlich die größten Egoisten«, denn das Mitgefühl trägt letztendlich zum eigenen Glück bei.

Das unabhängige Wahrnehmen des Lebensstromes ist nicht einfach, da zur Zuordnung auch sehr viele Schablonen und Schemata zur Verfügung stehen. Darin sind auch **interpretative Gewohnheiten** des eigenen **Lebensskriptes** (= der als Persönlichkeitsmaske zugelegte unbewusste Lebensplan, [Berne, 1972; siehe auch Kap. 2]) mit entsprechenden Gefühlen und Verhaltensweisen enthalten. Aber auch die Außenwelt eines Menschen und nicht zuletzt die »professionellen« Interpretatoren (Berater, Ratgeber) tragen Unmengen an Denkmuster bei. Aber es geht vor allem in Umbruchsituationen um die Fragen: Was steht momentan im Leben eines Menschen wirklich an? In welche Richtung lenkt sich dessen Aufmerksamkeit?

3.3 Das Meldesystem – Die Gefühlstönungen

Der Lebensstrom hat ein Meldesystem installiert. Dies sind die Gefühle. Sie regen sich zuerst, wenn etwas schlecht oder sehr gut läuft. Gefühle zeigen an, in wieweit das tatsächliche Leben der Bewegung des Lebensstromes folgt. Verliebt sich ein Mensch, wird ihm der Lebensstrom und das Glück in dem Moment sehr bewusst. Verliert ein Mensch einen wichtigen Lebenspartner, so gerät er in Verzweiflung. Dies kann auch beim Verlust eines wichtigen Lebensthemas geschehen. Gefühle geben normalerweise an, wie auf der Bedürfnisebene eines Menschen der Erfüllungsgrad ist. Und wenn dieses Meldesystem ausfällt, erscheinen psychosomatische und somatische Auffälligkeiten.

Es ist hilfreich einige **Grundtönungen der Gefühlsenergie** zu unterscheiden, weil diese fundamentale unterschiedliche Handlungsrichtungen in sich bergen. Es sind:

- Angst
- Ärger
- Trauer
- Freude
- Zuneigung
- Scham
- Schuld
- Ekel.

Gefühle haben im menschlichen Leben eine wichtige Energiefunktion. Sie motivieren zum Handeln:

- **Angst** dient als Signal für den Menschen, mit einer anstehenden bedrohlichen Situation umzugehen. Die ursprünglichen Richtungen des Verhaltens sind hier Flucht, Kampf oder auch manchmal Sich-unbeweglich-machen (»Totstellreflex). Außerdem ist die Suche nach Gemeinschaft/Unterstützung (sich zusammenschließen) ein natürlicher Impuls bei Angst.
- **Ärger** dient zur Mobilisierung mit dem Ziel, einen Zustand aktiv zu ändern. Meistens soll die Änderung außerhalb der sich ärgernden Person stattfinden. Manchmal bezieht sich der Ärger auch auf einen Teil der eigenen Persönlichkeit.
- **Trauer** dient dazu, mit einer nicht zu ändernden, endgültigen Situation umzugehen und sich zu verabschieden. Trauer hat Phasen der Kontaktaufnahme und des Trostes (»Geteiltes Leid ist halbes Leid.«) und des Alleinseins.
- **Freude** dient dazu, eigenes Verhalten zu bestärken, Kontakt zu suchen, den Körper durch die Ausschüttung körpereigener Opiate (Endorphine) zu entspannen.
- **Zuneigung** ist das Gefühl, das uns zu anderen Menschen hinzieht. Es geht darum, die Zeit mit dem oder den anderen zu verbringen.
- **Scham** entsteht, wenn die Seins-Ebene betroffen ist. Jemand wird abgewertet dafür, wie er als Mensch ist. Die Zielrichtung ist hier entsprechend, im Sein akzeptiert und nicht abgewertet zu werden.

- **Schuld** als Gefühl entsteht, wenn das Verhalten nicht stimmt. Ein gezeigtes Verhalten lässt sich mit den eigenen Maßstäbe nicht vereinbaren.
- **Ekel** ist die Gefühlstönung, die uns früher vor Ungenießbarem gewarnt hat. Auch heute ist Ekel eine der stärksten Gefühlstönungen, die sich oft auch sofort in einer Körperreaktion (Würgen) niederschlägt.

Die Aufmerksamkeit leitende Funktion der Grundgefühle (Schneider, 1997) und ihre Meldefunktion für Bedürfnisse scheint in der Evolution der Menschen viel gebracht zu haben.

Neben den das Verhalten steuernden Grundgefühlen gibt es noch das Gefühl der unbedingten **Liebe**. In diesem Gefühl ist der Mensch mit sich selbst im »Reinen« und am grundlegenden Wohlergehen des anderen interessiert, ohne ein bestimmtes Verhalten oder einen bestimmten sozialen Kontakt mit dem anderen haben zu wollen. Dieses Gefühl ist in seinem Auftreten sehr stark mit dem Spüren des inneren Lebensstroms verbunden, weil es nicht an irgendein Muster gebunden ist.

3.4 Die Überlagerung des Lebensstromes

Direkt nach seiner Zeugung, von Beginn seines Lebens im Mutterleib an ist der Mensch durch Umwelteinflüsse, sein eigenes Genmaterial, den Körper, die Gefühle und die Lebenssituation der Mutter beeinflusst. Die psychische Existenz des einzelnen Menschen wird sehr früh schon durch äußere Einflüsse geprägt. Dies setzt sich dann das ganze Leben lang fort. Das tatsächliche Persönlichkeitsbild, das ein Mensch nach außen (wahrnehmbares Fremdbild) und auch nach innen (Selbstbild) entwickelt, ist ein Kompromiss aus seinem Lebensstrom und dem Resultat der Einflüsse von außen. Der Lebensstrom wird so schon sehr früh überlagert. Einen großen Einfluss hat sicher auch die Auseinandersetzung mit dem eigenen Körper, schon für Kinder ein primärer Interaktionspartner. Genetisch sind Menschen von der körperlichen Grundstruktur her sehr unterschiedlich. Stoffwechseleigenheiten, Gewebeeigenschaften, Temperament, vieles ist durch das Genmaterial der Eltern sehr geprägt. Dies wirkt als äußere Bedingung auf den Lebensstrom. Der Lebensstrom ist die psychische Grundausstattung des Lebens neben den körperlichen Lebensfunktionen, die quasi mit der Zeugung ins Leben gerufen wird. Er ist dabei wenig spezifisch im Sinne von festgelegt auf bestimmte Dinge. Die

Menschen scheinen auf dieser Ebene erst einmal psychisch sehr ähnlich zu sein. Das Spezifische wird sehr stark zu einem Resultat der Umwelteinflüsse, sprich der Lernprozesse. Dies kann man mit der weiten Definition des Skripts in dem Sinne erfassen, dass jeder ein **Lebensskript** und bestimmte **seelische Leitbilder** von außen vermittelt bekommen hat (Schmid, 2003).

Das Skript eines Menschen beginnt sehr schnell ein Eigenleben zu führen. Hat ein Mensch sich in seinen Lebensumständen (Familie, soziale Umgebung, Gleichaltrige) ein Bild über sich gebildet, entwickelt er eine starke Tendenz, dieses Bild zu bestätigen, aufrechtzuerhalten und zu verteidigen. Die Kraft des Skriptes zeigt sich auch darin, dass Menschen in extremen Lebenssituationen manchmal lieber sich selbst umbringen, als die Persönlichkeitsmaske aufgeben, die sie der Außenwelt und sich selbst vormachen. Auch das Verletzen anderer Personen bis hin zur Vernichtung des anderen oder das Verrücktwerden können subjektive Notprogramme zum Schutz des eigenen Lebensskriptes sein. Dies wird dann eingesetzt, ohne dass eine wirkliche körperlich-existentielle Bedrohung des Menschen vorliegt. Bedroht ist lediglich das Eigenleben des Lebensskriptes. Zur **Stabilisierung des Skriptes** bauen Menschen zusätzlich eine weitere Ebene auf: das **Gegenskript** mit den Antreibern (Kahler, 1977; Köster, 1999; Schmid, 2004). Schmid hat die Antreiber als »Weg vom Regen in die Traufe« beschrieben, weil sie immer von einer Einschränkung der Eigenakzeptanz ausgehen, beispielsweise »Ich bin nur o.k., wenn ich mich immer beeile.« Dies ist oft verbunden mit der Skriptvorstellung »Für mich gibt es keinen Raum und keinen Platz«. Ein weiteres Beispiel: Ist der grundlegende Skriptglaube eines Menschen beispielsweise ein Grundgefühl des »Nichtdazugehörens« zur Familie und dann später zu Gruppen allgemein, so wird zur Kompensation unter Umständen eine Antreiberdynamik »Ich kann doch dazugehören, wenn ich es den anderen recht mache« angenommen. Dies geschieht, wenn durch ein entsprechendes Verhalten zeitweise der Schmerz des Skriptes vergessen werden kann. Diese Gegenskriptebene trägt aber ebenso zur Eigenstabilisierung des Skriptes bei. Im Coaching ist die Aufgabe, die Beziehung mit dem Coachee so zu gestalten, dass weder skript- noch gegenskriptverstärkend gearbeitet wird. Dies ist nicht trivial, da der Coachee ja den Coach genau in diese Muster einladen wird und der Coach hier aufmerksam sein muss.

Ein gutes System, das Skriptmuster beschreibt, ist auch das **Enneagramm** (Mohr, 2000, Kap. 4). Dort werden neun grundlegende, unterschiedliche Persönlichkeitsmuster beschrieben, die jeweils eine ganz bestimmte Eigenlogik repräsentieren.

3.5 Denkgefühle

Die Grundgefühle sind die Grundausstattung. Menschen reagieren mit ihnen spontan und ohne viel Überlegung. Neben diesen Grundgefühlen gibt es **unzählige Kombinationen und spezifische Gefühlsreaktionen**. Für alle Gefühle – vielleicht mit Ausnahme des Grundgefühls Liebe – gilt, dass sie alle auch Denk-Gefühle sind, das heißt durch Bewertungen geprägt. Sie stellen eine Kombination einer Bewertung und eines Gefühls dar. Was beispielsweise als Angst oder Ärger erlebt wird, ist immer von Lernprozessen geprägt. Selbst wenn in einer Kultur generell eine bestimmte Situation mit einem ähnlichen Gefühl beantwortet wird, ist die Verknüpfung von Situation und Gefühl immer ein durch bewusste oder – wie meist – durch unbewusste, automatische Bewertung geprägtes Lernergebnis. Dies ist unabhängig von der positiven (»angenehm«) oder negativen (»unangenehm«) Tönung der Gefühle. Zwei weitere Beispiele: Neid ist immer damit verbunden, dass ein Mensch etwas, das ein anderer hat, für erstrebenswerter hält als das, was er selbst hat. Empörung entsteht, wenn der meist automatische Bewertungsprozess eines Menschen zum Ergebnis kommt, dass eine Situation nicht so sein sollte, wie sie ist und dass der Bewertende selbst sich in eine Position des Urteilers begeben kann.

Gefühle sind wirksam in der inneren Logikkette Situation–(Bewertung)–Gefühl–Verhalten. Denn in dieser Kette liegt das automatische Reaktionsmuster. Der erste Schritt ist die reine Situation, in der wir sind. Dann kommt als zweites ein Bewerten der Situation. Dies beinhaltet Wahrnehmen, Interpretieren und Einstufen nach dem eigenen inneren Bezugsrahmen. Diese Bewertung erfolgt oft in Nanosekundenschnelle. Aber sie löst bei uns eine gefühlsmäßige Gestimmtheit aus. Dieses Gefühl bildet dann die Energie für einen Verhaltensimpuls, etwas zu tun oder nicht zu tun. Damit schaffen wir wieder eine Situation. Interessant ist, dass der ganze Mechanismus sehr stark vom Bezugsrahmen, also der Stufe zwei meiner Sichtweise auf die Dinge abhängt.

Die Bewertungsprozesse sind oft für die Menschen unbewusst geworden, so dass ein Denkgefühl in Sekundenbruchteilen entstehen kann, obwohl es rein aktuell konstruiert ist. Für das Coaching ist dies von zentraler Bedeutung. Da Gefühle durch ihre deutliche Empfindungsqualität sehr nachdrücklich sind, verführen sie dazu, ihnen gesonderte Aufmerksamkeit zu geben. Dies ist ausdrücklich kein Plädoyer für eine Geringschätzung von Gefühlen. Ebenso ist es keine Rückentscheidung zurück vom »Bauch«- zum »Kopfmenschen«. Sondern es ist für das Coaching nötig, wie es jeden Gedanken und jedes Verhalten auf Lösungsorientierung hin prüfen muss, die gleiche Anforderung auch an Gefühle zu stellen. Denn ihre konkrete Ausprägung ist auch eine gelernte Reaktion, die mehr oder weniger hilfreich für einen Menschen ist. Die Identifikation eines Menschen mit einem Gefühl ist ebenso zu hinterfragen wie die Identifikation mit einem Gedanken. Es ist eine Art innerer Beobachter einzusetzen, der die nötige innere Distanz zu Gefühlen wie zu Gedanken ermöglicht. Natürlich kann man ein Gefühl nicht einfach ignorieren. Jedoch ist die Kette aus Situation, gedanklicher Bewertung der Situation, gefühlsmäßiger Reaktion und resultierendem Verhaltensimpuls im Coaching ein wichtiges Studienziel, um mehr Autonomie und Flexibilität in den Reaktionen zu erwerben. Dies erfordert im Einzelfall ein längeres Training.

3.6 Gefühle wahrnehmen und auf sie reagieren

Gefühle werden natürlicherweise vom Menschen registriert und wahrgenommen. Ihre Wahrnehmung kann aber generell verlernt worden sein. Es gibt beispielsweise Menschen, die keinen Schmerz, keine Angst mehr spüren (»Ein Indianer kennt keinen Schmerz.«). Zusätzlich kann die Reaktion auf Gefühle verlernt oder umgelernt werden. Wenn beispielsweise in einer Familie die Äußerung von Ärger nicht erlaubt war, man aber durchaus traurig sein durfte, verdrängt eine Gefühlsäußerung die andere. Fanita English hat hier mit ihrer Theorie der Ersatzgefühle eine sehr interessante Idee eingebracht. Menschen haben eine bestimmte Grundausstattung und auch natürliche Reaktionsweise bezogen auf Gefühle. Dies kann aufgrund bestimmter Erfahrungen fehlgeleitet und fehlgesteuert werden. Wenn ein bestimmtes Gefühl in einer Familie verboten ist, richtet sich ein Kind danach und entwickelt eine Kompensationsreaktion. Auf der extremen Ebene nehmen Menschen ein Gefühl gar nicht mehr wahr, dann wird eine Betroffenheit eines Bedürfnisbereiches oft erst durch eine psychosomatische Reaktion sichtbar. Eine nächste Stufe ist, dass zwar das Gefühl wahrgenommen wird, aber eine bestimmte Reaktion, beispielsweise Angst zu zeigen, nicht erwünscht ist. Dann wird die Energie möglicherweise in Ärger umgewandelt. English nennt das ein **Ersatzgefühl**. Dieses Ersatzgefühl lädt natürlich die Umwelt zu einer anderen Gegenreaktion ein und lässt eine ganz andere Wirklichkeit entstehen. Rosenberg (2002) hat dies dann für einzelne konkrete aktuelle Situationen betrachtet. Er unterscheidet einen **Primärgefühlsprozess** und einen **Sekundärgefühlsprozess**. Jemand erfährt in seiner Firma eine Kränkung und fühlt sich verletzt. Dies ist der Primärprozess. Er nimmt dies aber kaum bis gar nicht wahr, sondern geht sofort in eine innere Bewertung (»Ich habe es auch verbockt« oder »Die anderen haben keine Ahnung, denen muss ich das jetzt aber gehörig beibiegen«). Dieser Sekundärprozess löst dann beispielsweise ein depressives Gefühl oder auch massive Wut aus. Es gilt also in den Primärprozess zurückzufinden und eine adäquate Form der Äußerung und Bewältigung der Kränkung zu erreichen. Hier ist der Coach sehr gefordert, weil Ersatzgefühle oft mit großer Energie vorgetragen werden und zur Solidarität mit dem »Opfer« einladen.

3.7 Angst – die große Triebfeder der Wirtschaft

Bei der Angst sind Menschen sehr differenziert. Manchmal wird ein Mensch auch von mehreren Ängste zur gleichen Zeit regiert. Zum Beispiel der Angst davor, etwas falsch zu machen und der Angst, eine Entwicklung zu verpassen. Nicht weit davon entfernt ist die Emotion der Gier. Man will mehr erreichen, mehr bekommen. Es reicht nicht, was vorhanden ist. Es gibt aber auch eine Verbindung zwischen Gier und Angst. Es ist die Angst, die eigene Gier nicht erfüllt zu bekommen. Man ist nur einigermaßen zufrieden, wenn die eigene Gier wieder einmal befriedigt ist. Angst ist das Gefühl, das heute in vielen Unternehmen die Menschen zum Einsatz antreibt. Die »industrielle Reservearmee«, wie Marx die Arbeitslosen bezeichnet hat, ist in den Millionenzahlen als Bild für alle Menschen präsent. Dies löst sehr viel Anpassung der Menschen aus. Im Coaching tritt das heute häufig auf und ist auf den tatsächlichen Realitätsgehalt zu prüfen.

3.8 Trauer – das unregistrierte Alltagsgefühl

Beim Stichwort Trauer denkt man meist an große Trauerfälle. Aber wie viel gibt es auch im Alltag, auch in Unternehmen zu trauern? Und ist nicht gerade die Unfähigkeit zu trauern eine Ursache für mangelnde Veränderung im Sinne des Neulernens? Man will sich nicht von Bestehendem oder Gewohntem verabschieden. Solange man daran festhält, fehlt es am Neubezug.

Eine Freundschaft geht in die Brüche. Ein Kollege muss gehen. Da war jemand, bei dem man vielleicht die unbedingte Anerkennung und Akzeptanz erfahren konnte. Nun ist da eine Leere, nur noch Erinnerungen. Es gibt offene Posten, Fragen, die beantwortet werden müssten. Aber es gibt keine Antworten. Mit der Zeit entfernt sich der Mensch dann von dieser Frage. Aber er braucht bewussten Abschied und bewusste Neuorientierung, sonst wirkt das Alte einschränkend.

Was bedeutet es, sich dem Gefühl der Trauer zu stellen? Es bedeutet vor allem, die Endgültigkeit anzuerkennen. Es gibt kein zurück mehr. Das Leben ist nun anders. Menschen mussten sich immer wieder dieser Situation stellen. Auch für jeden Menschen stellt sich irgendwann das Thema des endgültigen Abschieds.

> Der Bindungskreislauf in Anlehnung an Kohlrieser (2005) zeigt dies auf:
> - Attachment: Sich binden
> - Bonding: Gebunden sein
> - Separation: Sich trennen
> - Grief: Sich lösen und neu bereit machen

In der ersten Phase des Bindens gibt es »Verlieben«, »Identifizieren«, »Committen«, aber auch alle möglichen Fallen wie sich in Abhängigkeiten zu geben, sich als »Retter«, »Opfer« oder »Verfolger« in Beziehungen hineinzubegeben. Letztere Möglichkeiten zeigen immer Skriptmuster auf.

Die zweite Phase des Gebundenseins ist nicht auf Menschen begrenzt. Man kann auch gebunden sein an Aufträge, Orte, Gemeinschaften, Symbole oder Visionen. Alle diese Punkte können aber auch illusionäre oder verklärte »Bindungspartner« sein.

Die dritte Phase zeigt sich dann in vielen Fällen wieder im Sich-Lösen. »Alles vergeht« lautet ein Grundsatz aus dem Buddhismus. Die Grunderfahrung, dass sich alle Bindungen irgendwann auflösen, wird in der Realität des Alltags in vielen Bereichen deutlich – man muss sich nur die Scheidungsrate ansehen. Aber vielfach kommt es nicht zu dem, was oft als »innere Trauerarbeit« bezeichnet wird. Elisabeth Kübler-Ross hat die Trauerphasen ursprünglich beschrieben. Insbesondere das Verleugnen, Bekämpfen der Realität und die verschiedenen emotionalen Phasen (inkl. Ärger und Wut) im Trauerprozess werden leider häufig nicht durchlebt, sondern der Mensch bleibt in einer Phase stecken und wird dadurch nicht reif für den nächsten Schritt. Trauerprozesse dieser Art durchlaufen auch ganze Organisationen (vgl. dazu Mohr, 2006, »Systemische Organisationsanalyse«, Kap. 4.1. »Dynamik der Gleichgewichte«).

Die vierte Phase ist eine des Ungebundenseins. Dies wird von manchen Menschen für das einzige gehalten, das sie aushalten können. Sie scheuen sich vor Bindung. Von anderen wird es nur sehr kurz ertragen. Sie versuchen sich sofort wieder zu binden, wenn sie die Nichtgebundenheit bemerken. Im Coaching sind diese Reaktionstypen zu unterscheiden und es ist entsprechend die Fähigkeit im bisherigen Schattenbereich, d.h. die, die bisher unterentwickelt war, zu stärken.

Insgesamt ist die Fähigkeit sich zu binden und in Beziehung zu sein, eine besondere Qualität des Menschen. So erfahren wir Zugehörigkeit, Geborgenheit, Anerkennung und Liebe. Je weniger sich Menschen an jemanden fester binden, um so weniger glauben sie, die Schmerzen von Trennungen spüren zu müssen. So verhalten sich viele Menschen. Wenn das Leben daraus besteht, dass die sich bietenden Chancen wahrgenommen werden, dann läuft vieles über die unbewusste Schiene.

3.9 Verzweiflung und Hoffnungslosigkeit – Zwei zentrale Gefühle in Veränderungsprozessen

In gravierenden Veränderungsprozessen, mit denen Menschen konfrontiert sind, tritt Verzweiflung auf. Im Folgenden sollen Veränderungen betrachtet werden, die Menschen von außen aufgezwungen werden. Dies kann das Auftreten einer schweren Krankheit wie auch der unerwartete Verlust des Arbeitsplatzes sein. Gemeinsam ist diesen Veränderungen etwas Schicksalhaftes. Sie entstehen nicht durch die Entscheidung des Betroffenen, sondern sie kommen von außen auf ihn zu. Er wird damit konfrontiert. Sie sind natürlich objektiv betrachtet nicht völlig unerwartet. Theoretisch wissen wir, was uns passieren kann.

Die Verzweiflung ist ein äußerst unangenehmes Gefühl, aber ein zutiefst menschliches. Viele Menschen lassen nicht zu, an diesen Punkt zu kommen. Aber es hat den Anschein, dass wirkliche Veränderungsprozesse um dieses Gefühl wie um einen reinigenden Akt nicht umhin kommen. »Vater, warum hast Du mich verlassen?« soll Jesus am Kreuz gesagt haben. Die innere Zuversicht war dahin. »Lass diesen Kelch an mir vorübergehen.« Gottes Sohn zeigt seine menschliche Seite sehr deutlich. Das Aufgeben der Hoffnung ist ein zentraler Schritt im inneren Veränderungsprozess. Die Hoffnung steht in Verbindung mit der Sehnsucht. Da ist ein inneres Streben nach etwas, das man gerne erreichen, oder nach einem Zustand, in dem man sich gerne befinden möchte.

»Die Hoffnung stirbt zuletzt« ist ein häufig benutzter Satz. Sie ist ein solch starker Motivator, dass sie manchmal ungeahnte Kräfte möglich macht. Von manchen Menschen sagt man: Nur die Hoffnung hält sie noch aufrecht. Um wirklich Neues beginnen zu können, müssen wir aber manchmal die Hoffnung aufgeben und die Verzweiflung zulassen. Es gibt Dilemma-Situationen (Schmid & Jäger, 1986), in denen zunächst keine Lösung sichtbar ist. Erst das Aushalten der Verzweiflung und das Aufgeben vorhandenen Glaubens sowie das Einräumen der Untauglichkeit der bisher größten Stärken ermöglicht das Neue. Auf die organisationale Ebene übertragen entstehen die Verzweiflungsgefühle dann, wenn ein Unternehmen durch Krisen hindurch geht. Schmid spricht hier von Desintegrationsphasen, die erst einmal vorkommen, bevor, wenn es gut läuft, wieder eine Integration erreicht wird. Dies kann im Coaching eine außerordentliche Rolle spielen, wenn der Coachee sensibel für die Atmosphäre in seiner Organisation ist.

3.10 Macht und Gefühl

In Organisationen spielt Macht eine große Rolle. Machtäußerungen haben eine starken Zusammenhang zu Gefühlen. Sie lösen solche aus und sie sind durch Gefühle motiviert. Dem Wiener Individualpsychologen Alfred Adler gebührt das Verdienst auf einen wichtigen Aspekt hingewiesen zu haben. Adler fand heraus, dass Menschen oft in ihrer Kindheit Minderwertigkeitsgefühle empfinden, eben weil Kinder vieles weniger gut können als ihre Eltern, als ältere Geschwister oder als andere Gleichaltrige. Hinzu kommen Ereignisse, die das Leben als Schicksal oft mit sich bringt wie Krankheiten, Verluste von Menschen, vertrauten Umgebungen und ähnliches. Das ist schwer auszuhalten. Als Kompensation entwickeln Menschen – so Adler – oft ein Geltungs- und Machtstreben, um solche Situationen nicht an sich heran zu lassen. Unterliegend bleibt aber ein starkes Minderwertigkeitserleben, das man nicht fühlen will. Andere entwickeln eher ein grundlegendes Ohnmachtsgefühl. Beides wird eine Art Grundposition, die dann im Leben als innere Grundeinstellung beibehalten wird. Dies führt im konkreten Verhalten zu sehr unterschiedlichen Mustern. Eine Bochumer Arbeitsgruppe hat sich die Mühe gemacht, die unterschiedlichen Verhaltensmuster von eher sich machtvoll und eher sich machtlos empfindenden Personen aufzulisten. Dies zeigt untenstehender Kasten. Für das Coaching besteht die Aufgabe, darin ein weder von Macht noch von Ohnmachtsgebärden abhängiges Muster zu entwickeln.

Macht-Inszenierung I: Was »dürfen« Machthaber in Gesprächen?
- das Gespräch eröffnen
- unwiderruflich das Thema wechseln
- beliebig lange reden
- Definitionsgewalt ausüben
- Bedeutungen definieren (»Jede Technologie fordert am Anfang ihre Opfer.«)
- Bedeutungsgenauigkeit festlegen (»Das ist doch völlig unwesentlich.«)

- Methoden der Beweisführung festsetzen (»Darüber brauchen wir uns nicht zu unterhalten.«)
- Fragen stellen, die nur sie beantworten können (»Wenn man weiß, was der Vorstand dazu denkt…«)
- Ironie und zynische Scherze einbringen (»Machen Sie nur weiter so!«)
- die Aufmerksamkeit der machtlosen Person durch Sprachformeln lenken – (»Denken Sie bloß mal an…«)
- rhetorische Fragen stellen (»Meinen Sie, ich sitze hier zum Spaß?«)
- das Tempo des Geschehens steuern (Langsamer: »Moment mal…!«; schneller: »Ja und…«)
- zustimmende Rückmeldung einfordern (»Das wissen wir doch beide?«)
- Namen nennen (»Es ist doch so, Herr Meier?«)
- die Namen des machtlosen Gegenübers vergessen (»Herr … äh … wie war der Name?«)
- die machtlose Person in Geschichten, Vorschläge, Pläne einpassen (»Wenn sie mal genau überlegen, dann werden Sie merken, dass …«)
- die Gesprächsbeiträge der machtlosen Personen bewerten (»Das ist doch absurd.«)
- die Gesprächsbeiträge der machtlosen Personen interpretieren (»Sie sind wohl eher …«)
- der machtlosen Person die Zukunft voraussagen (»Damit werden Sie scheitern.«)
- eine Pose der Fürsorge und der erzieherischen Haltung einnehmen (»In meinem Bereich mache ich den Leuten klar, wie sie das machen können.«)
- in Anwesenheit der machtlosen Person mit Dritten über sie sprechen (»Was sollen wir mit dem jetzt machen?«)
- über die inneren Zustände der machtlosen Person grübeln (»Sie brauchen keine Angst zu haben.«)
- die Machtlosen pathologisieren (»Also Ihre Uneinsichtigkeit ist krankhaft.«)
- Fragen überhören und einfach was ganz anderes erzählen
- Geschichten aus dem eigenen Leben erzählen (»Jaaa, früher gab es …«)
- triumphieren (»Na also!« »Na sehen Sie, es geht doch!«)
- Anweisungen geben, Aufträge erteilen
- Gespräch unterbrechen, abbrechen und beenden (»Ich habe jetzt einen Termin.«)

Macht-Inszenierung II: Was tun Machtlose?

- sitzen eng beieinander
- lassen die Arme meist auf dem Tisch, lehnen sich nicht zurück;
- verschränken Unterarme auf dem Tisch
- berühren mit ihren Händen häufiger ihr Gesicht (stützen Kinn mit den Handballen; beschatten ihre Augen,
- bilden mit beiden Händen eine Mundmuschel;
- legen zwei oder vier Finger auf den Mund und den Daumen unter das Kinn (Fingerschranke);
- stützen ihren Mund auf die gefalteten Hände
- verstärken bei Kontroversen und Tumulten ihre gekrümmte Haltung der Wirbelsäule; Verschlussgesten nehmen zu
- entspannen sich bei allgemeiner Heiterkeit
- melden sich häufig zu Wort (müssen sie auch, weil sie nicht drankommen)
- warten auf Worterteilung; reden nicht dazwischen und unterbrechen nicht
- haben fast immer Blickkontakt zu den Machthabern, wenn diese sprechen
- schauen Machtlose nicht an, wenn diese sprechen
- nicken weder den Machthabern noch den Machtlosen zu
- sprechen redundant, schnell, leise, gehetzt, aufgeregt, sich verhaspelnd
- blicken eher auf den Tisch als in die Runde
- gestikulieren Machthabern gegenüber wenig
- lächeln, wenn Abstimmungen mit deutlicher Mehrheit gegen sie ausfallen
- schränken das Gesagte sogleich wieder ein (»Ich finde es eigentlich ein bisschen schade.«»Ich bin nicht ganz so sicher.« »Das wurde hier etwas anders gesehen.«)

Die Darstellung der Mikroebene der Macht spricht für sich. Coaching-Aufgabe ist hier vor allem die Flexibilisierung der Haltungen des Coachee je nachdem, von welcher Seite des Machtgebarens ein Klient kommt. Erlebte Machtausübung im Verhalten bleibt grundsätzlich ein emotionales Problem. Zeitweise helfen hier Konstruktionen wie »Macht ist da. Also ist sie verantwortlich zu handhaben« etc. (Mohr, 2002 »Macht aus konstruktivistischer Sicht«)

3.11 Der Lebensstrom im Alltag, in Krisen und der Entwicklung

In den meisten Zeiten des »normalen« Alltagslebens wirkt der Lebensstrom im Hintergrund. Sein Wirken wird oft erst in Krisensituationen des Lebens deutlich. Menschen sind nicht mehr genügend mit ihrem Lebensstrom verbunden oder sie kommen in eine Situation, in der ihre gelernten Programme so viel Aufmerksamkeit verbrauchen und gleichzeitig so untauglich sind, dass Verzweiflung entsteht. Dies ist eine typische Dilemmasituation, in der im Extremfall das, was man noch als seine absolute Stärke oder sein absolutes Notprogramm angesehen hat, auch nicht mehr funktioniert. Dann beginnen Menschen im positiven Falle – d.h. wenn sie nicht auf gesellschaftlich angebotene Betäubungsmittel wie Drogen, Alkohol, Essen, Kaufen, Gewalt etc. zurückgreifen – mit einer persönlichen Veränderung.

Der Lösungsweg im Coaching besteht darin, die Gefühle aktiv zuzulassen, in sie hineinzugehen, sich »dem Feuer dieser Gefühle zu stellen«, »über die glühenden Kohlen zu gehen«. Dies bedeutet nicht, irgendetwas zu tun, sondern nur das Gefühl als Teil von sich anzunehmen und nicht irgendetwas zur Ablenkung zu unternehmen. Dies bedeutet auch das Fernhalten von Stories, sowohl der schlechten (»Ach wie schlimm es mir geht.«) als auch der guten (»Dies ist etwas sehr Positives jetzt.«), sowie jeglicher Intellektualisierung (»Dies ist eine Antwort auf die Erziehung meiner Mutter.«). Das Gefühl ist ohne »Story«.

»Stories« führen zu Ersatzgefühlen. Ersatzgefühle sind individuell spezifische Gefühlsreaktionen, die als Ersatzentscheidungen in der eigenen persönlichen Lebensgeschichte gefällt wurden und Verschiebungen authentischer Gefühle darstellen (English, 1997). Beispielsweise kann Kränkung und Verletztheit verlernt sein und prinzipiell Ärger an die Stelle geraten sein. Man könnte die Ersatzgefühle auch fehlgesteuerte Gefühle nennen, obwohl auch die Ersatzgefühle als einzig zur Wahl stehende Lösung in einer Lebenssituation entschieden wurden und häufig im Lebensverlauf eines Menschen auch sehr viele Früchte gebracht haben. Der Ersatzgefühlcharakter fällt sehr schnell ab, wenn ein Mensch sich seinen Gefühlen stellt und die Stories weglässt, die er mit stetiger Regelmäßigkeit wiederholt hat und zum Teil der eigenen Lebenserzählung geworden sind. (»Jeder Mensch entwickelt spätestens als Erwachsener eine Story über sich, die er für sein Leben hält«, Max Frisch). In einer geschützten Atmosphäre (Coaching, Beratung, Therapie) in das Feuer eines aktuellen Gefühls hineinzugehen, gibt Kraft. Es führt an den Lebensstrom wieder heran. Internalisierte gewohnheitsmäßige Denkfiguren befriedigen hier sehr oft das Bedürfnis der eigenen Strukturgebung (»Ich will das bei mir verstehen.«). Dies ist nur eine vordergründige Lösung.

Karl Marx hat über die Ökonomen gesagt: »Sie haben die Welt nur unterschiedlich erklärt, es gilt aber sie zu verändern.« Diesen Satz kann man auf die Berater und Therapeuten genauso übertragen. Sie liefern viele verschiedene, oft gut gemeinte immer wieder neue Erklärungsmodelle für das Gleiche. Die Erklärungen hören sich mehr oder weniger intelligent an und werden auch vom Klienten je nach Übertragungsstärke gegenüber dem Berater und Therapeuten gerne angenommen. Aber Veränderung ist etwas anderes. Diese muss mit dem Lebensstrom, das heißt mit den tatsächlichen aktuellen Gefühlen verbunden sein. Aktuell bedeutet aber auch, dass es psychologisch gesehen keine Zeit gibt. Alles ist aktuell, was im Moment da ist. Die Vergangenheit wird in ihrer aktuellen Verarbeitung, die Zukunft in ihrem vermuteten Erscheinen wahrgenommen. Beides löst je nach Denkschemata, die der einzelne zu seiner inneren Wahrnehmung einsetzt, sehr Unterschiedliches an Gefühl aus. Eine Orientierung in die Gegenwart ist notwendig. Denn erst sie lässt erkennen, dass gerade der Zeitaspekt des Gewohnheitsdenkens sehr viele belastende Gefühle auslöst. Was von früher nachwirkt und nicht bewältigt ist bzw. was für später angenommen, vermutet und erwartet wird, belastet oder ängstigt. Das Gewohnheitsdenken des Erinnerns und des »Spekulierens« produziert die Gefühlsenergie. Dieser Prozess ist zu beobachten und aus seinem automatischen Ablauf (Gewohnheitswirklichkeit) zu lösen. Erinnern und Zukunft betrachten werden dann zu einsetzbaren Instrumenten.

3.12 Der Lebensstrom in der Begegnung zwischen Menschen

Menschen können sich auf der Ebene des Lebensstroms begegnen. Dies ist dann durch ein tiefes Verständnis und eine echte Begegnung gekennzeichnet.

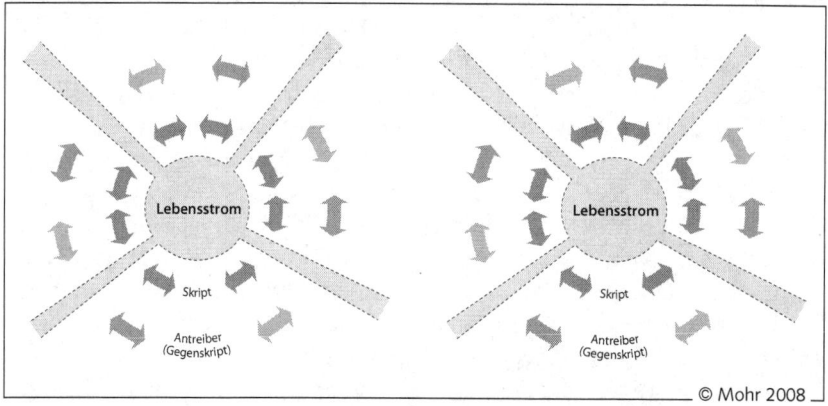

© Mohr 2008

Psychologische Spiele (Berne, 1964; Dehner, 2001) finden dann zwischen diesen beiden Menschen nicht statt. Leider kann man nicht sagen, dass Liebesbeziehungen zwischen Menschen immer auf der Ebene des Lebensstroms stattfinden. Im Gegenteil entwickeln enge Beziehungen häufig sehr viel »Spielträchtiges« und münden nicht selten in dramatische Spiele dritten Grades mit extremen Beeinträchtigungen des Lebens der Beteiligten (körperliche Gewalt, Intrigen, Mobbing etc.).

3.13 Die Aufgaben im Coaching

Es bleibt also für die praktische Arbeit im Coaching eine wesentliche Herausforderung, Kontakt mit dem Lebensstrom eines Menschen zu bekommen. Denn nur dadurch wird sinnvolle Entwicklung stattfinden. Vom Grundprinzip ist hier auch nichts zu entwickeln, weil alles schon da ist. Der Lebensstrom ist nur erkennbar zu machen und das Wesentliche ist ins Bewusstsein zu bringen. Auf der Ebene der reinen Fähigkeiten (skills) sind natürlich viele Einzelheiten verfeinerbar. Aber hier ist immer zu prüfen: Wird der Ausdruck des Lebensstroms an dieser Stelle gefördert oder nicht? In den meisten Fällen kommen Menschen mit einem Oberflächenanliegen in Beratung. Sie wollen etwas lernen, um sich in ihrer Gewohnheitswirklichkeit komfortabler zu fühlen. Dies ist aber häufig ein nicht zu erfüllendes Anliegen.

Wie kann ein Coach die Fähigkeit erlangen, den Lebensstrom wahrzunehmen? Zwei Punkte helfen hier: Erstens ist für sie oder ihn der Kontakt zu seinem eigenen Lebensstrom wichtig. Dies ist eine sehr radikale Forderung. Es geht darum, den Kontakt mit dem Teil hinter den eigenen Lebensschablonen und Interpretationsmustern zu haben. Der Coach bzw. der Selbstcoach sollte sich seiner eigenen Denk- und Fühlsysteme bewusst sein, mit denen er seinen Lebensstrom überlagert. Ihm muss klar sein, dass seine eigenen Persönlichkeitscharakteristika ein Lernprodukt sind, das seine eigene ganzheitliche Wahrnehmungsfähigkeit permanent trübt. Wenn er sich von dem »Ich bin so« und einer festen persönlichen Meinung zu sich selbst hin zu einem »Ich habe diese Story« verändert hat, ist er auf dem richtigen Weg. Ist erst einmal dieser Weg beschritten, ergibt sich der zweite Punkt oft automatisch. Es ist die Lust und das Interesse an anderen Menschen und an der Förderung von deren Lebensstrom. Dies äußert sich in einem grundlegenden Mitgefühl, wenn jemand darunter leidet, dass er den Kontakt zum Lebensstrom verloren hat. Dies beinhaltet gleichzeitig hohen Respekt vor dem Leben und auch eine entschlossene Einstellung gegenüber lebensstromfeindlichen Aktivitäten und Einstellungen, wenn diese in Gruppen, in Organisationen oder gesellschaftlichen Gremien vertreten werden. Leider werden aus rigiden Denk- und Gefühlsschemata, die zu Glaubenssystemen mutiert sind, Entscheidungen mit gravierenden Konsequenzen für Menschen getroffen. Dies passiert in allen lebenden sozialen Systemen, auch im Arbeitsleben und in Firmen.

Im Einzelnen bedeutet das Coaching von Gefühlen vor allem das Fernhalten von »Stories«. Es beinhaltet manchmal die Konfrontation mit rigiden Deutungsmustern, sogar das Stoppen der Sehnsucht nach der Story. Stattdessen geht es um das Innehalten mit dem anderen, das gemeinsame Aushalten von unangenehmen Gefühlen, das Fernhalten von Beschwichtigungen, schablonenhaft positiven Umdeutungen oder schnellen Lösungssuchen, ganz zu schweigen von vorschnellen Ratschlägen.

3.14 Generationenübergreifende Gefühle

Es spricht einiges dafür, dass Menschen wichtige Gefühle aus einer früheren Generation ihrer Familie in ihrem Leben weiter tragen und eine Verarbeitungsform dafür finden. In der Literatur ist dies von dem amerikanischen Psychologen Boszormenyi-Nagy in dem Buch »Unsichtbare Bindungen« beschrieben. Und es ist tatsächlich diagnostisch nicht einfach, eine solche Bindung an das Frühere im Sinne von über Generationen zurückliegenden Erfahrungen in ihrer genauen Qualität zu erfassen. Hier ist auch ein leichtfertiger, oberflächlicher Umgang als sehr kritisch anzusehen, denn diese Gefühlsstörungen scheinen im menschlichen Leben eine hohe Substanz zu besitzen (Hellinger, 1993,1996, 2004). Diese Bindung ist häufig lediglich eine Projektion des Coaches, der selbst keinen geläuterten Standpunkt zu seinen diagnostischen Fertigkeiten des Erspürens gewisser generationenübergreifender Zusammenhänge hat.

Wie werden aber diese Gefühle der früheren Generation konkret weitergegeben? Das Beispiel dazu zeigt die Verwobenheit von Lebenspositionen in Organisationen und Familien:

> *Andreas L., Führungskraft in einem großen Unternehmen auf der zweiten Führungsebene, kommt ins Coaching. Er berichtete zunächst von einem Seminar für seinen Bereich, in dem eine Systemaufstellung vorgenommen wurde. Hierbei werden die in einem System wichtigen Personen in ihrer Beziehung zueinander im Raum positioniert. Es werden Stellvertreter aus der Gruppe für die wichtigen Personen in dem System ausgewählt. Die Gefühle des Stellvertreters besagen dann häufig etwas über die tatsächlichen Person in dem »gestellten« System.*

Andreas L. wird in mehreren Aufstellungen am Rand positioniert. Er steht zwar im Kreis, schaut aber nach außen. Einige schnelle Interpretationen, dass er sich nach etwas anderem umschaue, wegwolle aus dem System oder positiv ausgedrückt, über den Tellerrand hinausschaue, lösen bei ihm keine wirkliche Zustimmung aus. Dennoch hat der Berater, der die Aufstellung mit ihm und seinem Team gemacht hatte, ihn mit diesen Hypothesen gehörig verwirrt. Andreas berichtet im Coaching, dass er lange mit sich ringen musste, um diese Hypothesen wieder »vom Tisch« zu kriegen. Einerseits will er tatsächlich Licht in diese Sache bringen. Andererseits fühlt er sich ausgesprochen loyal gegenüber der Entwicklung und den Menschen seines Systems. Es ist ihm aber auch klar, dass er manche Loyalitätsgesten in seiner Firma lächerlich findet und diese nicht übernehmen will.

Andreas wird vom Coach gefragt, welche einzelnen Situationen, Erlebnisse und Geschichten seiner Kinder- und Jugendzeit für ihn die größte gefühlsmäßige Substanz enthalten. Da erzählt er unter anderem Folgendes: Er hatte als Kind von seiner Mutter und seinem Vater, die beide zur Kriegsgeneration gehörten, einige Male die Geschichte von den beiden im Krieg gefallenen Brüdern des Vaters gehört. Insbesondere die »Abschlussszene« der Geschichte hatte ihn beeindruckt. Der Vater hatte, selbst auf Urlaub von der Ostfront, seinen jüngsten Bruder, damals 17, Ende 1944 zum Bahnhof gebracht, wo er ihn verabschiedete. Der jüngere Bruder fuhr an die Ostfront zurück. Der Vater berichtete, er habe in diesem Moment bereits gewusst, dass er den Bruder nie mehr wiedersehen werde, obwohl dieser doch noch so jung gewesen sei. So hatten sie damals dem Zug nachgeschaut. Der Bruder des Vaters wurde dann tatsächlich in einer der Kesselschlachten im Osten vermisst. Man hatte lange auf ihn gewartet, bis er für tot erklärt wurde.

Andreas ist klar, dass diese Geschichte einen tiefen Eindruck in ihm – er weinte während er erzählte – gemacht hatte. Er spürt die Wut auf die »Nazi-Verbrecher«, die damals die jungen Menschen verheizt und um ihr Leben gebracht hatten. Er erkennt und ordnet das In-die-Ferne-Schauen jetzt anders zu. Der Coach empfiehlt ihm, dem Onkel einen symbolischen Platz in seinem Leben zu geben, z.B. durch ein Foto und durch regelmäßiges Gedenken. Dies setzt Andreas um und stellt fest, dass das Erinnern an den Bruder des Vaters sogar in Belastungssituationen zu einer starken inneren Kraftquelle wird. Nun kann er gut herausfinden, was er in einer beruflichen Situation wirklich braucht.

Das Coaching hat hier eine Aufmerksamkeitsfokussierung vorgenommen, die das Frühere würdigt und zur Kraftquelle für heute macht. Man könnte sogar vermuten, dass Andreas L. an dieser Stelle wieder mit seinem Lebensstrom verbunden wurde.

3.15 Fundamentalinterventionen im Coaching

Viele Coaching-, Beratungs- und Therapieansätze beruhen auf einem bestimmten Glaubenssystem über den Menschen. Heute ist das meist das humanistische Menschenbild. Der Mensch wird als positiv und als lernfähig eingestuft. Das Menschenbild enthält ferner die Annahme von Grundbedürfnissen wie dem Bedürfnis nach Anerkennung und Wertschätzung.

Viele Untersuchungen deuten auch darauf hin, dass sich Menschen in Beratung und Therapie wohler fühlen, wenn Wertschätzung seitens des Beraters geäußert wird. Dies beinhaltet auch Tröstung.

Fundamental-Coaching richtet sich auf Beratungssituationen, in denen es wichtig ist, sich keinem Glaubenssystem zu verpflichten, sondern nur auf der Basis der Tatsachen zu bewegen. Hier werden die Grundtatsachen des Lebens offensiv betrachtet und thematisiert. Einige dieser Tatsachen sind:

- Alle Menschen sterben.
- Menschen haben sich bisher ihresgleichen gegenüber als äußerst brutal erwiesen. Im letzten Jahrhundert wurden insgesamt 100 Millionen Menschen von Menschen umgebracht, eine so große Zahl wie nie zuvor.
- Menschen bestimmen nur teilweise über ihr Leben. Glück und Schicksal sind wichtige Bestimmungsgrößen des Lebensverlaufes (Schenk, 2000).
- Menschen sind immer abhängig von anderen.
- Viele Menschen in den reichen Ländern leben in komfortablen Lebensbedingungen und kämpfen um Marginalien, die vermeintlich wichtig sind.
- Glück ist unabhängig von Bildung, Gesundheit und Reichtum (Gilbert, 2002)
- Menschen blenden regelmäßig wesentliche Teile der Realität aus.
- Eine O.k.-o.k.-Haltung anderen Menschen gegenüber wird tatsächlich nur soweit gelebt, wie der eigene Gesichtskreis reicht.

Dies sind nur einige der Tatsachen. Authentisches Coaching nimmt diese Tatsachen ernst und suggeriert nicht eine Welt ohne diese Tatsachen. Professionelle Persönlichkeit erfordert ein Bewusstsein über die Tatsachen des Lebens jenseits der psychologischen Glaubenssysteme. Fundamentalinterventionen heben diese Tatsachen ins Bewusstsein und unterstützen den einzelnen Klienten dabei, für sich individuelle Antworten zu finden. Denn nur so kann er mit der Kraft seines Lebensstromes in Kontakt kommen.

3.16 Im Coaching den inneren Beobachter schulen

Ruth Cohn, die große Psychologin und Begründerin der Themenzentrierten Interaktion (TZI), wurde, als sie schon alt und weise war, einmal gefragt: »Was ist der größte Trick im Umgang mit anderen?« Ihre Antwort war: »Der größte Trick ist: Sei du selbst!« Das klingt für viele zunächst einfach, wird dann bei näherem Hinsehen schwierig. Es führt nämlich zur Frage: »Wer bin ich denn selbst?« »Soll ich mich mit meinem ganzen Oberflächenglanz zeigen?« »Oder kann ich meine Macken und psychologischen Spielchen denn jetzt einfach unverfroren ›abfackeln‹? Jetzt habe ich ja die Erlaubnis dazu.« Oder ist es beides? Oder fängt die Arbeit jetzt erst an? Sich so zeigen, wie man ist. Aber wie ist man denn?

3.16.1 Wissen um das eigene Persönlichkeits»kostüm«

Menschen, die in sozialen Berufen ausgebildet sind oder auch heutige Manager, die schon den einen oder anderen Persönlichkeitstest über sich ergehen lassen mussten, haben hier präsentable Antworten, die den Fragenden erst einmal verstummen lassen. Sie können sich sehr gut in Persönlichkeitsdimensionen beschreiben. »Ich bin mehr der Nähe-Typ, ich mehr der Distanz- und Wechsel-Typ.« Der nächste Spezialist weiß gar von sich zu berichten, dass er ein »ENTJ« ist, was soviel heißt, das er schon einmal den Meyers-Briggs-Persönlichkeitsfragebogen ausgefüllt hat und sich in dieser Schablone als Extrovertiert, Intuitiv, stärker denkend (Thinking) als gefühlsmäßig an die Welt herangehend und mehr zu Standpunkten neigend (Judging) als beim Wahrnehmen von Phänomen verbleibend erwiesen hat.

Es ist sicher nicht unpraktisch, diese Informationen über sein angenommenes Persönlichkeitskostüm zu haben. Damit kann man etwas über seine Außenwirkung erfahren. Aber selbst die, die das über sich wissen, wirken nicht so, als wenn sie sich wirklich gefunden hätten. Das interessante und beeindruckende Wissen bleibt eine Oberflächenaufnahme. Nur die wenigsten glauben, dass eine solche Beschreibung wirklich ihr Selbst erfasst. Das ist gut so, weil die meisten Fragebogen ermitteln, wie jemand zu sein glaubt. Damit wird ein »geglaubtes Denksystem« erfasst. Es stellt sich auch die Frage, was auf dieser Basis nun Veränderung ist. Denn alle Persönlichkeitstheorien haben eines gemeinsam: Sie definieren Persönlichkeit als ein relativ überdauerndes Muster, das sich nicht schnell verändert. Das Kriterium für einen entsprechenden Fragebogen ist ebenfalls, dass er morgen noch das gleiche Ergebnis befördert wie heute (Kriterium der »Reliabilität« eines

Fragebogens). So wird die Suggestion eines stabilen festen Persönlichkeitskostüms erzeugt.

Dass daraus in Firmen manchmal gravierende Entscheidungen abgeleitet werden, steht auf einem anderen Blatt. Eine Firma hat einmal die nach einem zweidimensionalen Kriterium (hier das »DISG«-Verfahren) erfassten Ausprägungen des Persönlichkeitskostüms in bunten Farben neben das Namensschild an die Tür des Mitarbeiters fixiert, damit der Eintretende sich darauf konstruktiv einstellen konnte. Dies wurde aber nach kurzer Zeit wieder abgeschafft. Der Wahnsinn war doch erkannt worden. Gerade »bodenständige« Entscheider und Manager haben den ausgefeilten Persönlichkeitsverfahren gegenüber eine gehörige Skepsis. Im positiven Falle, d.h. wenn ihre Motivation nicht Faulheit ist, sich mit der Differenziertheit zu beschäftigen, spüren sie hier die Begrenztheit jeder Beschreibungsebene.

3.16.2 Der »Entscheider«

Eine ganz andere Perspektive eröffnet der Heidelberger Hypnotherapeut Gunther Schmidt. Von ihm ist die Begrüßungsfrage bekannt: »Als wen erfinden Sie sich denn heute?« Dies suggeriert unendliche Möglichkeiten in einem willentlichen Prozess.

Ich selbst stelle in Gruppen gerne die Ausgangsfragen: »Wer ist da?« und »Was hätte ich sonst noch werden können?« Die Menschen antworten mit dem Ihnen gegebenen Namen und erinnern sich an einen Scheideweg in ihrem Leben, an dem sie eine Option gehabt haben. Meistens begrenzen sie dies auf den beruflichen Bereich, manchmal kommen aber auch Entscheidungspunkte aus dem privaten Leben zum Vorschein. In Auseinandersetzung mit äußeren Angeboten, der Einflussnahme von anderen Menschen und der eigenen Vorstellung über sich selbst wurde damals eine Entscheidung getroffen. Interessant ist meistens, dass es die andere Alternative auch hätte werden können. Durch die getroffene Entscheidung wurde das eigene Selbstbild weiter festgelegt. Es bleibt aber eine getroffene Entscheidung. Das Persönlichkeitsbild bleibt also etwas, das durch Entscheidungen zustande gekommen ist und dadurch ein Bild von sich gewonnen hat.

3.16.3 Der »Beobachter«

Aber wer steht wiederum hinter dem Entscheidungsprozess? Wer beobachtet ihn? Dahinter scheint es noch etwas zu geben, das diesen ganzen Prozess sieht, ein innerer Beobachter. Dies ist der erste Zugang. Sonst könnte man nicht darüber sprechen. Wer ist das? Achtung: Hier ist in der Tat Obacht geboten, weil die Differenzierung zwischen dieser beobachtenden und reflektierenden Instanz und den Färbungen, die das Beobachtungsobjekt – hier das eigene Persönlichkeitskostüm – bringt, schon schwierig sind. Jedes Persönlichkeitskostüm tendiert dazu, die Wahrnehmung, auch die nach innen, zu trüben. Eher denkerisch geprägte Menschen werden schnell ein Modell entwickeln. Der Gefühlsbetonte fühlt sehr intensiv und verwechselt das mit Realität. Der Visuelle macht sich Bilder, der Auditive freut sich an der treffenden Formulierung. Der Körperfühlige fühlt sich durch die Intensität der Berührung am Punkt. Alles kann täuschen.

Also was bleibt bei näherem Hinsehen? Es bleibt die Antwort, die aktuell verfügbar ist: »Ich weiß nicht, wer da beobachtet, wie der ist und aussieht. Da ist etwas, das ich nicht beschreiben kann, nur annehmen kann.« Das ist die realistischste Antwort, die Menschen geben können. Da ist ein innerer Beobachter, der manchmal direkt zu erfahren und anzusprechen ist, also nicht in Tiefen des Unbewussten versteckt ist, nur eben selten fokussiert in die Aufmerksamkeit genommen wird. Dieser Teil sieht ebenfalls auch die Alternativen. Dennoch ist die Ebene des inneren Beobachters in vielen Menschen so von äußerem Lärm übertüncht, dass sie nicht mehr wahrnehmbar ist.

3.16.4 Der Zugang des »inneren Körpers«

Zugang zum Inneren bietet auch der »innere Körper«, den zu erspüren den Gewohnheits-, Denk- und Fühl-Apparat eine Zeitlang ruhen lässt. Dieses Vorstellungsbild hat vor allem der deutsch-kanadische Lehrer Eckehardt Tolle in seinen Übungen ins Hier und Jetzt zu kommen sehr stark betont. Auch der vietnamesische Zenmeister Thich Naht Thanh stellt hier praktisches, manchmal durchaus drastisches Übungsinventar in seinem Buch »Umgang mit Wut« zur Verfügung, in dem er Buddhas »Vier Wege der Achtsamkeit« auf die heutige Zeit überträgt.

Der innere Körper ist auch die Instanz, die in den psychologischen Grundbedürfnissen zum Ausdruck kommt, die eigentlich bis auf Ausnahmefälle ausreichend bedient werden können und auch bedient sind. Aber dieser innere Körper wird von den Strebungen,
- die gelernt sind,
- die dem Verstand (gelernte Denk- und Fühlmuster) angehören
- und von der Erinnerung an all die schwierigen und Kampfessituationen der Menschheitsgeschichte gespeist sind,

meistens deutlich überlagert.

Dies führt dazu, dass die Menschen die vorgelagerte Ebene der reaktiven Denk- und Fühlmuster für ihr eigentliches Selbst halten. Wohl gemerkt, die Unterscheidung einerseits zwischen einem reaktiven Gedanken oder einem reaktiven Gefühl, das aus einem gelernten Bewertungsmuster entspringt, und andererseits einem ursprünglichen vom inneren Selbst ausgehenden Impuls ist nicht einfach.

3.16.5 Praktische Tipps zur Wahrnehmungsschärfung im Coaching

Hier sind drei Dinge erforderlich: Als erstes ist der innere Beobachter häufiger »in Kraft zu setzen«. Dieser Teil ist in der Aufmerksamkeit, wenn jemand aus der Distanz auf seine Gedanken blickt und auch den feinen Prozess sieht, wie ein Gedanke wie an einer Schnur eine bestimmte Emotion hinter sich her zieht. Vermutlich werden diese Gedanken, die man häufig als vertraute Gefährten im Leben entlarvt (Mustercharakter) durch die nachträgliche emotionale Aufladung in ihrer Wichtigkeit für den Verstand immer wieder gefestigt. Man fängt an daran zu glauben. Was das gesellschaftlich bewirkt, lässt sich an den dogmatischen Glaubenssystemen von großen Religionen und kleinen Sekten feststellen.

Es schult die Distanz zum Verstand, die innere Beobachtung immer öfter wahrzunehmen. Interessanterweise wird der Verstand dadurch als Instrument besser. Es ist nicht mehr die Identifizierung da. »Ich bin nicht meine Gedanken.« Aber sie lassen sich einsetzen.

Zweitens ist Übung erforderlich. Diese Übung ist aber kein Training, sondern eher ein Registrieren und Wachwerden bezüglich der inneren Impulse; es gilt, sie zuzulassen, wenn sie da sind. Im Laufe des Alltages sind die Situationen wahrzunehmen, die Platz zwischen den Gedanken lassen und die innere Stille spüren und genießen lassen.

Auf dieser Ebene sind auch verschiedene Meditationsformen sehr engagiert. Allerdings führen manche Menschen Meditation wie eine Art Sport aus. Sie lernen unmögliche Körperhaltungen einzunehmen, beleben ihren Körper, konzentrieren sich, erreichen aber dennoch keinen leichteren Zugang zu ihrem Inneren. Nach der halben Stunde Übung ist alles wieder vorbei.

Drittens ist Konsequenz erforderlich: Konsequenz bedeutet, dass die Programmebenen der Denk- und Gefühlsreaktionen einen Kampf um ihre unbeschränkte Herrschaft führen. Der innere Beobachter mit seiner Stille und seinen sanften Quellen wird schnell unterdrückt. Unangenehme Emotionen stehen vor der Schwelle der inneren Ruhe und Quelle. Die Intensität dieser Emotionen kann so sein, dass sich wieder ein Verstandesmodell einschleicht, das eine Erklärung gibt. Auch dieser Prozess ist wohlwollend zu beobachten.

Beherzigt man die drei Übungsrichtungen, so gelingt die Unterscheidung der Verstandes- und der Beobachterebene und der Kontakt zur Quelle des Tiefenbeobachters. Es ist eine Ebene, die immer da ist, die wohlwollend alles beobachtet, aber auch durch vieles andere (Ablenkungsverhalten, Verstandesaktivitäten, Beziehungsverstrickungen, Verführungen, Entspannungs- und Erleichterungsaktivitäten) überlagert werden kann. Die Ebene des inneren Beobachters und der inneren Quelle ist ähnlich wie die automatische Steuerung der Körperfunktionen, die auch ohne willentliches Zutun funktioniert: der Herzschlag, die Atmung, der Stoffwechsel, die Regelung der Körpertemperatur. Der Zusammenhang zwischen beiden Ebenen läuft vermutlich über das Psychoimmunsystem. In einer etwas anderen Metaphorik gesprochen hat diese Ebene auch etwas Engelhaftes. Wim Wenders zeigt dies sehr schön im Film »Der Himmel über Berlin«. Der Engel beobachtet, ist da, greift aber absolut nicht lenkend ein. Egal was einem passiert, diese Ebene ist immer präsent. Die besitzt auch jeder Mensch. Sie ist still, braucht wenig Worte, strömt Liebe aus, ist empfindsam für Verletzungen, braucht vermeintlich Schutz, der durch die Gewohnheitsmuster und ein gelebtes Persönlichkeitskostüm geliefert wird.

Neben den Geheimnissen, die in der Gefühlswelt des Menschen stecken, stehen Coach und Coachee auch immer auf dem Boden eines bestimmten Umfeldes, das einen sehr schnell von tiefschürfenden Gedanken auf den Boden der Tatschen zurückholt. Coaching findet nie in einem luftleeren Raum statt. Um den einzelnen herum gibt es immer einen Kontext und ein bestimmtes System. Daher ist genau dieser Aspekt nun unter die Lupe zu nehmen.

4. Organisationale Kompetenz – Systemisches Coaching

In großen Firmen wundern sich die dort arbeitenden Menschen häufig, wie in ihrem Unternehmen insgesamt überhaupt Geld verdient wird. Sie sehen eine Menge Aspekte, die im Argen liegen und die verbessert werden könnten. Oder durch persönliche Eitelkeiten sind Verhältnisse gegeben und dürfen nicht verändert werden. Ressourcenverschleuderung, Prestigeobjekte auf der einen und sauer verhandelte Geschäftsabschlüsse mit geringem Verdienst auf der anderen Seite charakterisieren die Realität. Betriebswirtschaftliche Kriterien scheinen das letzte zu sein, das innerhalb von Firmen regiert. Selbst in Krisenzeiten herrschen zweierlei Maß, schmerzhafte Kostenreduzierung auf der einen bei gleichzeitiger Verschwendung auf der anderen Seite.

Wodurch zeichnet sich die Beziehung des einzelnen zur Organisation wirklich aus? Systemische Kontexte wie Organisationen üben einen Sog auf den einzelnen aus. Dies mussten Menschen in der Geschichte schon oft schmerzlich erfahren. Je nachdem, welche Maximen die Umwelt vorgibt, werden die meisten oft genug wie die Lemminge mitgezogen. Dies betraf Kriegsbegeisterung genauso wie kollektives Verhalten in Wirtschaftskrisen. Menschen sind trotz aller hoch gehaltenen Individualität in ihren Deutungsmustern vor allem vom Kontext bestimmt. Daher ist für den Eintritt in ein Coaching immens wichtig, die Organisation korrekt zu erfassen, in der der zu Coachende steht, aber auch den Kontext zu erfassen, durch den der Coach bestimmt ist.

Um eine Organisation strukturiert zu erfassen und Anhaltspunkte für Lösungen zu finden, habe ich an anderer Stelle ein Modell entwickelt (Mohr, 2006). In zehn Dimensionen zu Struktur, Prozessen, Gleichgewichtsprinzipien und Pulsationsbewegungen (Vergrößerung oder Verkleinerung des Ganzen oder von Teilen) wird die Organisation analysiert. Dadurch können die speziellen Ankoppelungsbedingungen einer Organisation gefunden werden.

Dies erklärt den Erfolg der großen strukturorientierten Unternehmensberatungen wie McKinsey, Roland Berger oder Boston Consulting Group. Sie haben durch die Verwandtschaft ihrer inneren Dynamik mit vielen Unternehmen große Chancen dort anzukoppeln. Beratungsrichtungen, die etwas anderes verkörpern, etwa mehr Förderung der Selbstorganisation der inneren Kräfte als das Übernehmen von außen formulierter Benchmarklösungen kommen in vielen Fällen weniger gut an, weil sie eine entsprechende Reife und Selbstverantwortungsfähigkeit der beauftragenden Organisation verlangen.

In einer Tabelle beschreibe ich die zehn Systemdynamiken (vgl. auch Mohr, 2006) mit den Fragestellungen; mit dieser kann man die spezifische Organisation des Coachees, aber auch des Coaches erfassen.

Die zehn Systemdynamiken	Einzelfragen zu den Dynamiken	Stichworte für Ihre Organisation
1. Dynamik der Aufmerksamkeit	Wie sehen die Beteiligten die momentane Situation, wie die Zukunft (Wirklichkeitskonstruktion)? Welche gemeinsamen Wirklichkeiten werden geteilt? Wo gibt es Unterschiede? Wie wird Erfolg, Fortschritt, Rückschritt gemessen? Wie bieten die »herrschenden Kriterien« einen Anreiz?	
2. Dynamik der Rollen	Welche Rollen gibt es im vorliegenden relevanten System? Wie verändern sie sich zur Zeit? (Welche Merkmale haben die Rollen?)	
3. Dynamik der Beziehungen	Wie stehen die Rollenakteure miteinander in Beziehung? Welche Grundbotschaften gibt es zwischen den Rollenakteuren?	
4. Kommunikationsdynamiken	Welche Prozesse charakterisieren die Art, wie man miteinander kommuniziert? Wie ausgeprägt sehen die Beteiligten die Dynamiken? (Auf einer Skala einstufen.) Welche Dynamiken strebt man an?	
5. Problemlösedynamiken	Welche sind typisch für die Art mit Problemen umzugehen? Wie ausgeprägt sehen die Beteiligten die Dynamiken? (Auf einer Skala einstufen.) Welche Dynamiken strebt man an?	
6. Erfolgsdynamiken	Wie erreicht oder vermeidet man Erfolge?	

		Wie ausgeprägt sehen die Beteiligten die Dynamiken? (Auf einer Skala einstufen.) Welche Dynamiken strebt man an?
7.	Dynamik der Gleichgewichte	Welches Gleichgewicht würde wer gerne erhalten? Welche alten Beziehungssysteme, Wirklichkeiten »geistern« im System umher? Welches Gleichgewicht wird angestrebt? Paradoxe Frage: Was wäre eine Eskalation in eine dysfunktionale Richtung?
8.	Dynamik der Rekursivität	Wie sind ähnliche Prinzipien auf unterschiedlichen Ebenen der Organisation verwirklicht?
9.	System-Pulsation II – Äußere Grenzlinien/ Offenheit/ Geschlossenheit	Bei welchen Themen besteht Offenheit und Geschlossenheit? Welche Maßnahmen braucht es, um ein »angemessenes« Maß von Offenheit und Geschlossenheit herzustellen? Sind neue Informationskanäle einzurichten? Ist für bestimmte Punkte Diskretion zu vereinbaren?
10.	System-Pulsation II – Innere Grenzlinien/ Subsysteme	Welche relevanten Subsysteme lassen sich in der Organisation zur Zeit unterscheiden? Wie kann man das relevante System für Einzelfragen in Subsysteme aufteilen? Welche Subsysteme sind zur Zeit wie eingesetzt?

© Mohr 2006

Ist auf diesen Ebenen eine Begegnung möglich, dann hat ein Coaching im organisationalen Zusammenhang gute Chancen.

Die zweite Vertiefung zeigt die Veränderung der Beziehung zum System. Dies erfolgt, egal ob ein externer Coach gerufen wird oder ein interner Mitarbeiter, der im Handeln und Erleben seine Beziehung zum System etwas ändern möchte.

4.1 Systembegegnung

Coaching wird häufig von Menschen mit Verantwortung für andere Menschen nachgefragt. Dies sind Führungskräfte, Projektverantwortliche oder andere Berufsgruppen, die Teams gestalten müssen. Im weitesten Sinne liegt eine Leitungsaufgabe vor. Im Beispiel des Führungskräftecoaching begegnet das System Führung einem Impuls von außen. Coaching begegnet als System dem Führungssystem der Führungskraft.

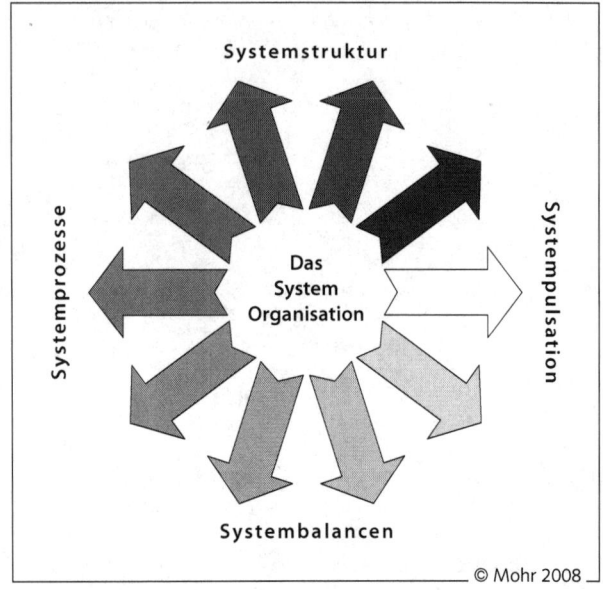

> Führung ist systemisch gesehen ein Regelungsmechanismus im Gebilde Organisation.

Entsprechende Führungsprozesse entstehen in nahezu allen Organisationen. Sie führen dazu, dass eine Organisationseinheit ein Ergebnis bei ihrer Aufgabe auf ihrem Markt erstellt und gleichzeitig das Miteinander ihrer Menschen geregelt wird.

Es kann hervorragend sein, aber auch miserabel. Deshalb ist es wichtig die sich in jedem Falle ergebenden Führungsprozesse (»Man kann nicht ›nicht führen‹.«) auf ihre Effizienz in Bezug auf beide Zielbereiche zu überprüfen. Über das qualitative Ergebnis in beiden Dimensionen ist damit allerdings nichts ausgesagt.

Dies bedeutet, der Reifegrad des Führungssystems wird in Frage gestellt, wenn Führungssystem und Coachingsystem sich begegnen. Coaching ist jedoch erst einmal ein eigenes System. Es besitzt bestimmte Kulturmerkmale, Regeln und Kriterien. Der Coach ist ebenfalls in ein Beziehungssystem

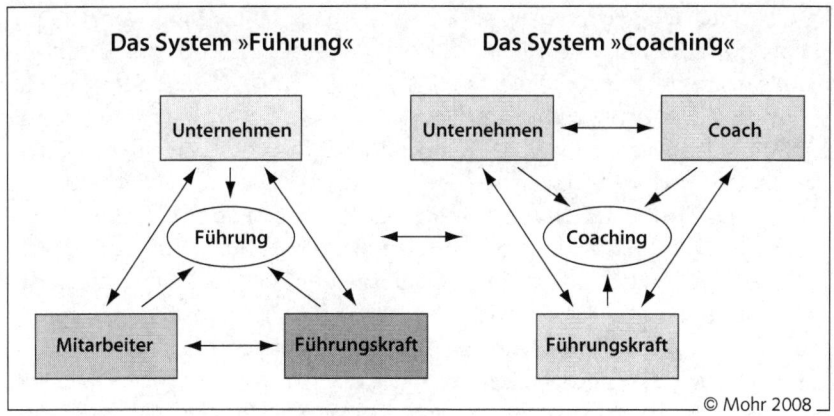

Abb. 23: Die Systeme Führung und Coaching

eingebunden. Er arbeitet einerseits mit der Führungskraft. Andererseits steht er in einer bestimmten Beziehung zum Unternehmen.

4.2. Systemannäherung

Die Effizienz des Coachings hängt sehr von den Vereinbarungen ab, die in diesem Beziehungssystem und deren Konsistenz untereinander gelten. Dabei ist beispielsweise die Diskretion ein zentrales Kriterium für das Führungskräftecoaching. Sowohl der interne, beim Unternehmen angestellte als auch der externe Coach sind in einem zwar unterschiedlichen, aber vorhandenen Vertragsverhältnis und daraus resultierend in einer bestimmten Beziehung

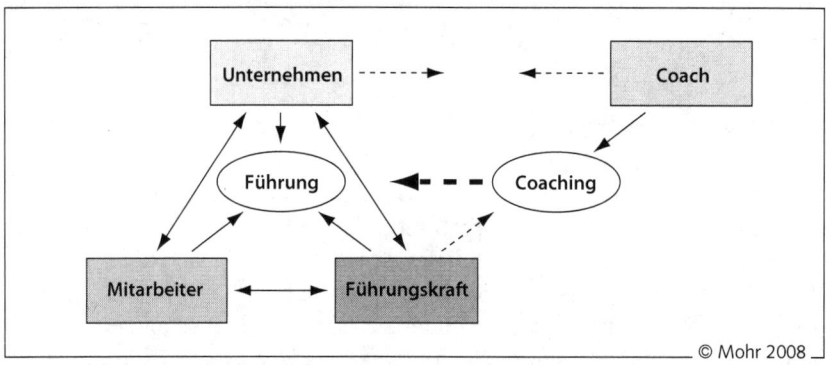

Abb. 24: Systemannäherung

an das Unternehmen angekoppelt (mehr dazu in: Mohr, 2007, »Interne Beratung«). In der Praxis ist nicht das eine oder andere Vertragsverhältnis generell vorzuziehen. Aber in jedem Fall benötigt der Coach eine angemessene professionelle Distanz zum Unternehmen. Genauso braucht er Interesse am Unternehmen und sogar eine Art Zuneigung zur Organisation seiner Klienten. Wer in Unternehmen Coaches einsetzt, sollte auf diesen Aspekt achten.

Wichtig für die Beziehung zwischen Coachingsystem und Führungssystem sind die expliziten und impliziten Rollenerwartungen an den Coach: Welche Rolle soll der Coach für das Unternehmen übernehmen? Oft ist der verdeckte Auftrag an den Berater, Aufgaben zu übernehmen, die eigentlich der Vorgesetzte der Führungskraft wahrnehmen müsste. Hier ist eine differenzierte Auftragsklärung zwischen den Beteiligten nötig. Beratung beginnt mit dem ersten Kontakt. Sie ist entsprechend zu werten. Wenn das Erstgespräch schon entscheidende Wirkung haben kann, ist es kein Vorgespräch, sondern die erste Beratungseinheit. Für den Berater eröffnet sich hier allerdings eine Schwierigkeit in der Systemannäherung. Viele Führungskräfte müssen sich dazu von einem mechanistischen Beratungsbild verabschieden. Schon das Vor- oder Vorstellungsgespräch ist nicht nur da, um festzustellen, ob man zusammenarbeiten will. Es ist schon eine Chance, Veränderungsimpulse aufzugreifen. Die Annäherungsphase ist dementsprechend schon eine zentrale Phase. Das Coaching kann sogar in Form einer einmaligen Beratung mit einem erfolgreichen Erstgespräch enden, wenn die Führungskraft erkannt hat, welche Aufgabe sie selbst wahrnehmen muss. Ziel von Beratung ist Veränderung, nicht eine möglichst lang dauernde Beratungsbeziehung zu installieren. Gerade durch diese Abklärung zeichnet sich der gute Berater aus, obwohl dies vielleicht manchen lukrativen Auftrag ausschließt. Außerdem ist bei Evaluationsstudien zum Beratungserfolg festgestellt worden, dass sehr viele Beratungen nur aus einem Gespräch bestehen und diese allein durchaus signifikante Veränderungen zur Folge hatten.

4.3 Systemankoppelung

Die Art des Coachingsystems, welches ein Coach mit produziert, hat sehr viel mit seinem eigenen Bezug zu Organisationen und Unternehmen zu tun. Ein Berater, der lange Zeit selbst Mitglied einer Organisation war, hat es leichter, die Vorgänge in Organisationen nachzuvollziehen als einer, der nie in einer größeren Organisation tätig war oder im Extremfall in dem Bewusstsein lebt, eine abhängige Position in einer Organisation selbst nie aushalten zu können. Insofern macht es für das Coachen von Führungskräften größerer

Unternehmen Sinn, selbst Erfahrung aus einer Organisation zu haben, ähnlich wie für therapeutische Arbeit eine erlebte Therapie der eigenen Persönlichkeit nützlich ist. Gleichzeitig sollte der Coach für Führungskräfte ein Grundwissen über klinische Störungen haben, damit er nicht aus Versehen klinische Arbeit macht und zum Therapeuten wird.

Dies macht auch die Anforderungen an die Kompetenz des Coachs deutlich. Er muss persönliche Dynamiken erkennen und diese im berufsbezogenen Kontext bearbeiten können. Auch Managementwissen wird vom Coach verlangt. So bedeutend die überfachliche Qualifikation in Coachingmethodik ist, so wichtig ist auch die Feldkenntnis, die bis hin zum Wissen über die Produktionsprozesse der Güter und Dienstleistungen reicht, mit denen die Klienten sich befassen. Eine Ankoppelung in Form eines Arbeitsbündnisses zwischen den Systemen Coaching und Führung kommt zustande, wenn es genügend Berührungspunkte gibt.

Die Führungssysteme haben sich durch die wirtschaftliche Entwicklung verändert. Der Druck zur laufenden Veränderung ist größer geworden. Die aktuelle Dynamik von Prozessen in Organisationen fördert den Druck, Veränderungen zu gestalten. Nicht jedes Führungsproblem kann bis zum nächsten turnusgemäß durchgeführten Führungsseminar warten.

Gleichzeitig hat sich das Systemangebot des Coachings verändert. Ein Stichwort hierzu ist die »Enttherapeutisierung«. Coaching ist eine berufsbezogene und persönlichkeitsorientierte Beratung. Systemische Beratung ist als Kurzzeitverfahren entstanden. Das Vertrauen in die Selbstorganisationskräfte von lebenden Systemen ist ein wichtiges Rückgrat systemischen Denkens. Die systemische Arbeit ist so organisiert, dass sehr schnell die Selbstheilungsressourcen des Führungssystems greifen und das Führungsproblem nicht sehr lange bearbeitet werden muss. Diese Tradition ist für das Coaching günstig. Manager müssen auch bezüglich einer der wichtigsten menschlichen Ressourcen – der Zeit – kalkulieren.

Zum Coaching von Führungskräften gehört auch immer die Frage, wie die »Geschäftszahlen« im Verantwortungsbereich der Führungskraft sind. Berufbezogene persönliche Beratung muss die betriebswirtschaftliche Ebene mit einbeziehen, sonst wird der Kontext nicht gewürdigt. Je mehr Führungskräfte in den Genuss von Coaching kommen, um so weniger besteht die Angst, »auf die Couch gelegt« zu werden, wie es ein Manager einmal beschrieb. Die ganzheitliche Perspektive erleichtert das Ankoppeln an Führungssysteme. Coaching ist auf die Arbeits- und Beziehungsfähigkeit des Führungssystems ausgerichtet.

Das Führungskräftecoaching baut auf der Wirklichkeit auf, die sich die Führungskraft innerhalb des eigenen Führungssystems konstruiert. Das ist das Bild der Realität, das dieser Mensch sich in der Führungsrolle macht. Veränderung kann nur so entstehen, dass Coaching diese Wirklichkeit und ihr Zustandekommen erst einmal beachtet. Veränderung ist, wenn sie nötig ist, erst der nächste Schritt.

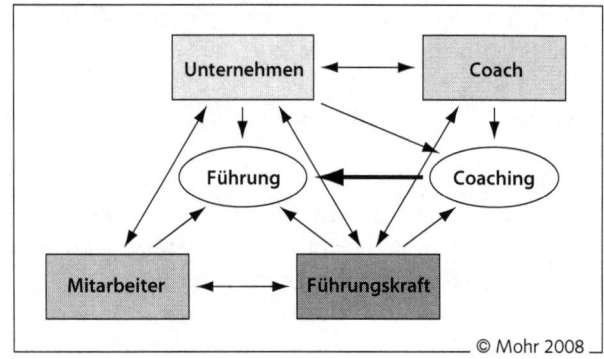

Abb. 25: Vernetztes System

Denn diese Wirklichkeit ist für das Handeln der Führungskraft grundlegend. Damit ist eine Entscheidung für eine bestimmte Perspektive auf das System Führung getroffen. Sie unterscheidet sich zum Beispiel vom Coaching eines Teams, wenn es in erster Linie um die gemeinsame Betrachtung der Zusammenarbeit von Führungskraft und Mitarbeiter geht. Oder würde man beispielsweise mittels der Einführung von Führungsleitlinien Einfluss auf das System »Führung« nehmen wollen, wäre der Anknüpfungsfokus eher das Unternehmen selbst.

Durch die Systemkoppelung steht das Coaching in einem Spannungsfeld aus:
- den praktischen Herausforderungen durch den Führungsprozess im Führungssystem,
- der angestrebten und tatsächlichen Führungskultur des Unternehmens,
- den persönlichen Herausforderungen der Menschen, die dem Unternehmen ihre Dienste wie beispielsweise die Dienstleistung Führung anbieten,
- dem Coachingssystem und der Steuerung durch den Coach.

4.4 Formulierte Coachinganlässe

4.4.1 Die Beziehung Führungskraft–Mitarbeiter

Häufig sind Themen zum Umgang mit Mitarbeitern für Führungskräfte der Ausgangspunkt des Coachings. Aufgrund dieser Fokussierung bilden oft Fragen zum Umgang mit einzelnen, in der Regel schwierigen Mitarbeitern, den Beginn einer Coachingbeziehung. Das kann folgendermaßen klingen:

»Was tue ich bei dem Mitarbeiter A., der im Team ein Problem darstellt und seine Kollegen demotiviert?«

Das Problem außerhalb von sich zu sehen und nicht den Anteil bei sich selbst zu erkennen, ist ein häufiges Phänomen. Aus dem Bestreben, die Muster des eigenen Ich zu erhalten und zu stabilisieren, ist die Blickrichtung zunächst nach außen gerichtet. Die Aufgabe ist dann, den Veränderungspunkt mit neutraler Brille und zunächst im Coachee selbst als Instrument der Veränderung eines Systems zu sehen. Eine solche Frage ist bereits eine Herausforderung für das Entwicklungsmodell, in dem der Coach selbst denkt. Das Nichtbewältigen einer aktuellen Lebensanforderung ist dabei weder auf feste Persönlichkeitszüge noch auf Beschränkungen, die aus früheren Lebensphasen stammen, zurückzuführen. Es wäre vermessen anzunehmen, dass Kompetenz in der Lösung von komplexen Managementaufgaben zur Grundausstattung des »normal« entwickelten Menschen gehört. Dem Nicht-Können haftet also in den meisten Fällen überhaupt nichts Defizitäres an. Es ist nur ein Defizit in Bezug auf eine Herausforderung, der sich ein Mensch stellt. Es entsteht vielleicht nur durch die Rolle, die er zu übernehmen bereit ist.

Wählt man das Ziel auf der Persönlichkeitsebene, so ist die Autonomie in Entscheidung und Handlung also keine Autonomie von irgendetwas, sondern eine Autonomie zu etwas hin. Man benötigt also eine lösungsorientierte, zielbezogene Deutung für die oft aus therapeutischen Erfahrungswelten entwickelten Veränderungskonzepte und -modelle. So kann man beispielsweise den üblichen Fokus von der Frage: »Was wird abgewertet?« zu der Betrachtung dessen lenken, was eine Führungskraft schon positiv wertet. Im Coaching ist zu explorieren, was noch wertzuschätzen und anzuerkennen ist, um damit ein Ziel zu erreichen. Diese Bedeutungsrevision (»Reframing«) wirkt auch in Unternehmenssystemen oft als ein Quantensprung, denn eine defizitorientierte Betrachtungsweise ist in vielen Führungssystemen üblich. Gerne werden vorhandene Probleme beschrieben. Man kann Schuldige herausfinden, abstrafen und die Sache scheint erledigt.

Hay hat verschiedene Beziehungs- und Zeitgestaltungen benannt, wie Menschen mit Herausforderungen umgehen (Hay, 1992). Sie unterscheidet zwischen
- Rückzug,
- Ritualen,
- Zeitvertreib,
- Aktivitäten,
- »Spielchen«, die Menschen mit anderen treiben und
- persönlicher professioneller Nähe.

Auf der Zeitstrukturebene verbleiben die »Schuldigen-Such-Systeme« bei Zeitvertreib und »Spielchen«. Lösungsorientiert ist das »Schuldige Suchen« jedoch nicht. Es erinnert eher an die Schluss-Szene im Casablanca-Film, in dem der Präfekt den Befehl erteilt »Verhaften Sie die üblichen Verdächtigen«. Für das Coaching in Organisationen kann die Zielrichtung dagegen nur die Perspektive einer situationsangemessenen Lösungsorientierung sein. Im Coaching wird die Ausgangsfrage wertgeschätzt. Die zentrale Aufgabe ist hier allerdings, diese Ausgangsfrage in die konstruktivste Richtung zu lenken. Meist ist es nämlich nicht der schwierige Mitarbeiter, der die Einschränkung liefert, obwohl der natürlich ins Auge fällt. Die am ehesten konstruktiv zu verändernde Einschränkung liegt meist in der Führungskraft selbst. Damit hat man einen lösungsorientierten Fokus.

4.4.2 Die Beziehung zum Unternehmen

Neben den auf die Mitarbeiterbeziehung orientierten Themenformulierungen können Fragestellungen der Beziehung zum Unternehmen im Coaching problematisiert werden. Dies bezieht sich einmal auf die Lösung technischer Managementaufgaben wie der Planung und Erreichung bestimmter Verkaufs- und Bilanzziele. Die Beziehung zum Unternehmen betrifft aber auch besonders die Kommunikation mit dem eigenen Vorgesetzten und mit der Unternehmensleitung. Das hört sich im Einzelfall vielleicht einmal folgendermaßen an: »Wie gehe ich damit um, dass mein Vorgesetzter mir wenig Unterstützung gibt?«

Insbesondere ist hier die Beziehung zur Unternehmensleitung von Interesse, mit der sich Führungskräfte selbst in direkter Kommunikation begreifen. In der klassischen Organisationstheorie gibt es einen anderen Ansatz. Dort gibt es Unternehmensziele. Für das »Herunterbrechen« der Unternehmensziele auf die jeweiligen Teile der Organisation sind die entsprechenden Manager der Führungsebenen zuständig. In den Köpfen vieler Unternehmensstrategen ist dieses hierarchische Maschinenmodell der Organisation noch weit verbreitet.

Psychologisch erleben sich Führungskräfte aller Ebenen einer Organisation jedoch auch in direkter Kommunikation mit der Unternehmensleitung. Dies veranschaulicht auch das Drei-Komponenten-Modell der Führung aus Mitarbeiter, Führungskraft und Unternehmen. Führungskräfte müssen täglich die Entscheidung der obersten Leitung für ihre Mitarbeiter kommunizieren. In einer Befragung von Managern zeigte sich, dass diese sich in einer Beziehung mit der Unternehmensleitung befinden.

Ein Verkauf eines Unternehmens stellt beispielsweise eine schwerwiegende Beziehungsveränderung dar. Die Beziehung zum Unternehmen wird gerade dann besonders strapaziert, wenn Entscheidungen über Fusionen, Betriebsstilllegungen sowie An- oder Verkauf von Unternehmensteilen getroffen werden. Es erhöht die Verunsicherung, dass in solchen Situationen häufig die Transparenz und der Informationsfluss sehr eingeschränkt sind.

Mitarbeiter und Führungskräfte fühlen, dass über ihren Kopf hinweg entschieden wird. Einzelne Vorgänge erinnern an feudale Herrschaftsstrukturen, wie zum Beispiel den hessischen Fürsten, der zur Aufbesserung seiner Staatsfinanzen junge Männer als Soldaten an die Engländer verkaufte.

Die Beziehung der Führungskraft zum Unternehmen kann auch zum Problem werden, wenn generell oder in einzelnen Bereichen die gewünschte Identität eines Unternehmens und die tatsächlich gelebte Unternehmenskultur sehr voneinander abweichen. Es findet eine Kommunikation zwischen dem einzelnen Mitglied der Organisation und der imaginären Organisationspersönlichkeit statt. Organisationen formulieren bestimmte Einladungen an die Mitarbeiter, ihre Aufmerksamkeit wird in bestimmten Richtungen gelenkt. Im Coaching kann die Auseinandersetzung mit den Reaktionen der Führungskraft auf diese Einladungen behandelt werden.

Häufig werden in Unternehmen schleichend die Bestandteile der Unternehmenskultur in das Denken und Handeln der Mitarbeiter übernommen (Mohr, 2006, Stichwort: Herrschende Aufmerksamkeit). Im Coaching kann dieser Internalisierungsprozess auf Brauchbarkeit geprüft, hinterfragt und eventuell wieder rückgängig gemacht werden. Eine Externalisierung ist nötig, damit die Mitarbeiter autonomer und auch für heutige Herausforderungen fähiger werden.

Taibi Kahler (1977, 120) aus Little Rock, Arkansas, der auch den amerikanischen Präsidenten Bill Clinton beraten hat, beschäftigte sich insbesondere mit dynamischen Prozessaspekten von Beziehungskonstellationen. Er sieht darin »Prozesse der Zeitstrukturierung«, eine interessante Formulierung heute, wo Zeit zum Überlebensfaktor der Unternehmen wird. Wie gestaltet eine Führungskraft ihre Beziehung zum Unternehmen? Darin können tief verwurzelte Verhaltensmuster im professionellen Wirken einer Führungskraft zum Ausdruck kommen.

4.4.3 Die Beziehung der »Führungskraft« zu sich selbst

Auch die Beziehung der Führungskraft zu sich selbst weckt das Interesse an Coaching. Dann wird der Bezugsrahmen für die eigene Lebensorganisation neu hinterfragt.

- Ein Manager fragt sich: »Wie viel Energie bin ich in meiner jetzigen Lebensphase fähig und bereit, in meine berufliche Tätigkeit zu investieren?«
- Eine andere Führungskraft ist gerade »im besten Manageralter« und wird durch die plötzliche Pflegebedürftigkeit ihrer Eltern mit einer vorher nicht da gewesenen Lebensherausforderung konfrontiert.

Gerade die Lebensmitte stellt neue Herausforderungen, in denen Menschen Beratung gut tut. Der katholische Ordensmann Anselm Grün hat die Tiefe der Fragestellungen der Lebensmitte herausgestellt. Menschen überprüfen ihr Leben noch einmal sehr grundsätzlich. Existenzielle und spirituelle Themen werden wichtiger. In dieser Zeit ist für Führungskräfte der Haupteinsatz im professionellen Bereich. Gleichzeitig treten erfahrungsgemäß Herausforderungen in anderen Lebensbereichen auf, die ebenso Lebensenergie benötigen. Der Beruf ist für viele ein zentrales Ausdrucksmittel der Persönlichkeit und bildet oft den Anknüpfungspunkt für die Entwicklung der Lebensgestaltung.

Viele Manager stecken heute in einem Dilemma: Einerseits die Verlockung eines guten Einkommens, auf der anderen Seite kaum zu bewältigende Aufgaben. Hinzu kommen Anforderungen, die aus der Privatwelt an die Führungskraft gestellt werden, wie die Erziehung der Kinder oder der Abschied von der älteren Generation. Gleichzeitig ist die Lebensmitte die Zeit, in der ein Mensch selbst bestimmte Fragen an seine Lebensgestaltung stellt. Er überprüft den bisherigen Weg und erkennt, dass nicht mehr alles möglich ist. Entscheidungen bekommen eine größere Tragweite. Gerade Führungskräfte haben in dieser Lebensphase oft vom Materiellen her die Möglichkeit, ihr Leben noch einmal zu verändern und einige Risiken einzugehen. Nach außen zeigt sich die Überprüfungsphase bisweilen in reduziertem Engagement für die Firma. Erlaubt sich eine Führungskraft diese Überprüfungsphasen nicht, treten mentale und psychosomatische Probleme auf. Janet Halper (1989) sieht darin eine »stille Verzweiflung«, da das verbreitete Bild der Führungskraft problembehaftete Teile der Beziehung zu sich selbst meist ausspart.

4.5 Coachingperspektiven

In der Zeit des Arbeitsbündnisses mit dem Coach kann die Führungskraft Kompetenz in der Lösung einer Vielzahl von Führungsproblemen erwerben. Denn Coaching ist ein Entwicklungsweg für Führungskräfte, der Angebote macht für die potenziell sehr unterschiedlichen Bezüge von Personen in Führungspositionen. Es lässt sich an die aktuellen Anforderungen an die berufstätigen Menschen optimal anpassen.

Im Einzelfall nimmt der Coach eine bestimmte Perspektive auf. Es geht um die Frage: Worauf zielt das Coaching ab? Soll sich die Zusammenarbeit der Systemteilnehmer verändern? Soll jemand lernen, seine Rollen in der Organisation (Führungsrolle, Fachrolle) kompetenter auszufüllen? Oder ist der relevante Zielbereich die Persönlichkeit des Führenden? Eine Unterscheidung in Perspektiven erleichtert die Betrachtung des Lebens der Persönlichkeit im beruflichen Kontext:

- die Perspektive des Führungssystems,
- die Perspektive der Rollen und
- die Perspektive der Persönlichkeitsstruktur.

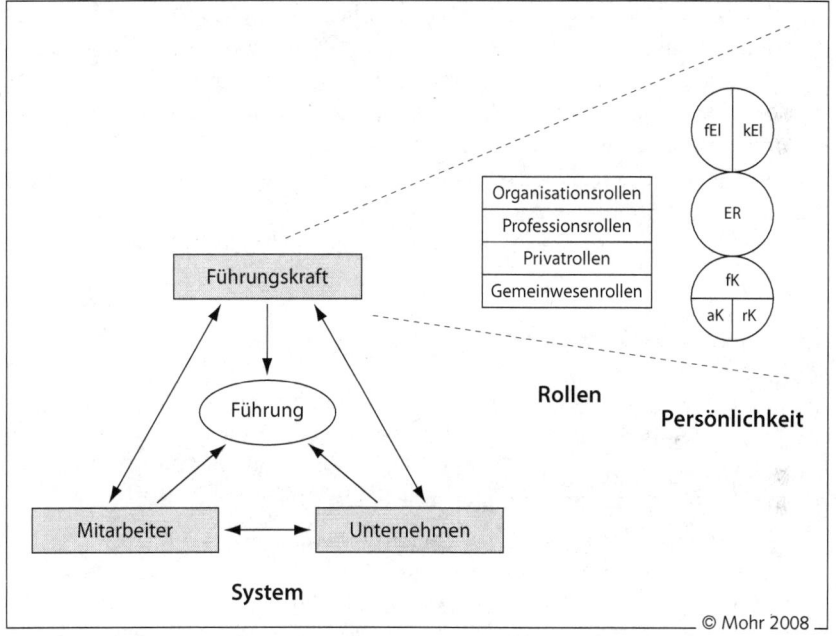

Abb. 26: *Führungssystem – Rollen – Persönlichkeit*

In der Abbildung ist das Führungssystem in einer Dreiecksform mit Führungskraft- Unternehmen-Mitarbeiter (Mohr, 2000) beschrieben. Die Rollen sind hier differenziert in

- Organisationsrollen, die die spezifische Funktionsbeschreibung der Organisation wiedergeben,
- Professionsrollen, die die erlernten Berufskompetenzen enthalten,
- Privatrollen, die die Rollen in Familie und Privatleben bezeichnen, und

- die Gemeinwesenrolle (politisches/ karitatives/ kirchliches Engagement/ NGOs).

Als Persönlichkeitsmodell ist in der Abbildung als Beispiel das Sechs-Haltungen-Modell der Transaktionsanalyse (siehe auch Kap. 2) mit der
- kritisch-»elterlichen« Haltung (kEl),
- fürsorglich-»elterlichen« Haltung (fEl),
- »Erwachsenen«-Haltung (Er),
- freies »Kind«-Haltung (fKl),
- angepasstes »Kind«-Haltung (aK) und
- rebellisches »Kind«-Haltung (rK)

aufgeführt. Dies sind sechs sehr unterschiedliche Kommunikationshaltungen, mit denen Menschen anderen gegenüber ihre Persönlichkeit ausdrücken. Zur Situationssteuerung des Coachings kann die Perspektive wie ein »Tiefen«-Fokus genutzt werden. Man kann in die Breite auf die Systembeziehungen schauen, etwas enger und tiefer auf die Rollenausfüllung und noch tiefer auf die Persönlichkeit. Tiefe ist dabei eine Metapher, die keine Wertung ist. Sie sagt aber etwas über die Einschränkung des Fokus aus, zu der sich der Coach bewusst entscheidet. Jede Perspektive umfasst bestimmte Aspekte und blendet andere aus.

4.5.1 Die Perspektive des Führungssystems

Das System kann in seinen vernetzten Beziehungen, genauso wie in dem gemeinsam geteilten Denkmuster, der so genannten Wirklichkeitskonstruktion im System, Thema sein. Entsprechend kann der Coach der Führungskraft für die Beziehungen beziehungsanalytische Fragen behandeln:
- Wie reagieren die einzelnen Mitglieder des Systems aufeinander?
- Welche Kommunikationen sind häufig?
- Welche Muster der Zeitstrukturierung sind häufig?
- Welche »Spielchen«, wie Eric Berne sie in »Spiele der Erwachsenen« beschrieben hat, werden im System gemeinsam unbewusst inszeniert?

Dies kann ergänzt werden durch systemische Fragen, beispielsweise danach, wie der Vorgesetzte der Führungskraft reagiert, wenn die Führungskraft in einer bestimmten Weise mit ihren Mitarbeitern umgeht. Dies sind zirkuläre Fragen, weil sie die Reaktionen aufeinander wie in einem Zirkel rund herum in ihrem Ablauf eruieren.

Auf der wirklichkeitskonstruktiven Ebene kann das Coaching klären, welche gemeinsamen Vorstellungen von Führung und Zusammenarbeit im

System geteilt werden. Worum geht es überhaupt in der Organisation vor Ort, will man sich beispielsweise alles Äußere vom Hals halten oder gestaltet man Beziehungen nach außen offen? (vgl. dazu auch den Systemdynamiken-Fragebogen im Anhang). Die Systemmuster sind nicht selten einfache menschliche Impulse, bei denen sich die Systemmitglieder unterschwellig einig sind. Sie müssen nur oft unter einer Abwehrdecke von vielfältigen Sprach- und Kulturritualen in einem System freigelegt werden. Aber es ist zu prüfen, ob das System damit seinen von außen definierten Marktanforderungen und seinen inneren Anforderungen des Miteinander-Arbeiten-Könnens gerecht wird.

4.5.2 Die Perspektive der Rolle

Eine zweite Ebene ist die der Rolle, die Menschen in ihrer Führungstätigkeit wie auch in anderen Lebensbezügen einnehmen. Coaching dient der Entwicklung von Menschen. Insofern ist das Bild wichtig, das sich der Coach vom Menschen macht. Es drückt sich in seiner Rollenkonzeption aus. Das Rollenkonzept für das Coaching ist somit nicht unabhängig vom Kontext.

> Rolle sei hier verstanden als die Gesamtheit der Systeme aus Denken, Fühlen und Handeln einer Person bezogen auf einen bestimmten Kontext.

»Eine Rolle ist ein kohärentes System von Einstellungen, Gefühlen, Verhaltensweisen, Wirklichkeitsvorstellungen und zugehörigen Beziehungen« (Schmid, 1994). Weitere Ausführungen zum Rollenmodell finden Sie in Kapitel 4.6.

4.5.3 Die Perspektive der Persönlichkeit

Ebenso kann man die Führungskraft in ihrer Persönlichkeit betrachten. Viele Führungskräfte scheitern daran, dass sie Persönlichkeiten beggnen, die ihnen fremd sind und mit denen sie aus ihrer eigenen Struktur heraus keine Umgangsweisen finden. Gerade dafür ist Persönlichkeitsbewusstsein ein zentrales Lernziel. In Abb. 26 ist als ein Beispiel das transaktionsanalytische Funktionsmodell dargestellt. Es richtet das Augenmerk auf die typischen Ausdrucksweisen einer Person in vielen Lebenskontexten. So kann beispielsweise die Blickrichtung im Coaching einer Führungskraft lauten, wenn man die Verbreitung eines persönlichen Musters erkennen will. An dieser Stelle können auch andere Modelle hilfreich sein wie das Persönlichkeitsmodell des Enneagramms (Mohr, 2000, 155ff. »Jeder Jeck is anders«). Die Fokussierung auf die Persönlichkeit wird gerade in längerfristigen Entwicklungsprozessen günstig sein, wenn eine Führungskraft grundlegende Muster ihrer Persönlichkeit ändern will. Das Ziel kann auch sein, die Persönlichkeitsentwicklung im Lebensverlauf zu sehen:

- Welchen Gesamtentwicklungsweg geht eine Führungskraft?
- Wie ist die Berufslebensgestaltung in die Lebensgestaltung eingebettet?
- Wie sind die Fähigkeiten zum Umgang mit neuen Fragestellungen?
- Werden sie mit den vorhandenen Antworten ausreichend beantwortet?

Zum Teil können aber auch bisher unzureichend erledigte frühere Lebensthemen einer Person heute adäquate Antworten behindern. Führungskräfte werden immer wieder mit zwei Herausforderungen an ihre eigene Persönlichkeit konfrontiert: Altes korrigieren und Neues entwickeln. Die Anforderungen kommen dabei sowohl von außen aus der Umwelt der Führungskraft als auch aus ihr selbst.

4.6 Coaching unter Nutzung der Rollen-Perspektive

4.6.1 Organisationsrollen, Professionsrollen, Privatrollen, Gemeinwesenrollen

Im Rollenmodell wird die Persönlichkeit betrachtet, wie sie sich in einem bestimmten Kontext äußert. In einer Berufsrolle reagieren viele Menschen faktisch anders als im privaten Umfeld. Außerdem sind die Rollenerwartungen dort jeweils sehr unterschiedlich. Dieser Unterschied ist eine sehr bedeutende Fokussierung beim Coaching und soll daher ausführlicher betrachtet werden. Beispielsweise in einer Führungsrolle zeigt der Mensch in der Organisation den Ausschnitt seiner Persönlichkeit, der auf den Wirklichkeitsbezug »Führen in der Organisation« gerichtet ist. Die praktischen Fragen, die einer Führungskraft dann als Herausforderung begegnen, sind in der Regel nicht zufällig. Die Standardthemen des Führens treffen auf die Lernfelder einer Führungskraft, die noch einmal durch ihren Persönlichkeitstyp beeinflusst sind. Nach außen offenbart ein Mensch seine Interpretation der Führungsrolle, wie ein Musiker ein Musikstück interpretiert. Dies lebt er in seinen Beziehungen im Führungssystem Mitarbeitern und dem Unternehmen gegenüber. Insofern ist das tatsächliche Verhalten in der Führungsrolle mit seinen Auswirkungen die zentrale Zielebene des Coachings. Ein Persönlichkeitsmodell für das Leben von Menschen in Wirtschaft und Organisationen sollte die verschiedenen Bezüge von Menschen zu ihrem Leben aufzeigen. Das Drei-Welten-Modell von Schmid (1994) schlägt als Denkansatz vor zu betrachten, wie sich eine Persönlichkeit in drei Feldern ausdrückt: In der Privatwelt, der Organisationswelt und der Professionswelt. Dazu ist noch die Gemeinwesenwelt hinzuzufügen (Mohr, 2000), da gerade die Gemeinwesenwelt viele Ausdrucks- und Entwicklungsmöglichkeiten für die Persönlichkeit bietet und gerade heute ein gesellschaftliches Engagement sehr wichtig ist. Damit erhält man ein Vier-Welten-Modell.

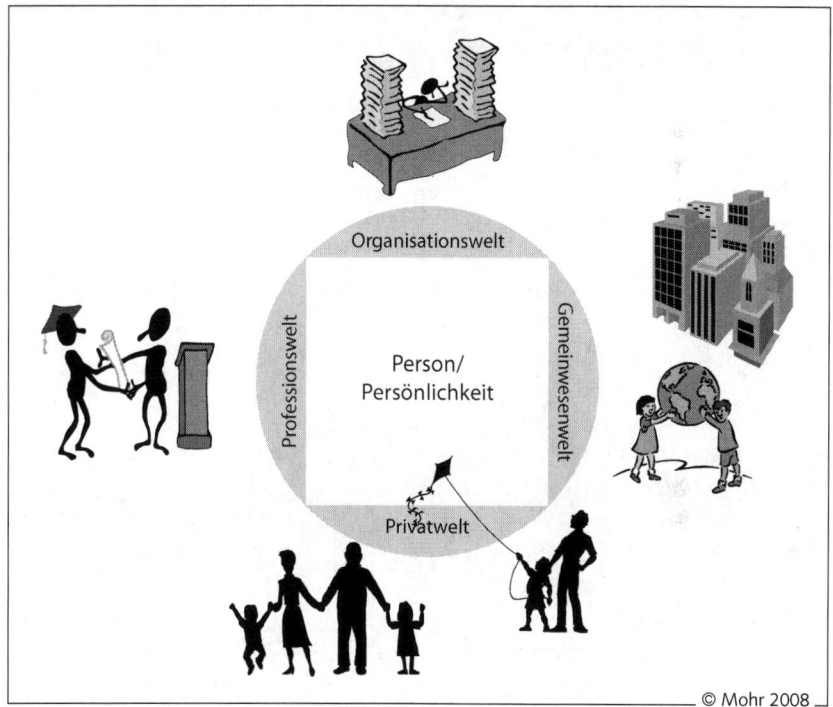

Abb. 27: Vier-Welten-Modell der Personenrollen

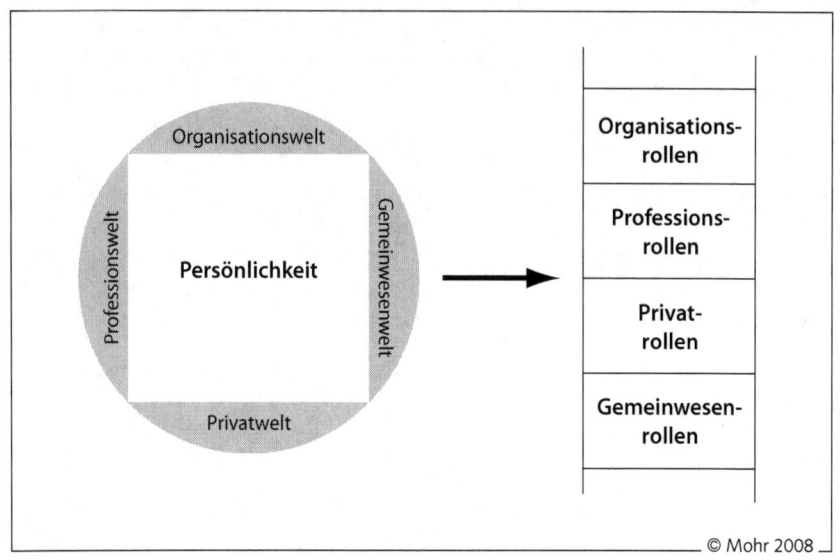

Abb. 28: Rollen im Organisationskontext

Die Persönlichkeit zeigt sich dementsprechend in Organisationsrollen, Professionsrollen, Privatrollen und Gemeinwesenrollen. Die Rolle ist auf einen bestimmten Kontext (privat, Berufsgruppe, spezielles Unternehmen) gerichtet. Dieses Rollenkonzept ist deshalb sehr interessant, weil es das Handeln der Menschen in einem bestimmten Kontext von innen heraus aufzeigt. Fühlt sich jemand eher in seiner Berufsqualifikation als Fachmann angesprochen oder in seiner Organisationsbezeichnung als Vorgesetzter mit einem bestimmten Titel? Gerade für Führungskräfte erwächst hieraus oft die Schwierigkeit, den besten Bezug zu finden.

In der Organisationsrolle ist das enthalten, was sich aus der spezifischen, oft formalisierten Rollenbeschreibung zum Beispiel eines Abteilungsleiters in einem Unternehmen ergibt. Viele

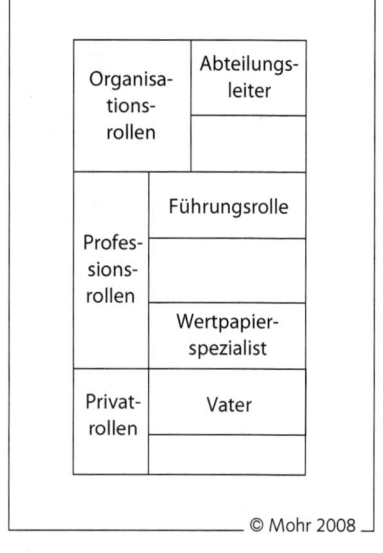

Abb. 29: Beispiele für Rollen

Organisationsrollen beinhalten auch Führungsanteile, aber in der in einer Organisation gewünschten Form. Sinnvoll ist hier, wenn ein Einklang von Zuständigkeit, Verantwortung und Können besteht.

Die Professionsrolle hat eine andere Betonung. Kompetenz im Bereich der Professionsrolle lässt sich in unterschiedlichen Organisationen und Organisationskontexten anwenden. Man nimmt diese Kompetenz, wenn man sie einmal hat, quasi von Organisation zu Organisation mit. Wenn man Führen als einen Beruf ansieht, ist Führungskraft eine Professionsrolle. Führen als Wahrnehmen einer Profession, eines eigenen Berufes, hat zumindest zwei besondere Anforderungen zur Folge:

- den professionellen Einsatz der Führungsinstrumente und
- die professionelle Entwicklung der eigenen Persönlichkeit.

Dass Vater, Mutter, Ehemann, Ehefrau, Geliebter oder Geliebte Privatrollen sind, erscheint offensichtlich. Die Erfahrung zeigt jedoch, dass vielen Vorgesetzten in Unternehmen ein bewusster, unvermischter Einsatz von Privat- und Professions- bzw. Organisationsrolle schwer fällt. Gesellschaftliche und wirtschaftliche Veränderungen fordern hier ebenfalls Tribut. So hatte gerade in deutschen Unternehmen der patriarchalische Führungsstil eine große Tradition. Der patriarchalische Führungsstil beruhte jedoch auf der Übertragung einer Privatrolle (der strenge, in Notsituationen aber auch gewährende Vater) in die Professionsrolle.

Im Coaching in rigideren Systemen wie Verwaltungen, Behörden oder Banken, wo es oft üblich ist, als Lehrling in das Unternehmen einzutreten und ein ganzes Berufsleben in der Organisation zu verbringen, ist die Konstruktion der Unterscheidung zwischen Organisations- und Professionsrolle eine wichtige Erfahrung. Für viele bleibt dann der Jüngere weiterhin der, den man an Sohnesstatt adoptiert hatte. Problematisch wird dies, wenn der »Sohn« Vorgesetzter des »Vaters« wird. Die heute gängigen Umstrukturierungssituationen in Unternehmen bringen in diese Übertragung der Privatrollen in das Professionsleben hohe Unsicherheit.

Ebenso wird häufig unreflektiert ein elterliches Verhaltensmuster, das man in der eigenen Familie selbst erlebt oder für richtig befunden hat, auf die Vorgesetztenfunktion übertragen. Gerade in Stress-Situationen, die im heutigen Managementalltag normal sind, versuchen Menschen die Muster ihres primären sozialen Systems, des Familiensystems auf die aktuellen Anforderungen zu übertragen. Dies vernachlässigt die Kontextunterschiede von Organisationen gegenüber Familien. Innerhalb der Professionsrollen kann es sehr verschiedene geben, die jeweils einen anderen Wirklichkeitsbezug beinhalten. Fast jede Führungskraft ist auch Fachkraft. Menschen werden oft Führungskräfte, weil sie in einer fachlichen Professionsrolle erfolgreich waren. Kommt die Führungsrolle hinzu, sind oft »Rückfälle« in die vertraute Fachrolle festzustellen. Der Ansbacher Managementberater Erich Hartmann hat in diesem Zusammenhang vorgeschlagen, eine Leitrolle zu identifizieren, die die Komplexität zu reduzieren hilft.

Gemeinwesenrollen gewinnen heute zunehmend Bedeutung. Dies reicht von der Mitarbeit in der freiwilligen Feuerwehr im kleinen Dorf bis zu Bill Gates' Milliardenengagement in der Entwicklungshilfe. Gerade bei fragmentierten Berufsbiographien mit vielen Veränderungen ist die Stabilität des Rollenkostüms durch eine Anbindung an Gruppen eine wichtige Aufgabe (Mohr, 2000, 197ff. Kap. »Die Veränderungen des Lebensbereiches Arbeit managen«).

4.6.2 Rollenperspektive und Veränderungsrichtung

Die Veränderungsrichtung im Coaching hängt entscheidend von der Rollendiagnose ab, die der Coach aus seiner Perspektive für das Handeln des Coachee vornimmt. In Umbruchsituationen von Unternehmen werden die Mitarbeiter und insbesondere die Führungskräfte stark beansprucht. Vieles verändert sich; es gibt Mehrarbeit und Verluste. Es wird häufig über die Zustände geklagt. Die Entwicklung der Führungskraft hängt maßgeblich davon ab, welcher Rolle man diese Klage zuschreibt, wie man sie einordnet.

- Variante 1: Der Klient spielt das Spielchen »Ist es nicht schrecklich?« Die Klage kehrt immer wieder und umfasst die Einladung an andere mit einzustimmen. Ganz nach dem Motto: »Man (ich) kann ja doch nichts ändern«. Bei dieser Zuschreibung wäre die nötige Intervention, das Kommunikationsmuster frühzeitig zu unterbrechen und den Klienten mit seinen eigentlichen Manageraufgaben zu konfrontieren.
- Variante 2: Die Klage zeigt den Frust über tatsächlich ungeregelte Zustände. Die Mitarbeiter klagen ebenfalls darüber. Auch bei sachlicher Prüfung bleibt dies die Hypothese. Es liegt also ein Problem der Organisation vor. Die Klagen sind dann wichtig für die Organisationsrolle des Vorgesetzten. Aus der Rolle als verantwortlicher, professioneller Mitarbeiter ist abzuwägen, wie die Energie in Veränderungen umgemünzt werden kann. Eine mögliche Interventionsrichtung ist, den Klagen Raum zu geben und die Energie zu nutzen, um Veränderungsmöglichkeiten zu suchen.
- Variante 3: Das Klagen hat mit der Professionsrolle zu tun. Wenn ein Mensch sensibel ist für Umweltsituationen, reagiert er emotional. Also ist

Klagen ein gutes Zeichen. Es ist vielleicht eine Führungskraft, die vorher im Unternehmen eher mit einem inneren Programm »zeig keine Gefühle und sei stark« reagiert hatte. Für eine moderne Führungskraft gehört emotionale Bewusstheit und auch Äußerungsfähigkeit zum professionellen Leben. Eine mögliche Intervention wäre, dem Klagen zuzuhören, auf der emotionalen Ebene zu bleiben und dies als Teil einer modernen Professionsrolle Führungs-«Mensch« wertzuschätzen.

Die Entscheidung für die Variante bestimmt die Veränderungsrichtung. Führungsentwicklung bedeutet dementsprechend aus der systemischen Perspektive Bewusstsein über die eigene Rolle und Kompetenz in der Rollenausfüllung.

Dies heißt im einen Fall Auseinanderflechten von Rollenüberlagerung. Im anderen Falle bedeutet es erst den Aufbau eines Bewusstseins für die professionelle Rolle im Gegensatz zur Organisationsrolle. Das Rollenmodell beruht auf einer alten »systemischen« Erfahrung: Menschen zeigen je nach Kontext unterschiedliches Verhalten, ja sie fühlen und denken sogar unterschiedlich. Gerade für Führungskräfte stellt sich dabei die Frage, wie sie in der Organisationsrolle, die ihnen gegeben wurde, und der Professionsrolle, die sie gewählt haben, ihre Persönlichkeit

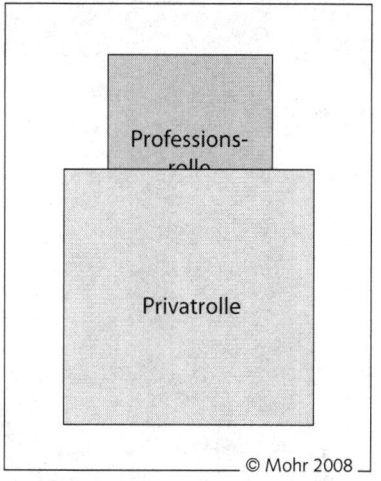

Abb. 30: Rollenüberlagerung

kontextbezogen leben können. Das Coaching begleitet den individuellen Entwicklungsprozess der Persönlichkeit, indem es auf den Einklang der Perspektiven achtet. Die Zentralperspektive des Lebens der Führungsrolle ist im Coaching immer wieder zu ergänzen um die Perspektive des Transfers und der Realisierung im System Führung sowie gleichzeitig um die Voraussetzungen und die Auswirkungen, die diese für die Persönlichkeitsstruktur bedeuten.

Bei der Analyse einer spezifischen Rollenkonstellation ist folgendes sinnvoll. Häufig sind Anlass von Problemen unklare Verhältnisse innerhalb der Rollenmerkmale Zuständigkeiten, Können und Verantwortung. Wenn diese Merkmale innerhalb einer Rolle nicht stimmig oder quer über verschiedene Rollen verteilt sind, entstehen Rollensymbiosen (vgl. Schmid, 2003).

> **Können**   **Zuständigkeit**   **Verantwortung**
>
> **Können:** die fachlichen und persönlich-professionellen Fähigkeiten
>
> **Zuständigkeit (Befugnis):** die Möglichkeit, eigenständig Entscheidungen zu treffen
> *Hierzu zählen fachliche und disziplinarische Weisungsbefugnisse.
>
> **Verantwortung:** die Pflicht, sich verantworten zu müssen, die Konsequenzen von Entscheidungen tragen müssen
>
> Können, Zuständigkeiten und Verantwortung sollten »Zu-einander-passen«, kompatibel sein.

Wie sich eine Rollensymbiose bei drei Personen darstellt, zeigt Abb. 31.

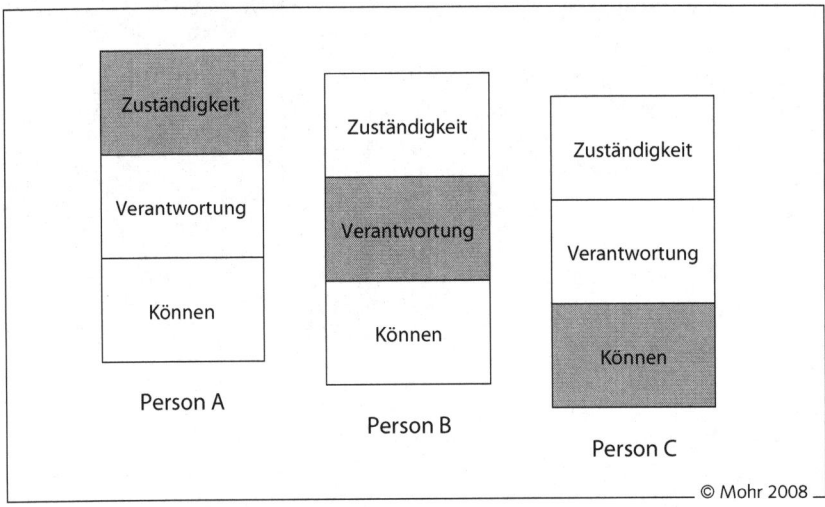

Abb. 31: Rollensymbiosen

Im Coaching ist im Falle einer Rollensymbiose Rollenklärung angesagt. Es geht darum, die Rollen bezüglich der drei Faktoren stimmig zu gestalten. Ansonsten bleibt Verantwortlichkeit so verschoben, dass es sich in der Regel schädlich für das Unternehmen und die Personen auswirkt. Denn es bringt Unsicherheit über den Ansprechpartner im Unternehmen. Man begünstigt leichtsinniges Verhalten, und Fachkompetenz bleibt ungenutzt.

4.7 Systemdynamiken

Coaching benötigt eine Theorie der Organisation. Der Coach sollte die wesentliche momentane Verfassung einer Organisation erfassen können. Dies bezieht sich zunächst auf die Struktur und die Prozesse der Organisation, aber auch auf andere Systemdynamiken, die eine Organisation ausmachen.

Dynamik-felder	Die zehn Systemdynamiken	Einzelfragen zu den Dynamiken
System-struktur	1. Dynamik der Aufmerksamkeit	– Womit beschäftigen sich die Leute in der Organisation(seinheit) am meisten? – Wie verhält sich das, was im Moment die Hauptaufmerksamkeit genießt, zu dem, was eigentlich Ziel der Einheit ist?
	2. Dynamik der Rollen	– Welche Rollen gibt es momentan im System? – Welche Merkmale haben die Rollen? – Verändern sie sich zur Zeit, und wenn ja, wie?
	3. Dynamik der Beziehungen	– Wie stehen die Rollen und die Personen miteinander in Beziehung? – Welche Grundbotschaften gibt es zwischen den Rollenakteuren?
System-prozesse	4. Kommunikationsdynamiken	– Was charakterisiert die Art, wie man miteinander kommuniziert?
	5. Problemlösedynamiken	– Was sind zur Zeit »Probleme«? – Wie geht man damit um?
	6. Erfolgsdynamiken	– Wie erreicht oder vermeidet man Erfolge?
System-balancen	7. Dynamik der Gleichgewichte	– Welches Gleichgewicht würde wer gerne erhalten? – Welches Gleichgewicht wird angestrebt?
	8. Dynamik der Rekursivität	– Wie sind ähnliche Prinzipien auf unterschiedlichen Ebenen der Organisation verwirklicht?
System-pulsation	9. Dynamik »Äußere Systempulsation« (Äußere Grenzlinien / Offenheit / Geschlossenheit)	– Wie entwickelt sich zur Zeit die äußere Grenzlinie des Systems? – Welche Maßnahmen braucht es, um eine »angemessene« Offenheit und Geschlossenheit herzustellen?
	10. Dynamik »Innere Systempulsation« (Innere Grenzlinien / Subsysteme)	– Welche relevanten Subsysteme lassen sich in der Organisation zur Zeit unterscheiden und wie wirken sie sich aus?

© Mohr 2006

Erst diese Hintergrundinformationen über das Organisationssystem des Coachee ermöglichen dem Coach eine sinnvolle Fokussierung für ein Coaching. Dies zu erfassen wird leider oft vernachlässigt, ist aber für jedes Coaching, das den Anspruch hat, den Coachee für seine aktuellen beruflichen Aufgaben zu unterstützen, essentiell. Ausführlicheres dazu enthält der Band »Systemische Organisationsanalyse« von mir in der Handbuchreihe *Systemische Professionalität und Beratung* (Mohr, 2006).

Aus der Perspektive des systemischen Coaching kann man die Person auch selbst wie ein System sehen. Das Wirken des Einzelnen im professionellen Kontext lässt sich durch bestimmte Dynamiken gut beschreiben. Es beginnt damit, wohin der Mensch seine Aufmerksamkeit zentriert. Weiterhin ist zentral, wie er seine Rollen in den Lebenswelten (organisational, professionell, privat, im Gemeinwesen) lebt und seine Beziehungen auf der Rollen- und der persönlichen Ebene gestaltet. Darüber hinaus charakterisiert die Person, wie sie in den Prozessen Kommunikation, Problemlösung und Erfolgsgestaltung vorgeht. Das Coaching kann eine oder mehrere dieser Ebenen zum Veränderungsziel haben. Zwei weitere Ebenen der Coachingziele können die Gleichgewichtspfade sein, die der Klient in seinem professionellen Leben erreichen will. Zusätzlich ist eine Frage, wie der Klient seine Offenheit für neue Themen und grundsätzliche Veränderungen in seinem Leben organisiert.

Die zehn Systemdynamiken	Einzelfragen zu den Dynamiken
1. Dynamik der Aufmerksamkeit	Auf welche Themen richtet sich deine Hauptaufmerksamkeit?
2. Dynamik der Rollen	Welche Rollen hast du?
3. Dynamik der Beziehungen	Welche Systembeziehungen hast du?
4. Kommunikationsdynamiken	Was sind deine wesentlichen Kommunikationsmuster?
5. Problemlösedynamiken	Was sind deine wesentlichen Problemlösungsmuster?
6. Erfolgsdynamiken	Was sind Erfolge für dich? Welche Ziele bedeutet das implizit?

7.	Dynamik der Gleich-gewichte	Wo waren in deinem bisherigen Lebensverlauf Punkte des Gleichgewichts, wo könnten in Zukunft welche sein?
8.	Dynamik der Rekursivität	Inwiefern finden sich in deinen verschiedenen Lebensbereichen die gleichen Prinzipien wieder?
9.	System-Pulsation I	Wie stehen die eigenen (selbstdefinierten) Bereiche zueinander im Verhältnis?
10.	System-Pulsation II	Wie verändert sich die Gesamtheit der Wirkungsbereiche, auf die sich der Wirkungskreis eines Menschen erstreckt?

Die Betrachtung des Einzelnen durch die »gleiche Brille«, wie man eine Organisation betrachtet, bringt oft interessante Hinweise zur Selbstorganisation eines Menschen als lebendes psychisches System, die im Coaching Ansatzpunke zur Veränderung bilden.

Sehr verwandt mit Emotionen, die wir in ihrem Entstehen oft nur schwer erklären können, ist der Komplex des Tiefenbewusstseins von Menschen. Manchmal wird es Unbewusstes oder Unterbewusstes genannt. Gemeinsam ist all dem, dass nicht alles, was uns betrifft, beeinflusst und auch, das womit wir entscheidend wirken, in unserer bewussten Aufmerksamkeit ist. Entsprechend beschäftigt sich das nächste Kapitel mit dem Coaching der Aufmerksamkeit.

5. Coaching bei verdeckten Ebenen – Aufmerksamkeitssteuerung

Eines unserer wichtigsten Güter ist die Aufmerksamkeit. Dort, wo die Aufmerksamkeit ist, geschieht etwas, anderswo nicht. Manchmal wird auch von Achtsamkeit, Bewusstheit oder Bewusstsein gesprochen. Alle diese Begriffe drehen sich um den gleichen Formenkreis.

Kommunikation bedeutet dann jemand einzuladen, den Scheinwerfer der Aufmerksamkeit in eine bestimmte Richtung zu lenken.

5.1 Das Unbewusste

Was lange vornehmlich als dubioses Unbewusstes bezeichnet wurde, wird heute mehr unter dem Aspekt gesehen, wohin jemand seine Aufmerksamkeit steuert. Der polnische Schriftsteller Andrzej Stasiuk beschreibt das Unbewusste als Anhänger eines LKWs, dessen Fahr-Eigenschaften man erst durch das Fahren mit der Zeit kennen lernt. Die Vorstellung, dass »das Unbewusste« für den Erwachsenen stets vorhanden ist und man es erst im Laufe des Lebens und auch immer wieder neu kennen lernt, ist im Coaching hilfreich. Der Großteil unseres Handelns wird im einzelnen Moment unbewusst gesteuert. Wer entscheidet schon bewusst darüber, welches Wort er in einer normalen Unterhaltung an einer bestimmten Stelle sagt? Wer setzt beim Gehen schon bewusst einen Fuß vor den anderen? Wer kaut jeden Bissen bewusst? Gut, manchmal fällen wir Entscheidungen, insbesondere bei wichtigeren Themen, nach längerer Beschäftigung damit. Aber warum entscheiden wir uns dann für eine von verschiedenen Möglichkeiten? Auch dann sind **Gewohnheit** und »so bin ich halt« häufig die Erklärungen. Dies sind streng betrachtet aber nur Umschreibungen für unbewusste Prozesse.

5.2 Aufmerksamkeit

Unbewusst oder bewusst ist eine Frage der **Aufmerksamkeitslenkung**. Da, wo die Aufmerksamkeit hinfällt, ist Bewusstsein. Die anderen Phänomene sind in dem Moment nicht im Bewusstsein. Sie können ins Bewusstsein gerufen werden. Oft gibt es aber gewohnheitsmäßige Aufmerksamkeitsprozesse, die aus unterschiedlichen Gründen längere Zeit bestimmte Aspekte aus der Betrachtung heraushalten. Coaching hat hier die Funktion, von einer unabhängigen Warte die Lenkung der Aufmerksamkeit auf relevante Punkte zu unterstützen.

Eine Definition dazu: Aufmerksamkeit ist die Grundeinheit der Lenkung der mentalen und aktionsbezogenen Kräfte von Menschen. Aufmerksamkeit lässt sich in Bezug auf ihre Fokussierung, ihre Stärke und auf Spaltungen untersuchen. Zwischen mehreren Aufmerksamkeiten lassen sich Distanz und Spannung betrachten.

- **Aufmerksamkeitsfokussierung** ist die Wirklichkeitskonstruktion (die Wahrnehmungs- und Glaubensmuster) der relevanten Individuen, von Gruppen und/oder der gesamten Organisation. Denkmuster sind dabei verbunden mit Fühl- und Verhaltensmustern.

- **Aufmerksamkeitsstärke** ist die Ausprägung der Ausrichtung der Aufmerksamkeit bzw. in einer Organisation die Ausprägung der Gemeinsamkeit in der Aufmerksamkeit bezüglich einer bestimmten Fragestellung, beispielsweise der aktuellen Markterfordernisse des Systems.

- Eine **Aufmerksamkeitsspaltung** liegt vor, wenn sich in einem Organisationssystem der Aufmerksamkeitsfokus verschiedener Systemmitglieder bezüglich einer gemeinsamen Fragestellung nicht überschneidet.

- Die **Aufmerksamkeitsdistanz** beschreibt den Grad der Entfernung der jeweiligen Aufmerksamkeitsfoki voneinander.

- Eine **Aufmerksamkeitsspannung** liegt vor, wenn eine mangelnde Überschneidung des jeweiligen Aufmerksamkeitsfokus als Dissonanz wahrgenommen wird und kognitive, emotionale oder verhaltensbezogene Kompensationsmuster ausgelöst werden.

Coaching bedeutet **Bewusstheit in der Aufmerksamkeitslenkung**, da Aufmerksamkeit ein kostbares Gut ist. Gerade im professionellen Bereich, in dem Menschen in Firmen und andere Organisationen effizient zusammenarbeiten sollen, hat dies hohe Relevanz, sonst werden Ressourcen verschleudert.

5.3 Lernprozesse verändern den Aufmerksamkeitsgrad

Moderne Forschungsergebnisse zeigen sehr deutlich, welche beachtliche Rolle das Unbewusste spielt (Halligan und Oakley, 2000).

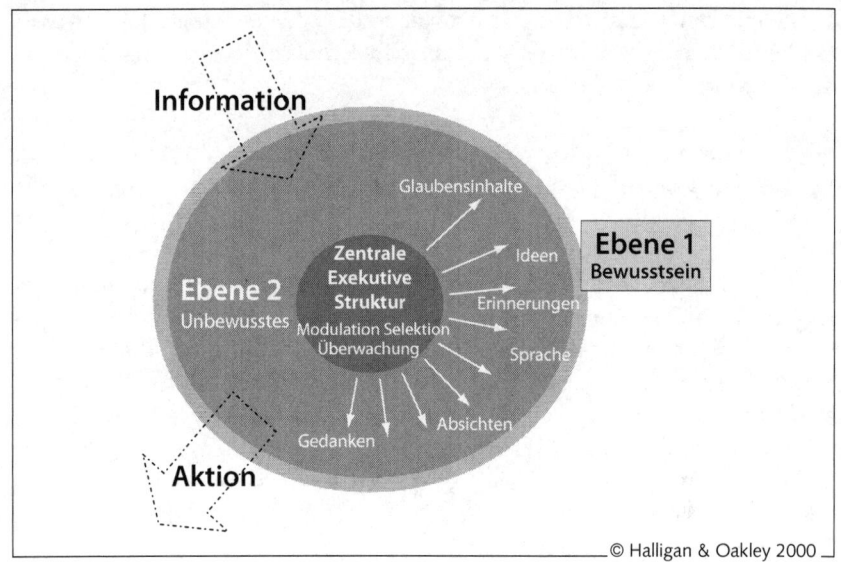

Abb. 32: Die Rolle des Unbewussten

Halligan und Oakley gehen beispielsweise davon aus, dass nur eine kleine Schicht des Bewussten existiert, unter der ein nicht in der Aufmerksamkeit befindlicher Steuerungsapparat für Modulation, Selektion und Überwachung aller Informationen sorgt. Eng damit verknüpft sind die Glaubenssysteme, die Sprache, die Erinnerungen, aufkommende Ideen und Gedanken, die eine Person ausmachen. So ist bekannt, dass bevor ein Handlungsimpuls im Bewusstsein wahrnehmbar ist, man ihn schon eine halbe Sekunde früher im Gehirn messen kann. Ähnliches gilt für Gedanken. Dies stellt den Glauben an einen freien Willen des Menschen auf eine harte Probe. Das Bewusstsein hat realistisch betrachtet lediglich eine Beobachterfunktion dessen, was das Unbewusste »ausheckt«. Es dient zur Evaluation und im besten Falle zu einem Veränderungsimpuls für das nächste Mal. Das Unbewusste scheint wie eine der Selbstorganisation dienende Instanz zu wirken, die die optimalen Entscheidungen auf dem Boden der bisherigen Erfahrungen produziert. Coaching kann diese Beobachterfunktion im Klienten trainieren.

Vieles im Alltag beruht also zunächst auf der unbewussten Steuerung. Und wer schon einmal versucht hat, bewusst zu gehen, weiß, dass er aufpassen musste, nicht zu stolpern. Nur bei bewussten Lernprozessen »zerren« wir unser Denken, Fühlen und Tun an die Oberfläche des Bewusstseins. Hier kann man einen interessanten **Lernzyklus beim Neulernen** eines Verhaltens sehen. Er besteht aus **vier Phasen**. Die erste besteht im Bewusstwerden eines

Problems. Dann folgt das Bewusstmachen des Musters, dann das bewusste Umkonfigurieren des Musters und anschließend wieder das Versenken des dabei entstandenen Musters.

Wenn nicht Gefühle – meist sogar unangenehme – uns so wach machen, dass wir uns einer eigenen Reaktion aktiv zuwenden, verlassen wir uns auf die unbewusste Steuerung. Man könnte sagen, wir »schlafen mit offenen Augen vor uns hin«. Einige machen das sogar sehr hektisch. Die TA-**Skripttheorie** (siehe auch Kap. 2.) gibt eine Erklärung, welchem Plan wir dann tatsächlich folgen. **Milton Erickson**, der wohl einer der besten Veränderungsexperten des 20. Jahrhunderts war, ging grundsätzlich davon aus, dass der Großteil unseres Handelns unbewusst gesteuert ist. Nahezu alle psychologischen Methoden streben danach, Bewusstsein zu schaffen, indem sie Menschen zur Reflexion anhalten und Modelle zur Erklärung bestimmter Reaktionen anbieten. Er hatte allerdings eine sehr positive Einschätzungen der unbewussten Ressourcen und verstand es immer wieder, diese durch Aufmerksamkeitslenkung für aktuelle Lernprozesse zu mobilisieren.

So hat das Unbewusste sehr viel Positives für uns, indem es ähnlich wie die Körperprozesse (Körpertemperaturregelung, Herzschlag, Atmung, Stoffwechsel) auch Denken, Fühlen und Verhalten für uns »von selbst« regelt. Der Ericksonsche Hypnoseansatz besteht aus der Nutzung der unbewussten Anteile. Andererseits hat auch das Bewusste seinen Reiz. Der Zen-Meister, der nach seinem Geheimnis befragt, antwortet: »Ich esse, wenn ich esse. Ich gehe, wenn ich gehe« zeigt auf, dass innere Ruhe und äußere Ausstrahlung viel mit einer Form aktueller Bewusstheit zu tun hat. Das Unbewusste bewusst zu machen, hat also einen Nutzen. Dies ist besonders hervorzuheben, da es sehr unterschiedliche Vorstellungen des Unbewussten gibt. Dabei ist zunächst ein Stück Begriffssortierung für das Unbewusste zu leisten. Es gibt sehr unterschiedliche Bezugsrahmen zum Thema »Unbewusstes«.

5.4 Die Dimensionen des Unbewussten

5.4.1 Der unbewusste Alltag

Unbewusst ist manchmal das tief Vergrabene, die alte traumatische Situation, die so weit »vergraben« wurde, weil sie so schmerzhaft war. Viel häufiger ist Unbewusstes aber das, was einem so völlig selbstverständlich ist, dass man es täglich lebt und niemals in Frage stellt. Dies ist **das automatische Tun**, das den Alltag beherrscht. Viel wichtiger sind aber die vielen automatischen, **unhin-**

terfragten **Denk- und Bewertungsmuster.** Diese steuern unser individuelles Gefühlskostüm und die daraus resultierenden Handlungsimpulse.

In der Trias von Arnold Retzer »gelebtes, erlebtes und erzähltes Leben« gehören sie zu dem Bereich »Gelebtes Leben«. Ein Beispiel aus dem Coaching: »Wie lebt der Klient das Thema X?« »Wie denkt er/sie da über sich ?« »Was sind die Dinge, die bei ihm/ihr absolut selbstverständlich sind?« »Was muss für ihn/sie im Tagesablauf drin sein? Was darf nicht fehlen?«

Eine Aussage eines Klienten: »Wenn ich zu Hause bin, schaue ich mir immer die Tagesschau an. Das muss sein.« Frage des Coaches: »Mit welchen Inputs versorgst Du dich da? Was willst du sehen? Welche Gefühle besorgst Du dir damit? Wenn dann dort ein Sprecher einer bestimmten Partei auftritt, was Du dir im Vorhinein ausrechnen kann, wie reagierst Du dann?« Unbewusstes ist das ganz Normale.

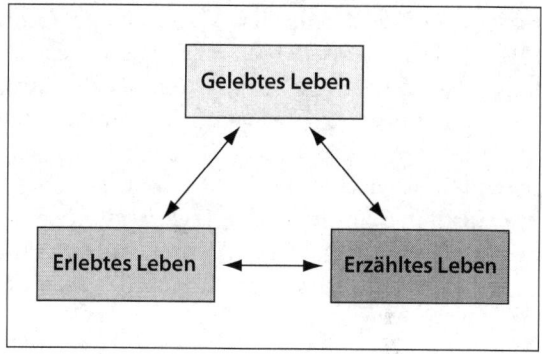

Abb. 33: Die Trias von Arnold Retzer

Noch ein Beispiel aus einem Coaching: »Ich schaue bei Menschen tatsächlich zuerst darauf, welche Figur sie haben. Und wenn sie einigermaßen schlank sind, denke ich: Die tun was für sich. Wenn nicht, denke ich, die lassen sich irgendwie doch gehen und haben sich nicht unter Kontrolle. Dann schaue ich darauf, wie sie gekleidet sind. Und wenn sie irgendwie sportlich gekleidet sind, dann nehme ich sie für voll, sonst wirken sie eher behäbig, wenig aktiv auf mich.« Frage des Coaches: »Welcher innere Bezugsrahmen, welches aktive Glaubenssystem zeigt sich in diesen Reaktionen?«

Ein letztes Beispiel: »Ehe ich aus dem Haus gehe, nehme ich mir Zeit, mein Aussehen zu richten. Ich sehe darauf, ob meine Haare in Ordnung sind. Stimmen die Farben, die ich trage? Mein Make up muss stimmen. Dazu nehme ich mir immer genügend Zeit. Wenn ich die nicht habe, gerate ich sehr unter Stress.« Welcher aktive Bezugsrahmen, welches Glaubenssystem zeigt sich hier?

5.4.2 Unbewusste Illusionen

Menschen haben meistens eine Reihe von **Vorstellungen**, wo sie eigentlich gerne sein würden, wenn sie nur alle Möglichkeiten hätten. Wenn ich alle Ressourcen hätte, würde ich Menschen helfen und den Job als Oberkostenrechner im Betrieb aufgeben. Wenn ich nur könnte, wie ich wollte, würde ich mehr Zeit mit Menschen verbringen, mich der Musik widmen, künstlerisch tätig sein, mich politisch engagieren etc. Der Coach sollte hier wachsam sein und diese Ebene ansprechen, da sie oft dem Klienten Kraft für seine hier und jetzt notwendigen Entscheidungen und Veränderungen raubt. Die als Alternative gedachte Illusion wird im Zeitverlauf des Lebens auch immer unrealistischer. Dann ist eine Entscheidung nötig, ob dieser **Wunschtraum** in irgendeiner Weise im Leben realisiert werden kann oder nicht. Falls nicht, ist oft ein regelrechter Trauerprozess nötig, um sich von der Illusion zu verabschieden.

5.4.3 Unbewusste Lebensplanziele und Übertragung

»Wenn Du so weiter Dein Leben gestaltest wie im Moment, wird das übel ausgehen«. Jeder andere sagt zu mir, »du bewegst dich auf den Herzinfarkt zu«. Ein menschlicher Lebensverlauf erscheint manchmal von außen betrachtet vorbestimmt. Dieser ist manchmal in dem Skript eines Menschen, dem frühen Lebensplan der TA, bereits enthalten, verliert dann aber wieder an Aufmerksamkeit. Für Außenstehende ist dies jedoch oft wahrnehmbar. Der Coach sollte ebenfalls den Blick für diese Dynamiken haben und dem Klienten die Konsequenzen spiegeln, die sein Verhalten haben könnte. Klienten bringen in eine Beratung unbewusst die Muster hinein, die zur Stabilisierung ihres bisherigen Lebensplans dienen. Diese Muster, die in der Transaktionsanalyse (siehe Kap. 4.) psychologische Spiele genannt werden, haben eine hohe Sogkraft. Der Coach muss sich wappnen, nicht mit einzusteigen. Ebenso übertragen Klienten unbewusst Beziehungsbilder auf den Coach, die sie in einer früheren Beziehung entwickelt haben. Dies können Idealisierungen, Projektionen von Feindbildern und vieles andere sein. Carlo Moiso (1985) und Michele Novellino (1985) haben die Übertragungsthematik sehr eingehend behandelt. Wesentlich ist für den Coach, Übertragung zu registrieren, transparent zu machen und mit dem Klienten für die aktuellen Themen tragfähige Beziehungsmuster zu entwickeln.

5.4.4 Der unbewusste Lebensstrom

Der Lebensstrom eines Menschen ist immer da. Dieser unbewusste Teil beinhaltet grundlegende **Eigensteuerungssysteme**. Die unbewussten Kräfte halten den Körper am Leben. Herzschlag, Atmung, Stoffwechsel, Blutzusammensetzung, Temperaturregelung, Verdauung, alles funktioniert von selbst, ohne dass wir etwas dafür tun. Wie viele Funktionen der menschlichen Grundausstattung von selbst passieren, bringt man sich selten ins Bewusstsein. Nur wenn etwas nicht funktioniert, bekommt das System unsere Aufmerksamkeit. Man will dann schnell, dass wieder alles wie von selbst funktioniert. Die bewusste mentale Einflussnahme der selbststeuernden Systeme gelingt mit intensivem Training bestenfalls teilweise. Insbesondere das Gehirn scheint nicht so zentral wichtig zu sein wie andere Selbstreproduktionseinheiten. Neben den körperlichen Grundfunktionen beinhaltet der Lebensstrom ebenso die Fähigkeit, mit Grundbedürfnissen und ihrem Meldesystem – den Gefühlen – zu reagieren. Für den Lebensstrom ist die Metapher der Elektrizität hilfreich. Der Lebensstrom ist wie »die Elektrizität, die das Kabel zu seiner Bestimmung bringt«. Elektrizität fließt, aber sie verändert sich nicht grundlegend, sondern bleibt, solange die Grundspannung vorhanden ist.

5.5 Theoretische Modelle des Unbewussten

Die unterschiedlichen Modelle des Unbewussten lassen sich in zwei Dimensionen aufgliedern. Diese sind die Herkunft und die bewertungsmäßige Tönung. Die erste Dimension des Unbewussten ist die Herkunftsperspektive:
- das personale,
- das kollektive,
- das transpersonale Unbewusste.

Das **personale Unbewusste** ist das, was wir in unserer persönlichen Geschichte selbst entwickelt und erlebt haben, aber aus unterschiedlichen Gründen aus unserer Aufmerksamkeit entfernt haben und uns nur unter besonderen Bedingungen zugänglich machen können. Vor allem die Psychoanalyse Freuds und seiner Nachfolger haben sich eingehend mit dieser Perspektive auf das Unbewusste befasst. Frühkindliche Erfahrungen und Konflikte sind so gravierend erlebt worden, dass ihr Spüren nicht erträglich war. Die Erfahrungen werden verdrängt und abgespalten ins Unbewusste. Erst in der psychoanalytischen Behandlung besteht die Chance, dass das Unbewusste diese Erlebnisse wieder freigibt und bearbeitbar macht. Ein Weg, wie der Klient seine unbewussten Lösungen zeigt, besteht außerdem in der Übertragung. Die Übertragung ist eine Einladung des Beziehungspartners, in diesem Falle des Coaches, in eine alte Beziehungskonstellation, so wie sie in der eigenen Geschichte erlebt worden ist, einzusteigen. Die Aufgabe des Coaches ist hier, die Beziehungswünsche des Klienten einzuordnen und in eine erwachsene Richtung zu lenken. Novellino (2003) beschreibt Reaktionen des Klienten, wie z.B. das Erscheinen des Coaches im Traum und wie dies zu deuten ist.

Das **kollektive Unbewusste** ist das, was wir alle durch unsere Kultur vermittelt in uns tragen. Dies beinhaltet auch die so genannten Archetypen, wie C.G. Jung sie nennt. Archetypen sind Grundfiguren menschlicher Haltungen und »Rollen« im Zusammensein mit anderen. Dies ist zum Beispiel der Vater, der Held, der Retter, der Kämpfer und viele andere. Es betrifft aber auch die Anima, das weibliche Element im Manne und den Animus, das männliche Element, das auch jede Frau in unterschiedlich großem Ausmaße charakterisiert. Wohl gemerkt, letztere Vorstellung unterstellt bestimmte eher männliche und bestimmte eher weibliche Handlungsweisen. Im kollektiven Unbewussten eines Menschen sind auch Themen anzusiedeln, die mit seiner kulturellen Herkunft zu tun haben. Vielleicht ist es im kollektiven Unbewussten der Deutschen ein Thema, dass es lange Zeit Kleinstaaterei und erst sehr spät Ansätze gemeinsamer Staatsverfassung gab. Für andere Länder ist vielleicht die Abstammung von Pionieren (USA) oder die Tradition der Kaufleute (Holland) ein Element des kollektiven Unbewussten. Im Coaching ist für den Einzelnen sehr genau zu explorieren, was für ihn interessant ist.

Das **transpersonale Unbewusste** ist das, was über den einzelnen Menschen und auch über das durch die Menschen Vermittelte hinausgeht. Es geht über die Erfahrungen des Einzelnen, seiner Kultur, Sippe und Nation hinaus. Transpersonal kann sich auf frühere Leben beziehen, wie sie in einigen wichtigen Religionen der Welt (Buddhismus und Hinduismus) angenommen werden. Dies ist nicht so weit weg, wie man meinen könnte. Ich erinnere mich an eine Supervision mit einer indischen Beraterin, die mir einen Fall präsentierte, in dem ihr Klient seine jetzigen Schwierigkeiten auf eine frühere Inkarnation zurückführte. Diese Vorstellung war für diesen Klienten Realität. Facetten des transpersonalen Unbewussten können auch in einer etwaigen Bestimmung des einzelnen liegen. Man muss aber nicht so weit gehen. Es sind auch Alltagseinfälle, Ahnungen und Intuitionen, die der Mensch hat, die aber nicht in irgendeinem Zusammenhang erklärbar sind. Stanislav Grof hat die verschiedenen Facetten des Unbewussten untersucht (Grof, 1978).

Eine weitere Dimension für die Modelle des Unbewussten sind die Bewertungen, die das Unbewusste erfährt: Das **positive** und das **negative Unbewusste**. Wird es tendenziell als chaotisch, mit im Zweifelsfall zerstörerischen Energien gefühlt? Ist es ein Ort der verdrängten nicht auszuhaltenden Gefühle und Erlebnisse? Oder ist das Bild des Unbewussten das eines riesigen Reservoirs an Ressourcen, Möglichkeiten, auf neue Situationen übertragbarer Fähigkeiten? Oder ist es das Vergessene, teils aus kognitiver (»Man kann sich nicht alles merken, oder bewusst gestalten.«), teils aus emotionaler (»Manches vergisst man lieber schnell«) Überlastung heraus Geprägte?

Das Unbewusste des Es in der Psychoanalyse hat tendenziell den Charakter des Unstrukturierten, Chaotischen. Die Libido und auch der Todestrieb, den Freud besonders in Verbindung mit der Erfahrung des ersten Weltkriegs bringt, haben beide kein positives Image. Zum Unbewussten nach psychoanalytischer Vorstellung kommt ebenso das Verdrängte hinzu. Alles, was im Leben nicht aushaltbar war, wird ins Unbewusste transportiert.

»Psychoökonomisch« betrachtet ist das persönliche Unbewusste weder positiv noch negativ: Wie bei einem Computer bleiben bestimmte Aspekte im Hintergrund. Dies ist die einzige Chance, wie das ganze System bei seiner begrenzten Kapazität im Laufen bleiben kann. Das Modell, das Milton Erickson für seine Arbeit mit dem Unbewussten verwendet, ist grundlegend positiv getönt. Er sieht im Unbewussten einen großen Vorrat an Lern-Erfahrungen und Fähigkeiten, deren innere Erfahrungen alle für spätere Lernprozesse im Erwachsenenalter nutzbar sind, da sie häufig einen hohen Komplexitätsgrad aufweisen. Aber das Lernen solch komplexer Lernvorgänge ist verlernt worden. Dies korrespondiert mit modernen Forschungsergebnissen.

5.6 Coaching und das Unbewusste

5.6.1 Klassische tiefenpsychologische Ansätze

Die Ansätze der so genannten Tiefenpsychologie haben einen sehr reichhaltigen Schatz an Beratungs-Know-how entwickelt, der zentral am Unbewussten ansetzt. Die klassische **Psychoanalyse** in der Folge von Freud, die **Individualpsychologie** Adlers und die **analytische Psychologie** C.G. Jungs haben dabei unterschiedliche Schwerpunkte gesetzt und weiterentwickelt. Freud hat sehr viele Vorstellungen über die Ursache von Störungen in den Eltern-Kind-Beziehungen des Kindesalters entwickelt. Für das Coaching sind früh angenommene Beziehungseinschränkungen ein wichtiges Thema. Selbst wenn es bei einem Menschen keine klinisch auffälligen Symptome zur

Folge hat, sind eingeschränkte Beziehungsfähigkeiten, die die Sozialkompetenz beispielsweise im Führungsverhalten einschränken, im Coaching sehr relevant. Korrigierende Erfahrungen im Coaching lassen hier große Potenziale frei werden. Alfred Adler hat sich mit bestimmten Grunderlebnissen von Kindern wie der Erfahrung, weniger leisten und wissen zu können als beispielsweise Eltern und ältere Geschwister, auseinandergesetzt. Aus diesem in seiner Sprache »Minderwertigkeitserleben« erwächst Adler zufolge oft ein **Geltungs- und Machtstreben**. Auch damit wird der Coach konfrontiert. Machtstreben als Kompensation von erlebter Minderwertigkeit zu konzipieren, ist ein wichtiger Gesichtspunkt für viele Coachings. C.G. Jung ist wohl der klassische Tiefenpsychologe mit dem breitesten Interessengebiet gewesen. Er hat sich mit nahezu jeder Frage der Psyche befasst. Für das Coaching ist insbesondere seine **Persönlichkeitstypologie** interessant. Sie basiert auf den polaren Dimensionen Extraversion/Introversion, Intuition/Sinnliche Wahrnehmung und Denken/gefühlsmäßige Bewertung. Darauf aufbauende Tests wie das Myers-Briggs-Typologien-Inventar (MBTI) oder der Dominanz-Impulsivität-Stetigkeit-Gewissenhaftigkeit (DISG)-Test unterstützen die Wahrnehmung des Persönlichkeitskostüms, das auch im Coaching zu beobachten ist. Spannend ist aber auch die Verbindung der Rollen- und Lebensgestaltung eines Klienten mit den von Jung postulierten **Archetypen**, historisch überdauernden Grundfiguren des Beziehens auf Situationen und Menschen. Der »Held«, der »Dämon«, der »Vater«, die »böse Stiefmutter«: Menschen besetzen in ihren Berufsrollen interessanterweise häufig die Muster, die im kollektiven Unbewussten vieler Generationen überliefert wurden. Die Archetypen dienen oft unmerklich bei einem Menschen als seelische Hintergrundbilder für ihr Auftreten und beschreiben gut, was jemand heutzutage im Berufsleben »treibt«, lassen aber gleichzeitig eine tiefe Verwurzelung mit vorhergehenden Generationen erkennen.

Auch die Psychoanalyse wird in vielen Beratungs-Settings eingesetzt. Das Coaching kann aus der Perspektive der Psychoanalyse als ein annehmender und freier Lösungssuchprozess zwischen Klient und Coach angesehen werden. Die Psychoanalyse setzt sich selbst zum Ziel, die »Arbeits- Liebes- und Genussfähigkeit« des Klienten zu verbessern und auf ein »normales Unglücklichsein« zu bringen. Man geht also von einem Zusammenhang der Reaktionen des Menschen in den verschiedenen Lebensbereichen aus und ist nicht blauäugig, sondern realistisch bezüglich des Erreichbaren. Es wird immer wieder zu lösende Probleme im Leben eines Menschen geben. Aber man kann seine Grundfähigkeiten dazu verbessern und entwickeln.

Die Arbeitsvoraussetzung ist dabei für den Klienten die »psychoanalytische Grundregel«, für den Analytiker die »**Abstinenzhaltung**«. Die psychoanalytische Grundregel heißt für den Klienten, dass er alles mitteilen soll, was ihm in den Kopf kommt, seine gesamte Selbstbeobachtung, egal ob er es für unangenehm, unwichtig oder unsinnig hält. Dadurch sollen die bewussten Absichten des Klienten ausgeschaltet und leichter unbewusste und irrationale Impulse zutage gebracht werden. So kann sich der Klient in einer für ihn neuartigen Beziehung zu einem anderen Menschen erfahren. Das kann seine Umstellung veranlassen.

Der Analytiker muss aufgrund seiner Abstinenzhaltung in der Lage sein, ohne irgendwelche Auswahl, Zensur oder Verzerrung die Mitteilungen des Klienten aufzunehmen. Hinzu kommen eine Reihe von Prozessen, die in der Analyse genutzt werden: Widerstandsanalyse, Übertragungsanalyse, Deutung etc.. Die psychoanalytische Forschung hat hauptsächlich durch ihre Methode der Fallstudien einen ungeheuren Erfahrungsschatz für die verschiedensten Fragestellungen der Beratung erarbeitet.

5.6.2 Hellinger-Arbeit und Aufstellungen

Anton Suitbert (»Bert«) Hellinger, der ebenfalls als Berater auf Methoden der Transaktionsanalyse und der Jungschen Psychologie fußt, entwickelte ein Verfahren, bei dem **Familienkonstellationen** oder andere Systeme im Raum durch Teilnehmer von Seminargruppen aufgestellt werden. Die Distanzen und Aufstellungsordnungen der Teilnehmer zueinander werden dann zur Analyse der Beziehungen des Aufstellenden genutzt. Damit knüpft er an Traditionen der Familienskulptur und des Psychodramas an. **Interpretative Interventionen** in Familienaufstellungen lösen bei den Teilnehmern oft große Betroffenheit und Bewegtheit aus. Die Interpretationen sind dabei beispielsweise auf Familiengeheimnisse bezogen. Deren Benennung löst bei Menschen offensichtlich eine Menge Gefühle aus. Hellingers Ansatz wird aus meiner Sicht oft fälschlicherweise als ein systemisches Verfahren eingeordnet. Systemisch bedeutet jedoch nicht Vernetzung von Personen, sondern jedes lebende System birgt eine einzigartige Möglichkeit der Konstruktion seiner Eigenart, die nicht vorher bestimmbaren Regeln folgt. Hellingers Ansatz baut dagegen auf ganz bestimmten Ordnungsregeln in Systemen auf und hat für Störungen daher bestimmte Standardhypothesen. Der Aufstellungsansatz betrachtet zwar Systeme, ist aber nicht konstruktivistisch orientiert. Aus meiner Sicht gibt es Situationen, in denen die konstruktivistische Perspektive der Wertschätzung des Gewachsenen Sinn macht. Genauso kann eine Orientierung an Hellingers **Ordnungsprinzipien** Sinn machen. Zum Beispiel die Regel, dass zwischen **Geben und Nehmen** ein Ausgleich stattfinden muss, sonst entstehen Schulddynamiken, die nach Ausgleich streben. Unaufgelöste Schulddynamiken werden von einer Generation zur nächsten weitergegeben. Diese Betrachtungsperspektive ist für einen Coach immer hilfreich, da diese Dynamik für Beziehungen unterschwellig immer geprüft wird. Gut ist es beispielsweise, wenn das Geben und Nehmen auch in der Organisationsbeziehung offen verhandelt werden kann, wie es in der TA-Vertragstheorie (siehe Kap. 2) gefordert ist.

Die nächste »Hellinger-Regel«, die im Coaching gute Anwendung findet, ist der **Vorrang des Früheren**. Gerade in Organisationen wird diese Regel oft gebrochen. Nicht mehr der Älteste ist der Ranghöchste, sondern der vermeintlich Fitteste. Vielleicht ist gerade dies der Grund dafür, dass viele Ältere die Organisationen heute frühzeitig verlassen. Sie finden nicht mehr die nötige Würdigung.

Mit der Aufstellungsarbeit hat man im Coaching viele Möglichkeiten, Konstellationen in Arbeitszusammenhängen räumlich darzustellen. Dabei kann man bestimmte Ziele des Unternehmens ebenfalls durch Personen im Raum aufstellen. Über die zunächst statische Aufstellung hinaus kann man sich auch Eigenbewegungen der Aufgestellten vorstellen, so wie es in komplexen Systemen oft der Fall ist.

5.6.3 Ericksonsche Arbeit

Milton Erickson hat die Arbeit mit dem Unbewussten revolutioniert. Vor ihm war das Unbewusste – vielleicht auch aus Unkenntnis oder aus kulturhistorischen Gründen – mit einem eher negativen Image versehen. Erickson hob das Unbewusste auf die Stufe des zentralen Reservoirs für Lösungen und Ressourcen. Wesentlich am personalen Unbewussten anknüpfend fördert er in seinen Arbeiten ein reichhaltiges Spektrum an Möglichkeiten zutage, wie das schlummernde Reservoir an schon geleisteten Lern-, Entwicklungs- und Veränderungsprozessen eines Menschen für aktuelle Fragestellungen und Notwendigkeiten nutzbar gemacht werden kann.

Steve de Shazer, der 2005 verstorbene Begründer der lösungsorientierten Beratung, berichtete in einem seiner Seminare über seine Untersuchung der Arbeit Ericksons: »Wir wollten herausfinden, welche Musterstrategien Erickson in seinem Vorgehen nutze. Dazu stellten wir Cluster von Strategien auf. Wir erhielten zunächst sieben strategische Cluster, die jeweils ähnliche Vorgehensweisen beinhalteten.« Leider zeigte das Ergebnis, dass die ersten sechs Kategorien nur etwa 40 Prozent der Fälle umfasste und die Residualkategorie 60 Prozent. Man entschloss sich ein differenzierteres Kategoriensystem zu verwenden mit 14 Kategorien. Das Resultat war, dass man nun 65 Prozent der Vorgehensweisen in den ersten 13 Kategorien erfasste. Die Residualkategorie umfasste immer noch 35 Prozent der Fälle. Was aber immer zu finden war, war Ericksons grundsätzlich wertschätzende Haltung den individuellen Ressourcen eines Menschen gegenüber. **Steve de Shazer** und seine Arbeitsgruppe in Milwaukee entschied sich dafür, den Ansatz der Clusterung aufzugeben und in der Folgezeit davon auszugehen, dass Individualisierung in Kombination mit dem absoluten Interesse an den positiven Ressourcen und Entwicklungen eines Menschen die Aufmerksamkeitsfokussierung der Beratung ausmachen sollte.

Der Heidelberger Therapeut und Berater Gunther Schmidt ist heute wohl der profilierteste Vertreter Ericksonscher Arbeit im deutschsprachigen Raum. Er verbindet hypnotherapeutische Ansätze Ericksons mit der systemischen Arbeit. Sein Credo ist, dass mit dem Klienten alles offen verhandelt werden muss, was in der Beratung passieren soll. Dieses Vorgehen ähnelt stark der Vertragsarbeit in der Transaktionsanalyse. Diese Konvergenz beraterischer Verfahren ist sehr interessant. Gute Coaches sind von außen betrachtet in ihrer praktischen Arbeit oft sehr ähnlich. Einzelne Vorgehensweise des Coachings in der Tradition von Erickson und Schmidt kann man gut bei Raddatz (2002) nachlesen.

5.6.4 Neuro-Linguistisches Programmieren (NLP)

Das NLP ist ebenfalls aus der Erforschung der »**Magie« großer Kommunikatoren** entstanden. Richard Bandler und John Grinder haben es begründet. Sie beobachteten sehr intensiv das therapeutische Arbeiten des Hypnosetherapeuten Milton Erickson, aber auch andere in den 1970er Jahren populäre Therapeuten wie die Familientherapeutin Virginia Satir und Fritz Perls, der die Gestalttherapie begründet hatte. Die Grundidee von Bandler und Grinder war, dass effiziente Kommunikation keine Magie sein kann, sondern dass es gemeinsame Prinzipien darin geben müsse. Sie beschrieben aufgrund ihrer Beobachtungen einige grundlegende Prinzipien, die sie für wichtig erachteten. Sie fokussierten dann verschiedene Betrachtungspunkte. NLP hat deutliche Wurzeln im Arbeiten auf einer vorbewussten Ebene mit Bildern. Daneben ist das NLP ähnlich wie die TA aber auch eine Modellschmiede. Hier werden viele nutzbare Einzelmodelle entwickelt. Zwei zentrale Grundtechniken, das Ankern und das Reframing, knüpfen an Vorläufer in der Verhaltenstherapie an. Das Ankern ist eine Nutzung des Lernprozesses der klassischen Konditionierung. Hier geht es um die Neuimplemetierung einer Reiz-Reaktionskette. Eine neue Reaktion wird mit bestimmten kontrollierbaren Reizen verbunden und damit aktiv steuerbar gemacht. Das Reframing ist ebenfalls in der kognitiven Verhaltenstherapie nicht unbekannt. Ein Verhalten in einen neuen Rahmen stellen, seine Bewertungen und damit seine gefühlsmäßigen Auswirkungen zu verändern, ist ein bekanntes Verfahren in der kognitiven VT.

Man kann das NLP im **Sechs-Dimensionen-Modell** darstellen, das für persönlich-professionelle Ansätze die wesentlichen Aussagen kategorisiert:

1. Menschenbild und Organisationsverständnis
2. Person und Persönlichkeit
3. Beziehung und Kommunikation
4. Entwicklung und Veränderung
5. Wirklichkeit und Kontextbewusstsein
6. Professionsmethoden.

Das NLP wurde von Anfang an im Coaching eingesetzt. Martina Schmidt-Tanger hat schon 1998 in ihrem Buch »Veränderungscoaching« wesentliche Gedanken des NLP zum Coaching beschrieben. Sie nützt dabei insbesondere die Technik der »Abkürzungsbrücken«, die wesentliche Kriterien und Vorgehensweisen auch für Anfänger im Coaching lernbar machen. Beispielsweise wird für die Problemerfassung die Brücke L.E.A.V.E. eingesetzt, wobei die Anfangsbuchstaben für einzelnen Elemente des Problemchecks dienen. L für Leiden, E für Entwicklungsgeschichte des Problems, A für Auswirkungen des Problems, V für Verluste, E für Evidenz des Problems. Hilfreich sind hier auch die für die Mikroebene dargestellten Fragelisten (S. 91–94).

5.7 Das Unbewusste der Organisation

Auch Organisationen bilden durch ihre Teilnehmer ein kollektives Unbewusstes. Diese unbewusste Organisation wird im Folgenden durch drei Tiefenbilder dargestellt: das betriebswirtschaftlich-technische Organisationsbild, das beziehungsorientiert-familienähnliche Organisationsbild und das Idealbild der Intelligenten Organisation (vgl. auch Mohr, 2006).

Eine wesentliche Aufgabe im Coaching kann sein, den Organisationsmitgliedern, insbesondere ihren Führungskräften, die Musterbilder der Organisation bewusst zu machen.

So können nicht nur einzelne gecoachte Führungskräfte, sondern die gesamte Organisation sowohl ihrer inneren, durch die Mitglieder resultierenden Aufgabenstellung, als auch ihrer marktbezogenen Aufgabe gerecht werden.

Musterbilder der Organisation

	Das betriebswirtschaftlich-technische Organisationsmuster	Das beziehungsorientierte (symbiotische, familienähnliche) Organisationsmuster	Das Muster »Intelligente« Organisation
Grundcharakteristik	Die Organisation ist wie eine Maschine erfassbar in einer ingenieurwissenschaftlichen mathematischen Gleichung.	Die Organisation ist von engen persönlichen und privaten Beziehungen geprägt.	Die Organisation entwickelt stetig Struktur und Abläufe, die ihre langfristige Anpassung an äußere und innere Anforderungen am ehesten gewährleisten.

Systemstruktur

1.	Aufmerksamkeitsfokussierung	Die Produktionsfaktoren, Betriebsmittel und Arbeitskräfte, sind effizient zu kombinieren.	Zwei Ebenen: man wickelt das Geschäft ab; unterschwellig geht es um Beziehungen	Schaffung transparenter Achtsamkeitssysteme für verschiedene Perspektiven (Markt, innere Organisation, Beziehungen, Menschen)
2.	Rollen	Rollen sind nach klaren ökonomischen Notwendigkeiten ohne Ansehen von Personen bis ins Kleinste »designt« und ihre Performance wird danach »controlled«; Arbeitslohn bestimmt Work-private Life-Relation.	Entscheidungen werden von Fall zu Fall durch die jeweiligen »Elternfiguren« getroffen, auch diesen zugespielt. In traditionellen Systemen steht eine Frau dem »Patriarchen« zur Seite. Außerordentlich hoher Einsatz Einzelner (Work-private Life-Balance ständig beklagt).	Rollen sind in ihrem wesentlichen Kern definiert (»Kernprägnanz«) und in Verantwortung, Können und Zuständigkeit klar; Work-private Life-Balance aktiv thematisiert.
3.	Beziehungen	Bindung durch Einpassung in den Produktionsprozess und Faktorentlohnung – »Söldnermentalität«	Schafft Bindung auf einer sehr tiefen, unbewussten Ebene.	Bindung durch interessante Professionsausübung und professionell-persönliche Kommunikation

Systemprozesse

4. Kommunikationsdynamik	Information geschieht primär über Controlling. Information wird maschinell ins System zurückgespeist. Führungskräfte sind verzichtbar.	Information läuft über Beziehungsnetze Impulsive, schnelle Entstehung von Information.	Die Informations- und Kommunikationssysteme (aus Technik und Menschen) kommunizieren die relevanten Informationen. Prinzip der Rekursivität wird gebraucht.
	Kein Raum für »Sentimentalität«; emotional sehr uninteressant; PE und OE im soft fact-Sinne verzichtbar.	Jeder bringt unerfüllte Sehnsüchte mit diese werden manchmal erfüllt.	Institutionen zur Klärung der Rollen (PE-Instrumente genutzt).
5. Problemlösungsdynamik	Abläufe sind klar und eindeutig festgelegt. Für kreative Intelligenz und Flexibilität wenig Raum. Fehler liegen an mangelnder Planung und Implementierung.	Mitarbeiter sehnen sich nach mehr festgelegten, vorschriftlichen Strukturen; Patriarch(in) entscheidet; Fehler: »typisch« für den Einzelnen.	Die Intelligenz der Organisation ist dabei unabhängig von der Intelligenz der Mitarbeiter der Organisation. Fehler werden als Lernchance begriffen.
6. Erfolgsdynamik	(Kurzfristiger) Gewinn als einzige Maxime.	Der langfristige Erhalt der vorhandenen Beziehungen (inkl. Machtverteilungen) ist das Wichtigste.	Der langfristige Selbsterhalt der Organisation, solange es eine »Passung« mit einem Markt gibt (»Profit is the cost of living in market«).

Systembalancen

7. Gleichgewichte	Genaue Festlegung der Prozesse und Abläufe bis ins Kleinste nach reinen Effizienzkriterien. Beurteilung und Entwicklung der Mitarbeiter und Subsysteme nach Leistung.	Wenig formale Instrumentarien, Regelungen und kaum festgelegte Entscheidungsprozeduren. »Adoptionsprinzip« ist Teil des familiären Prinzips.	Zeigt Anpassungsfähigkeit an Markt- und andere Umweltveränderungen sowie an die internen Ressourcen (Kapital, Menschen, Information,…). Transparente und flexible Kommunikations- und Entwicklungssysteme.

8.	Rekursivität	Die Vorgabe und die festgelegten Abläufe gewährleisten die Ähnlichkeit.	Durch die engen persönlichen und privaten Beziehungen Gesamtzusammenhang. Differenzierte Teilfamilien.	»Syntegrity«: in jeder Teamsitzung ist einer aus einem Nachbarteam anwesend. Ständige Pflege und Reflexion gemeinsamer Prinzipien.

Systempulsation

9.	Äußere Pulsation	Trennung, wenn der Produktionsfaktor nicht mehr passt. Von Zeit zu Zeit Überprüfung der Struktur.	Das Lösen aus einem familiären System ist eigentlich nicht möglich; allenfalls schwierige »Scheidung«. Stellen werden innerhalb der »Familie« vergeben.	Mitarbeiter und Organisation sind Lebensabschnittsgefährten, die aber auch woanders ihr »Glück finden«. Offenheit für Informationen und Mitarbeiter von außen.
10.	Innere Pulsation	Produktionsfaktoren werden nach ingenieurwissenschaftlichen Grundsätzen kombiniert.	Innere Umstrukturierungen werden nach Bedürftigkeiten der Personen vorgenommen.	Anpassung der inneren Struktur an die äußeren Anforderungen. Varietätsgesetz: Innere Varietät spiegelt äußere wieder.

© Mohr 2008

Eine Möglichkeit, die Aufmerksamkeit zu steuern, ist für das Coaching die Gliederung des Coachings in bestimmte Phasen und Interventionen. Sie wird im nächsten Kapitel dargestellt.

6. Praxis I: Diagnostik, Phasen, Interventionen und Wirkung

Coaching hat als professionelle Methode auch sehr technische Aspekte, die in der Literatur sehr ausführlich beschrieben ist (Looss, 2006; Höher, 2007; König, 2003; Rauen, 2004; Schmid, 2004; Kreyenberg, 2008). Im Folgenden sollen wesentliche diagnostische und Vorgehensperspektiven betrachtet werden.

6.1 Diagnostik im Coaching

Ein Kernpunkt des Coaching ist die komplexe Diagnostik, die gerade der Bereich der Persönlichkeit des Menschen erfordert. Dies betrifft vor allem, wie sich eine Persönlichkeit in den beruflichen Rollen ausdrückt. Der Spruch »Ich bin ganz anders, komme aber so selten dazu« deutet das Spannungsfeld zwischen Person und Rolle an. Zu erkennen, auf welcher Ebene ein Führungsproblem oder ein Systemproblem liegt, ist eine Frage, die mit dem Coachee aber schon im Erstkontakt eine zentrale Rolle spielt.

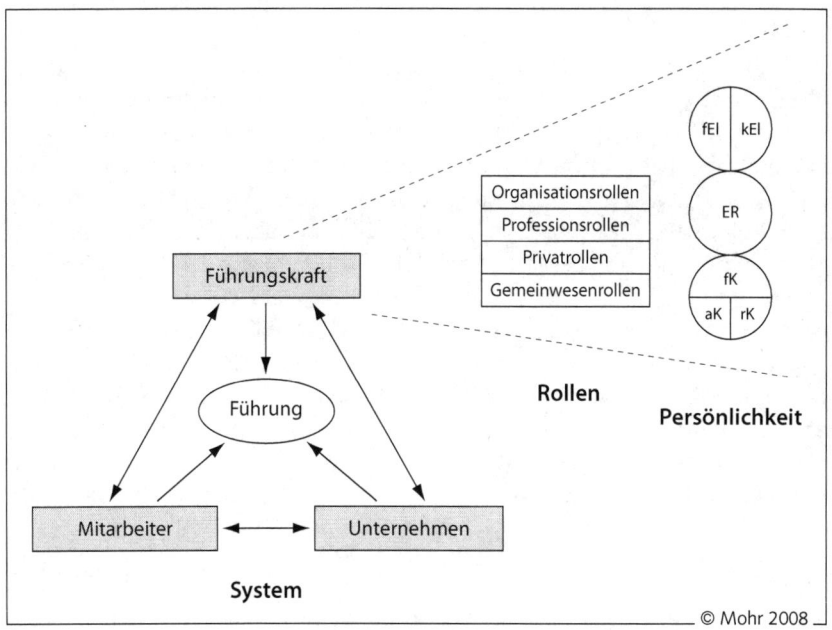

Abb. 34: Führungssystem – Rollen – Persönlichkeit

Abbildung 34 zeigt einige Ebenen, auf denen eine diagnostische Abklärung von Hypothesen stattfindet. Da ist zunächst im Falle einer Führungskraft das Führungssystem. Dies beinhaltet im Wesentlichen drei Beziehungsrichtungen. Es ist die Beziehung zu den Mitarbeitern, die spezifische Beziehung zum Unternehmen, die die Unternehmensaufgabe ihr zuweist, und die Beziehung der Führungskraft zu sich selbst.

In einer zweiten Ebene folgt bei der Führungskraft ihr spezielles Rollenset, das sie bezüglich verschiedener Rollenwelten (Organisationsrollen, Professionsrollen, Privatrollen, Gemeinwesenrollen) lebt. Die Führungskraft nimmt dabei Rollen ein und die Rollen nehmen auch sie ein. Dies ist eine Wechselwirkung. Auf der Persönlichkeitsebene ist hier beispielhaft das transaktionsanalytische Persönlichkeitskonzept der funktionalen Ich-Zustände aus der Transaktionsanalyse aufgezeichnet. Mehr dazu in Kap. 4.

Für die Hypothesenbildung kann aber das gesamte Spektrum von Persönlichkeitskonzepten nützlich sein. Die Big-Five-Konzeption (Weinert, 1998) postuliert fünf Persönlichkeitsfaktoren als zentral für den Führungserfolg. Das Typenmodell nach C.G. Jung kann ebenfalls ein wichtiges Orientierungsmuster für die Coachingarbeit sein. Fragebogen wie der MBTI, der sich an Jungs Typenlehre orientiert, können diagnostisch hilfreich sein. Wesentlich ist jedoch die Einschätzung des Coaches, die er aufgrund seiner Erfahrung vornimmt.

Im Coaching zeigt sich, dass der Veränderungsimpuls die angemessene Tiefenebene (System, Rolle, Persönlichkeit) finden muss. In der Regel weiß der Coachee, z.B. eine Führungskraft, selbst nicht, was das eigene relevante Thema ist, sonst wäre er in der Lösung weiter. Er hat sich jedoch in den meisten Fällen eine Vermutung oder Einschätzung gebildet. Dies ist nur eine Perspektive. Es ist zu prüfen, wie hilfreich sie ist. Andererseits ist es eine subjektive Ursachenzuschreibung, die die gesamte Attributionsproblematik der kognitiven und Persönlichkeitspsychologie offenbart. Dies bedeutet beispielsweise: Werden personale oder kontextbezogene, stabile oder flexible Faktoren als Ursache angenommen? Die bewussten ersten Antworten des Betroffenen bedürfen hier einer diagnostischen Abwägung und Wertung. Daher ist beispielsweise eine standarisierte Befragung in vielen Fällen wenig erfolgreich. Hier ist eine hochkomplexe Diagnostik durch den Coach erforderlich. Auch gilt nach heutiger Erfahrung: jede diagnostische Vorgehensweise ist auch schon Intervention.

> Praktische diagnostische Perspektiven mit Beispielen sind die
> - persönlichkeitsanalytische (Ich-Zustände, Skript)
> - rollenanalytische (4-Welten-Modell)
> - beziehungsanalytische (Transaktionen, Spiele, Symbiosen)
> - wirklichkeitsanalytische (Bezugsrahmen)
> - entwicklungsanalytische (Skript, herkunftsanalytisches Kind-Ich)
> - organisationsanalytische (Systemdynamiken)
>
> Perspektive.

6.2 Prozessdiagnose

Hinzu kommt die Prozessdiagnose, die den jeweils aktuellen Punkt im Prozess identifiziert und eine optimale Weiterführung von diesem Punkt aus bedeutet. Häufig werden hier aus dem Projektmanagement von Gruppen lineare Prozesssteuerungsverfahren auf das Coaching übertragen. Sie genügen aber lediglich als Teilperspektive. Die systemisch-konstruktivistische Komplexität des Coachings erfordert vielmehr einen ganzheitlichen Aufmerksamkeitsprozess für die Entwicklung auf allen diagnostischen Ebenen. Diese differenzierte Betrachtung ist immer wieder unter den Kriterien Effektivität und Ressourcenschonung für den nächsten Interventionsschritt auszuwerten.

Coaching ist dann effizient, wenn schon am Anfang bestimmte Bedingungen gegeben sind. Um sich in Denken, Fühlen und Verhalten zu verändern, brauchen erwachsene, ausgebildete Menschen einen Ansporn. Der liegt meistens in einer Form von »Leidensdruck« aus der bisherigen Situation oder einer vermuteten Zukunft heraus. Beides kann Menschen mobilisieren sich zu entwickeln und zu ändern. Die Diagnostik dieser Anfangssituation ist wesentlich für die Vereinbarung über den Zielkorridor und das Vorgehen im Coaching. Der »Vertrag«, wie die Vereinbarung in der Transaktionsanalyse bezeichnet wird, ist ein wesentliches Instrument des Vorgehens. Auch hier kann die Vereinbarung schon das zentrale Thema der Erarbeitung sein. Dies etwa zur Voraussetzung zu erklären, wird vielen Fällen nicht gerecht. Denn oft ist eine längere »Vertragszeit« zu leisten.

Genauso gilt, dass sich oft während eines guten Coachings die Zielvorstellung verändert. Von einem international bekannten Coach stammt die Aussage, er wundere sich sehr, wenn sich im Laufe des Beratungsprozesses das Ziel nicht gewandelt habe, denn dann sei eine wirkliche Entwicklung fraglich. Dem ist für viele Fälle zuzustimmen, da eine Entwicklung zu einem von Anfang an eindeutigen und detailliert operationalisierten Ziel nur eine Anpassung ist, aber keine ganzheitliche Veränderung darstellt. Auf der anderen Seite erfordert es auch die Kunst des Coaches, die Veränderung einzuschätzen und zu bewerten.

Zur Prozessdiagnostik gehört ebenso eine spezielle Form von Beziehungsdiagnostik. Es ist die diagnostische Erfassung von **Übertragung und Gegenübertragung**. Von Übertragung spricht man, wenn der Coachee Beziehungsprojektionen auf den Coach vornimmt, Gegenübertragung bezeichnet den entsprechenden Prozess des Coaches auf den Coachee. Die Kenntnis, Analyse und der Umgang mit diesen unbewusst initiierten Prozessen ist für effektives Coaching wichtig. Die italienischen Forscher Carlo Moiso und Michelle Novellino haben die Übertragung eigener Bilder auf den Gesprächspartner eingehend untersucht (Moiso, 1985; Novellino, 2003). Nach ihrer Vorstellung überträgt der Mensch gerade in wichtigen Unterstützungsbeziehungen eigene frühere Beziehungserfahrungen automatisch auf den Beziehungspartner, z.B. den Coach. Er erwartet eine Lösung genauso, wie es seiner Erfahrung oder seiner gewünschten Vorstellung entspricht. Diese Beziehungsgestaltung kann aber gerade das Problem sein und ist im Coaching sorgsam zu bearbeiten.

Ein weiterer spezifischer Aspekt von Prozessdiagnostik sind sogenannte Parallelprozesse, womit die erhöhte Wahrscheinlichkeit der Übertragung von Mustern aus dem Ursprungskontext, z.B. zwischen Führungskraft und Mitarbeiter, in den Beratungskontext, hier zwischen Coach und Führungskraft, beschrieben ist. Oft gibt es verblüffende Ähnlichkeiten in den Beziehungsthemen. Ein zäher Klärungsprozess, den ein Coachee in seiner Firma zu vollziehen hat, wird oft einen ähnlich zähen Klärungsprozess seiner Position im Coaching finden. Für den Coach ist das ein wichtiges diagnostisches Indiz, das er benennen, bearbeiten und ebenso durch eine Umkehrung als positiven Parallelprozess nutzbar machen kann.

6.3 Phasen und Grundfiguren der Coachingintervention

Die Grundfiguren der Intervention betreffen die verschiedenen Phasen, in die man ein Beratungs- oder Coachinggespräch gliedern kann. Hier sind für die Phasen die Bezeichnungen von Gordon Hewitt (1996, 2003) zugrunde gelegt. Im Anhang 1 sind dazu auch beispielhaft konkrete sprachliche Figuren für das Coachinggespräch aufgeführt.

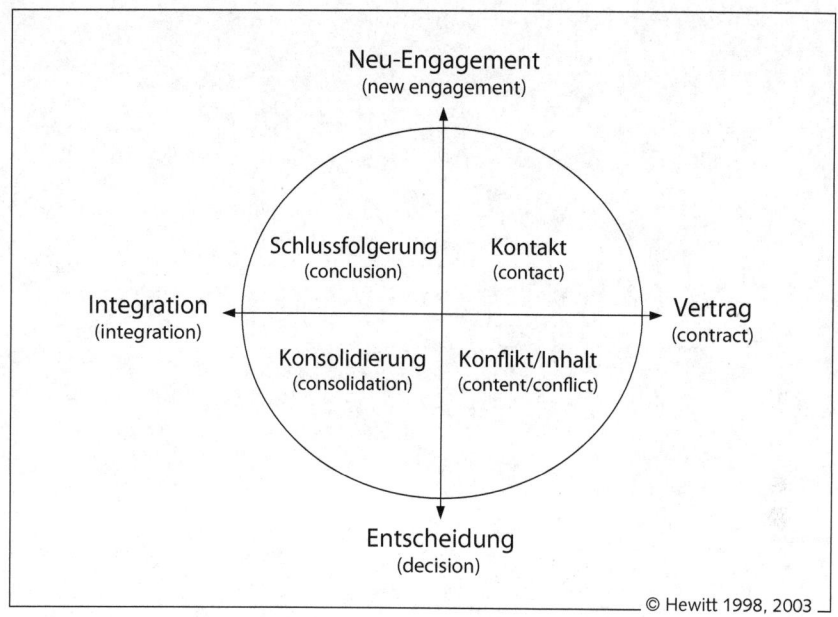

Abb. 35: Coaching und Beratung

6.4 Coaching-Interventionen in der Kontaktphase (contact phase)

Coaching beginnt mit der Kontaktphase. Diese gelingt, wenn ein Vertrag (Kontrakt) im Sinne einer Vereinbarung über das Ziel und die Vorgehensweise getroffen ist. Bei den Verträgen gibt es ein weites Feld, das auch Situationen einschließt, die als »weicher« Vertrag (wenig konkret, noch nicht ausreichend verantwortungs-abgrenzend) bezeichnet werden. In einer Tabelle habe ich einige Interventions- und Sprachfiguren für diese Phase (vgl. S. 144) zusammengestellt.

Stadium Kontaktphase	Beispielhafte Sprachfiguren
1. Kleiner Kontrakt	»Bevor wir anfangen, würde ich gerne mit Ihnen über unser Vorgehen sprechen. Ist das o.k.?«
2. Rollendefinition	»Sie haben ein Anliegen für ein sachliches (professionelles) Problem. Ich bin in der Coach- / gehe in die Coachrolle in dem Sinne, dass ich mit Ihnen zusammen erst einmal den Stand der Dinge und Ihre eigenen Lösungsideen betrachte. Gegebenenfalls habe ich einige Anregungen, die ich dann nennen möchte. Ist das für Sie o.k.?«
3. Momentaner Stand (Vertragsvorbereitung)	»Bevor wir beginnen, lassen Sie uns schauen, wo Sie in der Entwicklung Ihrer professionellen Rollen und Aufgaben zur Zeit stehen.«
4. Entwicklungsstand (Vertragsvorbereitung)	»Wo stehen Sie auf Ihrem Lernweg bei dieser Fragestellung? Erstes Drittel? Mittleres Drittel? Drittes Drittel?« »Da könnte ja diese Fragestellung jetzt gut passen.«
5. Rahmen- und Ergebnisbestimmung (Vertragsvorbereitung)	»Wir haben eine Stunde Zeit. Wo wollen Sie gerne hinkommen? Was sollte das Ergebnis sein?«
6. Die Ziele erfragen	»Was sind Ihre Fragen in diesem Fall?« »Was sind Ihre Lernanliegen in Bezug auf diese Situation / diesen Fall?« »Was sind Ihre Lernanliegen in Bezug auf Sie selbst?«
7. Unterstützungsform	»Wie kann ein anderer Mensch, z.B. ich jetzt, Sie dabei unterstützen?« »Was ist normalerweise eine gute Unterstützung für Sie durch andere?« »Was kann ich für Sie dabei tun?«
8. Konfrontationsvertrag	»Ist es auch in Ordnung, wenn ich Dinge thematisiere, die mir auffallen und bei denen ich einen Korrekturbedarf sehe?«
9. Vertragsangebot prüfen	»Finde ich klasse, dass Sie sich das anschauen. Da folge ich Ihnen gerne.« (*wenn der Fokus stimmig erscheint*) oder: »Ich habe jetzt eine Wahrnehmung, die möchte ich gerne mit Ihnen klären, bevor wir an die Umsetzung Ihres Anliegens

		gehen. Also mir ist aufgefallen, dass...« (*wenn der Fokus nicht stimmig erscheint*)
10.	Vertragsaus-weitung	»Was werden Sie machen, wenn Sie eine Klärung haben?« (*wenn z.B. lediglich »Klärung« als Anliegen formuliert war*)
11.	Mögliche Vertragsinhalte hervorheben/ bestätigen	»Also es geht Ihnen um … Also unser Arbeitsziel hier ist … Ausarbeitung einer klaren Problemdefinition Herausfinden von Parametern, die relevante Aspekte steuern, begründen oder verknüpfen Wertung, Auswertung von Problemlösungsideen durch mich Sammeln neuer Problemlösestrategien Klärung einer Emotion, die Sie überrascht (Aufregung, Ärger, Furcht oder Misserfolgsangst, …) Expertenfeedback zu einem professionellen Konzept oder einer Präsentation Anerkennung, Ermutigung zu bekommen«

© Mohr 2008

6.5 Coaching-Interventionen in der Inhalts- oder Konfliktphase

Danach folgt die Bearbeitung des Inhaltes. Hewitt nennt dies Konfliktphase, weil man streng genommen die meisten im Coaching vorkommenden Themen als Konflikt sehen kann. Entweder unterscheiden sich Ist- und Sollvorstellung, oder verschiedene Wege konkurrieren miteinander. Insofern ist die Konfliktmetapher hilfreich. Diese Phase gelingt, wenn eine Entscheidung für einen spezifischen Fokus getroffen werden kann. Dies kann eine bestimmte Problem- oder Lösungshypothese sein, die nun näher beleuchtet wird. Es kann aber auch schon die Entscheidung für ein bestimmtes Vorgehen sein.

Beispiele für Coaching-Interventionen in der Inhaltsphase (content phase)

Stadium Inhaltsphase	Sprachfigur
1. Einschätzungsfragen	»Ich möchte gerne Ihre eigene Einschätzung hören. In welchem Bereich bewegen sich mögliche Einschätzungen?«
2. Optionenfrage/ -vertrag	»Was ist Ihre Idee? Wie prüfen Sie Ihre Idee?«

3.	Hervorhebung	»Sie sagen, dass Sie da eine innere Sperre spüren.«
4.	Bisheriges Denken	»Wie haben Sie das bisher reflektiert?«
5.	»Benachbarte« Sichtweisen	»Wie sehen andere / das Gegenüber / der Chef das Thema?«
6.	Fragen zur Konzeptbildung	»Was ist denn Ihr Modell, wie Sie sich an der Stelle steuern?«
7.	Erklärung	»Da haben Sie eine Menge Stress gehabt und in dem Moment den Kunden vergessen?«
8.	Veranschaulichung	»Kann man sagen, dass Sie in Ihrem Team zu defensiv sind, wie eine Fußballmannschaft, die nur vermeiden will, ein Tor zu kassieren, einen Fehler zu machen?«
9.	Bei einem isolierten Aspekt	»Sehen Sie da eine Verbindung? Könnte da eine Verbindung sein?«
10.	Bestätigung	»Es fällt mir hier wie vorhin wieder auf: Wenn Sie sich die Zeit zum Planen nehmen, sind Sie sehr erfolgreich.«
11.	Verbindung zu übergeordnetem Lernziel	»Wie passt das zu Ihren aktuellen Lernschritten?«
12.	Bei sehr viel Reden/Denken	»Wie geht es Ihnen gefühlsmäßig dabei?«
13.	Bei sehr viel Gefühl, intensivem Content	»Das ist ja sehr mitnehmend. Man fühlt da mit.« (Für den Coach ist es wichtig, da nicht im Inhalt zu versinken) »Wie ist denn Ihre Reaktion darauf?«
14.	Der Ist-Zustand als Lösung	»Wenn es so bleibt, wie es ist, wie geht das aus?« »Wie geht es weiter, wenn sich da nichts bewegt?«
15.	Bei zwei unterschiedlichen Polen	»Wenn Sie die beiden Positionen mal zu Wort kommen lassen?«
16.	Verschlimmerungsfrage	»Wie könnte man oder was könnte den aktuellen Zustand verschlimmern?«
17.	Bei zuviel Verhalten	»Was ist Ihr Steuerungskonzept hier? Welche Auswirkungen hat Ihr Verhalten? Wie zufrieden sind Sie damit?«

18.	Schaden?	»Sehen Sie da für irgendjemanden eine Gefahr?«
19.	Rollenpositionierung: Expertenrolle	»Ist es o.k., wenn ich da mal über meine Erfahrung spreche?«
20.	Deutung in Bezug auf Professionspersönlichkeit	»Sie lassen sich durch Ihre Hilfsbereitschaft ausnutzen. Sehen Sie das auch so?«
21.	Fokusverschiebung	»Wenn Sie mal sich selbst als Person in Ihrer Entwicklung damit in Verbindung sehen? Wenn Sie mal Ihre Rolle als Leiterin hier als Perspektive ansetzen? Wenn Sie mal Ihr professionelles Lernen hier in Verbindung bringen?«
22.	Reframing	»Wenn Sie das Ganze mal in einem anderen Zusammenhang sehen …?« »Gibt es noch einen anderen Reim, den man sich auf diese Situation machen könnte?«
23.	Fragen zu Leitideen	»Mit welchen Leitideen haben Sie sich im Prozess gesteuert?«
24.	Fragen zum Steuerungsprozess	»Welches Konzept steuert Sie da?«
25.	Parallelprozess	»Sehen Sie einen Parallelprozess? Etwa wenn Sie mit Ihrem Mitarbeiter auf einmal in die gleiche Problematik kommen, wie er sie mit seinem Kunden hatte.«
26.	Fragen zur Übertragungsbeziehung	»Gibt es irgendetwas, das auf die Übertragung anderer (früherer) Beziehungserfahrungen auf die jetzige Situation schließen lässt?«
27.	Fokusdisziplin	»Lassen Sie uns mal an dem Punkt bleiben. Ich möchte gerne zu dem Punkt kommen.«
28.	Schlussfolgerung/Kristallisation	»Wenn Sie daraus jetzt einmal einen Punkt heraus nehmen, welcher wäre das?«
29.	Entscheidung	»Wenn Sie sich jetzt mal zwischen den (beiden) Punkten entscheiden?«

© Mohr 2008

6.6 Coaching-Interventionen in der Konsolidierungsphase

Nun folgt die Konsolidierungsphase, in der die ins Auge gefassten Entscheidungen konkretisiert und untermauert werden. Dadurch findet, wenn es weiter gelingt, eine Integration der Entscheidung statt.

Beispiele für Coaching-Interventionen in der Konsolidierungsphase

Stadium Konsolidierungsphase	Sprachfigur
1. Konkretisierung	»Wenn Sie bei dem gewählten Betrachtungspunkt / der gewählten Richtung jetzt mal weiterdenken, was bedeutet das?« »Wenn Sie einmal die jetzt betrachtete Entscheidung konkret machen, was heißt das?«
2. Handeln	»Welche Konsequenzen für Ihr Handeln hat der gewählte Fokus?«
3. Fragen zum Hauptfokus	»Welche(n) Hauptfoki(us) sehen Sie, der/die hier zu bearbeiten/weiterzuentwickeln ist/sind?«
4. Öko-Check	»Wenn Sie die gewählte Richtung einmal auf den Umweltaspekt hin prüfen, was fällt Ihnen dazu ein?«
5. Noli nocere – nur nicht schaden	»Wie kann sich das, was Sie tun, schädigend auf andere auswirken bzw. auf Sie selber?«
6. Modelling	»Wie sehen Sie die Modellwirkung für die Gruppe?«
7. Wahl der Rollen?	»Wie beziehen Sie sich aus den unterschiedlichen Rollen (Suchbegleiter, Prozessbegleiter, Experte,…) auf den Mitarbeiter? »Also ich gehe jetzt mal in die Rolle desjenigen, der selbst auch schon an dem Punkt war.«

© Mohr 2008

Zum Schluss folgt die Resultatsphase, in der die Schlussfolgerung aus dem ganzen Bisherigen gezogen wird. Was bedeutet dies auf unterschiedlichen Ebenen (konkretes Tun, Selbstbild, eigener Lernprozess)? In den meisten Fällen von Coaching und Beratung ist es sinnvoll, die Umsetzung des Ergebnisses zu überprüfen. Dazu kann ein weiterer Kontakt dienen. Oder es kann sich ein weiteres Thema auftun, das nun behandelt werden kann. Dies führt evtl. zu einem Neuengagement.

6.7 Coaching-Interventionen in der Resultatsphase

Die Resultatsphase sollte zusammenfassen, abrunden und die Lernergebnisse abstrahieren. Coaching sollte eine Entwicklungsbegleitung in Zeitspannen sein. Wenn man einen anderen Menschen als einen Coach nutzt, sollte dies zeitlich begrenzt sein. Auch wenn man sich selbst coacht, sollte man Zeitpunkte festlegen, zu denen eine Resultatsauswertung stattfindet. Coaching sollte weder eine endlose Fremdbeziehung sein noch ein eigenes Beinahe-Muster wie bei Sisyphus, der den schweren Stein bis fast zum Gipfel rollte, um ihn dann wieder von Neuem von unten heraufzuschaffen.

Stadium Resultatsphase	Sprachfigur
1. Resultat	»Wenn Sie auf das Gespräch schauen, welche drei Punkte nehmen Sie aus dem Gespräch mit?«
2. Eine ergänzende Idee	»Da ist noch eine Idee, die ich Ihnen mitgeben will.«
3. Verallgemeinerung	»Ist es o.k., wenn ich noch etwas ergänze? Folgenden Punkt will ich Ihnen in jedem Falle zur Beachtung empfehlen: ...«
4. Konkretisierung	»Wenn man das Gelernte einmal verallgemeinert, was ist für Sie/dich der wesentliche Lernprozess darin?«
5. Vereinbarungen	»Woran werden wir (Sie, andere) beim nächsten Mal den Fortschritt konkret erkennen können?«
6.	»Welche Vereinbarungen leiten Sie aus unserer Arbeit jetzt für sich ab?«

© Mohr 2008

6.8 Auswirkungsebenen des Coachings

Die Wirksamkeit von Coaching hängt auf der Transferebene des Systems vom Zusammenwirken aller drei Kraftfelder, Führungskraft, Mitarbeiter und Unternehmen ab. Der Psychologieprofessor Klaus Grawe hat vier Wirkfaktoren ermittelt, die auch für das Coaching wichtige Hinweise geben.

Coaching muss aktiv bei der Problembewältigung helfen. Es geht also in Lern- und Entwicklungsprozessen einer Führungskraft darum, dass vier Bedingungen zusammenkommen:

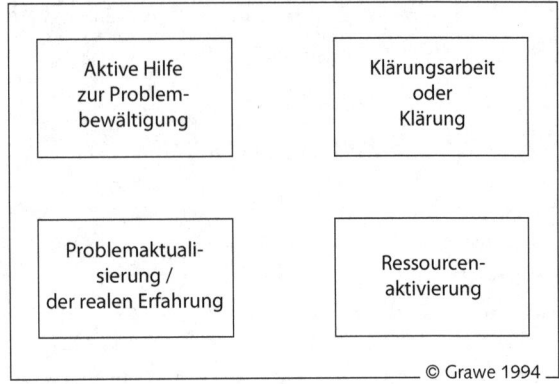

Abb. 36: Wirkfaktoren

- Das Problem muss aktualisiert und in irgendeiner Weise inszeniert werden. Psychoanalytisch gesehen kommt es in der Übertragungsbeziehung zum Berater zum Vorschein. Der Kunde oder Klient der Beratung lebt seine persönliche Einschränkung auch in der Beziehung zum Berater. Er ist beispielsweise übermäßig ängstlich bei Verhaltensexperimenten. In anderen Methoden werden die Themen in Szene gesetzt, etwa in einem Rollenspiel. In der Verhaltensmodifikation wird an der konkreten Lernaufgabe auf Verhaltens- und Denkebene gearbeitet.
- Es muss eine Klärung erreicht werden. Für den Coachingkunden muss die Sache, um die es geht, nach der Beratung klarer sein als vorher. Er braucht entweder ein verändertes Denkmuster oder ein besseres Gefühl der Stimmigkeit. Klärung kann hier auch die klare Konfrontation widersprüchlicher Positionen bedeuten, wenn vorher eher ein Durcheinander wahrgenommen wurde.
- Es muss eine aktive Hilfe zur Problembewältigung stattfinden. Der Kunde muss den Eindruck haben, dass auf Seiten des Beraters ein Interesse und ein Bemühen zur Hilfe vorhanden ist. Hilfe bedeutet nicht Rettung in dem Sinne, dass der Berater etwas tut, was eigentlich im Verantwortungs- und Fähigkeitsbereich des Kunden liegt.
- Ressourcenaktivierung muss erreicht werden. Das Lernen ist die Mobilmachung der Potenziale eines Menschen. Klaus Grawe (1994) hat die dargestellten Faktoren interessanterweise zwar aus den insgesamt vorliegenden Untersuchungen zur Wirksamkeit von Psychotherapie herausgefiltert. Dennoch gibt es die begründete Vermutung, dass die professionelle Persönlichkeitsentwicklung im Coachingprozess durch die gleichen Aspekte begünstigt ist, da es um Prozessaspekte auf dem

Veränderungsweg geht. Für den Führungskräfte-Coach erscheinen diese Faktoren für die Auswahl seiner Methoden interessant, da sie einerseits eine sehr stark umsetzungsorientierte Komponente zum Ausdruck bringen und gleichzeitig eine hohe empirische Validität besitzen.

Die Führungskraft bestimmt im Coaching selbst die Relevanz der Themen und damit ihren persönlichen Entwicklungsweg. Es stellt sich ein persönlicher Verlauf ein, der über die Vertragsdauer des Coaching anhand der praktischen Herausforderungen des Führungsalltages gesteuert wird.

Dabei verknüpft Coaching für Führungskräfte sowohl Beratung als auch Training in der Lösung der gerade anstehenden Probleme. Es wird die Problemlösekompetenz in unterschiedlichen Situationen trainiert.

Lernt eine Führungskraft über einen gewissen Zeitraum unter Beratung die jeweils für sie relevanten Führungsprobleme zu lösen, erhält sie ein methodisches Rüstzeug für weitere Situationen. Die Sicherheit, die dadurch entsteht, macht den Weg frei, dass Führungsentwicklung als persönliche Entwicklung erlebt wird.

Coaching hat Auswirkungen in vielfältiger Form. Da Coaching eine ganzheitliche Beratung ist, sind die Auswirkungen teilweise unmittelbar und direkt spürbar. Beispielsweise kann eine unmittelbare Erleichterung oder eine Erkenntnis erfolgen. Sie sind aber auch teilweise mittelfristig und zunächst nicht immer zu erkennen. So lernt ein Klient etwa ohne dass er es merkt, seine Arbeitsbeziehungen dialogischer zu gestalten. Coaching fördert dazu eine ganze Reihe von Lernebenen (Schneider, 2000):

- Entwicklung beruflichen Könnens
- Praxisbezogene Weiterbildung
- Lernen an Beispielen
- Primär induktives Lernen
- Intuitives und kreatives Lernen
- Verbesserung des Urteilsbildungsprozesses
- Lernen in einer Beziehung
- Leitbildspiegelung (der Coach als Leitbild)
- Vertragliche Prozessgestaltung.

Damit ist Coaching ein ideales Instrument zur Entwicklung der professionellen Persönlichkeit.

6.9 Die Kriterien guten Coachings

Gutes Coaching zeigt sich in der Erfüllung bestimmter Kriterien. Natürlich ist Effizienz bezüglich der Veränderungen, die im Coachingvertrag vereinbart sind, ein wesentliches Kriterium. Dies allein reicht aber nicht, um nachhaltiges Lernen und Entwicklungsorientierung zu erzielen. Hierzu hat das internationale Zertifizierungsgremium der Transaktionsanalyse (Training and Certification Council) für Supervision, eine dem Coaching verwandte Beratungsform, eine Reihe von Dimensionen entwickelt, die im Folgenden für das Coaching übersetzt werden.

Kriterien für Coaching	Die Ziele	Konkret
1. Coaching-Philosophie und Grundansatz	Klare Werte-Philosophie ist vorhanden; Differenzierter Grundansatz ist deutlich.	Notwendigkeit der Werte-Philosophie und Nutzen des eigenen Ansatzes Folgende Punkte sind gewährleistet: Kontakt machen; Vereinbarung abschließen; einen Fokus identifizieren; Freihalten von Verstärkung der neurotischen Seiten und von schädlichen Interventionen; Konzeptionalisieren; Wahl zwischen verschiedenen Foki; Arbeiten mit allen Kanälen; Übertragungsprozesse der Ausgangssituation auf die Coachingsituation betrachten; Übertragung/Gegenübertragung; kreativer Einsatz; antithetisches Modell darstellen.
2. Vertrag erfüllt	Ein spezifischer Kontrakt ist vorhanden und wird erfüllt.	Erwähnung der Rollen; **Vertragsfragen:** z.B. Was würden Sie als Ergebnis der 20 Minuten haben wollen? Wie können wir die Zeit effektiv nutzen? Wie kann ich für Sie hilfreich sein? **Konfrontationsvertrag:** Ist es o.k., wenn ich Sie mit Eindrücken konfrontiere? **Verbindliche Übereinkunft:** ist geschlossen **Schlussfolgerung und Endbetrachtung:** Was nehmen Sie aus dem Coaching mit?

3. Schlüsselthemen identifiziert und adressiert	Schlüsselthemen werden bearbeitet.	Wesentliche Themen des Coachee erkannt, die nicht unbedingt vom Coachee benannt sein müssen, z.B. **Zusatzkontrakt geschlossen:** »Ich möchte einen aus meiner Sicht wichtigen Punkt zusätzlich als Arbeitspunkt aufnehmen. O.k.?«
4. Reduzierung der Wahrscheinlichkeit von schädlichen und negativen Entwicklungen	Sicherheit ist klar integriert.	**Direkte Fokussierung des Punktes:** »Ist da eine schädliche Konsequenz für den Klienten oder für Dritte zu erwarten?« (Gefahr, Konflikt, Defizit, schlechte Entwicklung)
5. Verstärkung der Wachstumsentwicklung	Entwicklung wird klar unterstützt.	»Wie ist Ihr Entwicklungsstand im Lernen?« »In welchen Bereichen haben Sie zu lernen?«
6. Coach modelliert den Prozess	Coach modelliert klar den Prozess.	3 P's sind gewährleistet: (Protection = Schutz, Permission = Erlaubnis; Potency = Kraftvolles Auftreten)
7. Gleiche Beziehung	Gleiche »Augenhöhe« wird unterstützt.	Wertschätzung bezüglich der Denk, Fühl- und Verhaltensprozesse des Klienten
8. Verstehen und Berücksichtigung ethischer Fragestellungen	Ethische Themen werden explizit gemacht.	Fragen wie: Sind ethische Fragen im Einzelfall berücksichtigt?

© Mohr 2008

Insgesamt bleibt für den Coach die Notwendigkeit, ständig auf mehreren Ebenen achtsam zu sein. Dies zeichnet die vier genannten Phasen aus. Werden dabei in den acht Dimensionen die Kriterien für Coaching erfüllt, kann man von einem guten Coaching ausgehen.

Nachdem Emotionen und Tiefenbewusstsein als Coachingaspekte benannt wurden, führt nun der Fokus sehr stark auf die Verhaltensebene, das konkrete Handeln, das praktische Tun. Ein sehr geeignetes Modell zur Strukturierung einer Coachingeinheit und auch zum Selbstcoaching ist das nun folgende Häusermodell.

7. Praxis II: Detailarbeit – Coaching des Verhaltens

Das Klein-Klein der Verhaltensänderung ist die wahre Herausforderung im Coaching. Im Coaching hat man nicht so viel Zeit wie zum Beispiel in einer Therapie. Ein effizientes, fokussiertes Vorgehen ist absolut notwendig.

Viele Coachings zielen gerade auf die Verhaltensebene ab. Es soll sich etwas Sichtbares verändern. Ein offensichtliches Problem soll gelöst werden. Das Häusermodell zeigt eine Integration des systemischen Arbeitsansatzes mit transaktionsanalytischem Denken, der gut zur Entwicklung von Verhaltensalternativen geeignet ist. Daraufhin wird das auch zum Verhalten gehörende Beziehungsverhalten thematisiert und danach die interessanten Ergebnisse, die die Lerntheorie, die Verhaltenstherapie oder Verhaltensmodifikation, wie sie in ihrer Beratungsvariante genannt wird, für das Coaching liefert. Nicht fehlen darf auch der Hinweis, dass gerade in Management und Personalführung – dem Hauptbegegnungspartner des Coaching – die Verhaltenstherapie heute das vorwiegende implizite Hintergrundmodell ist. Ihr oberflächlicher und oft laienhafter – weil »plausibler« – Einsatz im Management braucht dringend eine konzeptionell breitere Basis.

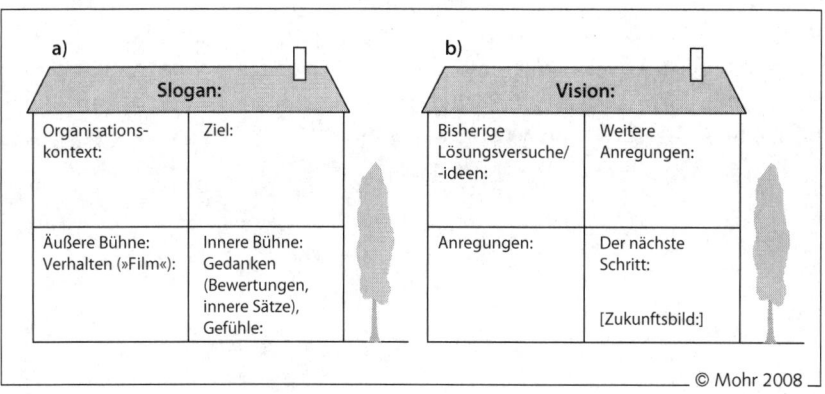

Abb. 37: Aufnahme einer Entwicklungs- oder Problemsituation (a); Fortschritt für eine Entwicklungs- oder Problemsituation (b)

7.1 Arbeit mit dem Häusermodell

Das Häusermodell zeigt ein praktisches Tool, wie im Coaching die Arbeit mit dem Klienten visualisiert werden kann. Es folgt einer Grundidee von

Friedemann Schulz von Thun (1996) und ist um transaktionsanalytische und systemische Aspekte erweitert.

Das Coaching ist dabei im Prinzip in zwei Phasen geteilt: die Aufnahme der Entwicklungs- oder Problemsituation und der Fortschritt bei einer Situation. In der Phase der Aufnahme werden auf vier Felder aufgenommen: der Kontext, das Ziel, die äußere Bühne und die innere Bühne. Im Kontext geht es um die relevanten Kontextaspekte einer Fragestellung. Dies können Organisationstruktur und -kultur rund um das Problem, aber auch die Historie des Problems sein. In der Zielformulierung wird das Ziel als eine Vorgabe für den Coachee, das heißt mit dem handelnden »ich« im Gegensatz zu Zielen für andere und einer konkreten Beschreibung der Veränderung in Verhalten, Denken oder Gefühlen. Danach wird die äußere Bühne erfasst. Hilfreich ist dabei die Filmmetapher: Was könnte ein Filmteam in Wort und Bild konkret erfassen, wie sich das Problem oder – es muss nicht immer ein Problem sein – eine Entwicklungssituation im Verhalten darstellen? Davon zu unterscheiden ist die innere Bühne, in der Gedanken und Gefühle erfasst werden, die der Coachee, aber auch andere Betroffene nach seiner Vermutung haben. Die Gefühle können hier hilfreich für den Coachee in den Grundgefühlen (siehe Kap. 9.1) erfasst und sogar noch bezüglich des Ausmaßes auf einer Skala (z.B. 0–100) eingestuft werden. In der Praxis zeigen sich hier interessante Unterschiede zwischen sehr ausführlichen äußeren Bühnen bei gleichzeitig wenig inneren Reaktionen und genauso umgekehrt. Als letztes kann man, wenn man will, noch einmal in einem kurzen Slogan die Essenz der Entwicklungssituation beschreiben lassen. Insgesamt bringt das Erfragen dieser Felder schon oft das nötige Bewusstsein für die wesentlichen Punkte.

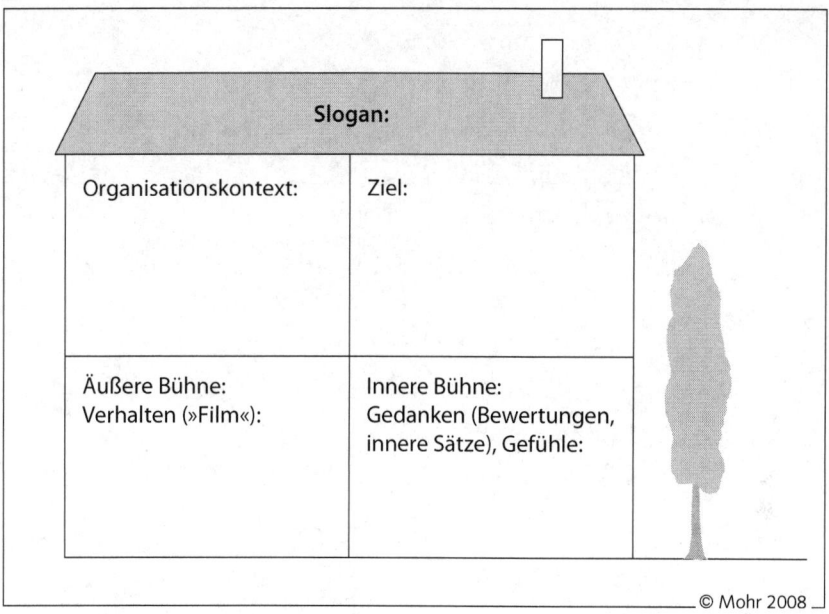

Abb. 38: Aufnahme einer Entwicklungs- oder Problemsituation

Das Doppelhaus von weitem – Beispiel für systemische Diagnostik und Lösung

1. Haus 1 – oben rechts – Ziel – »Vor«-vertrag

- Was würden Sie gerne hier erreichen?

2. Haus 1- oben links – Kontext des Anliegens

- Wer ist beteiligt?

3. Haus 1 – unten links – Aktuelle Schlüsselsituation und aufrechterhaltende Bedingungen

- Wie kommen Probleme/Entwicklungsnotwendigkeiten momentan zum Ausdruck? (Äußere Bühne)

4. Haus 1- unten rechts – Die subjektive Verarbeitung des Problems

- Was wird gedacht während der Schlüsselszenen?
- Welche Gefühle treten in welcher Intensität (0-100-Skala) auf? (Innere Bühne)

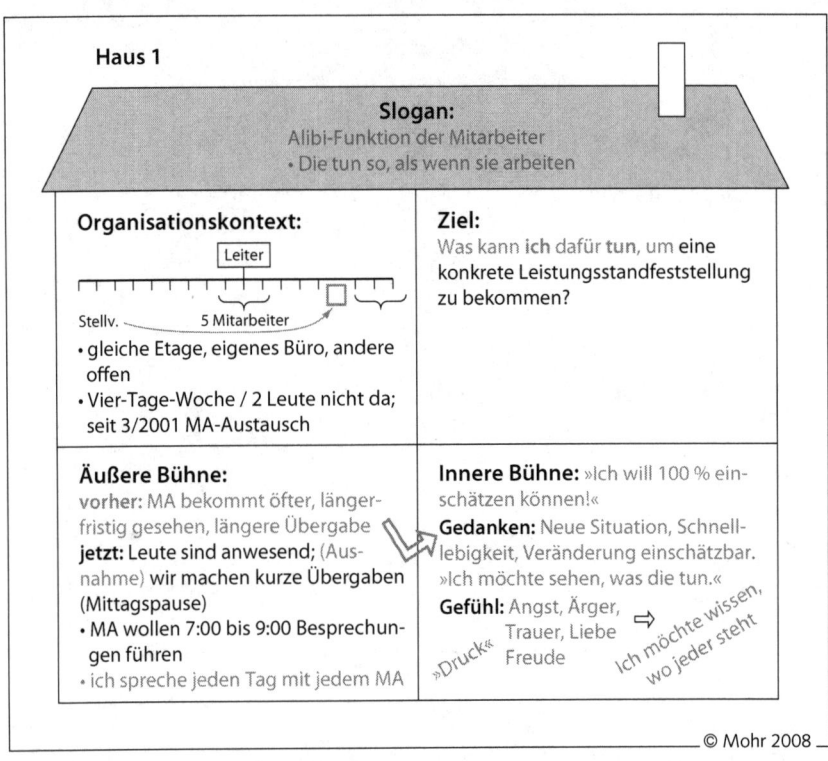

Abb. 39: Beispiel für Aufnahme eines Problems

Die zweite Phase ist dann die Fortschrittsphase. Zunächst werden ausführlich die bisherigen Lösungsversuche und Lösungsideen des Klienten erfragt. Da macht durchaus die Frage des Begründers der lösungsorientierten Kurzzeittherapie Steve de Shazer »What else?« (Was sonst noch?) Sinn. Denn Klienten brauchen oft Zeit, um ihre Lösungsideen zu finden. Dabei ist für den Coach sehr wichtig, die Auswirkungen der bisherigen Lösungsversuche zu ermitteln. Denn oft gibt es effiziente Lösungen. Diese werden aber nicht konsequent durchgeführt. In der Regel werden mit diesem Verfahren meistens eine oder mehrere wirklich gute Lösungsideen ermittelt. An dieser Stelle kann der Coach aber auch Widersprüche konfrontieren und den Klienten zur Stellungnahme auffordern. Auch kann er mit dem Klienten einen Vertrag schließen, dass er ihm eine zusätzliche Lösungsidee oder Anregung anbieten kann. Durch einen entsprechenden »Vertrag« »abgesichert«, kann er dann auch in die Expertenrolle (»Meiner Erfahrung nach ist hier sinnvoll: [...]«), in die Ratgeberrolle (»ich würde ihnen empfehlen«) oder sogar in die Instruktorenrolle (»Machen sie auf jeden Fall: […]«) gehen. Aber der Klient ist zu befragen, wie er dazu steht und was er damit macht. Letzter Schritt in der Lösungsphase ist die Frage an den Klienten, was sein nächster Schritt nun sein wird. Dies kann ein Tun oder auch ein Weglassen von etwas sein.

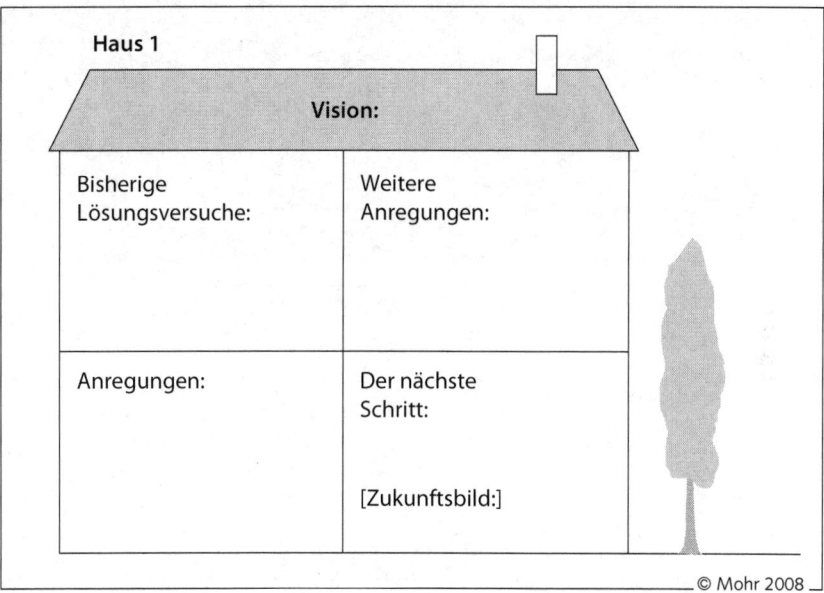

Abb. 40: Die bisherigen Lösungsversuche

5. Haus 2 – links – Die bisherigen Lösungsversuche und Spontanlösungen

- Was wurde bisher von wem versucht?
- Wie waren die Erfolge, die Misserfolge und ihre Gründe?

6. Haus 2 – oben rechts – Der potenzielle Lösungsraum

- »Angenommen dass« – Fragen

7. Haus 2 – unten links – Auswertung des Prozesses

- Wenn Sie noch einmal den Prozess hier Revue passieren lassen, was erscheint Ihnen jetzt vordringlich?
- Was ist der nächste Schritt?

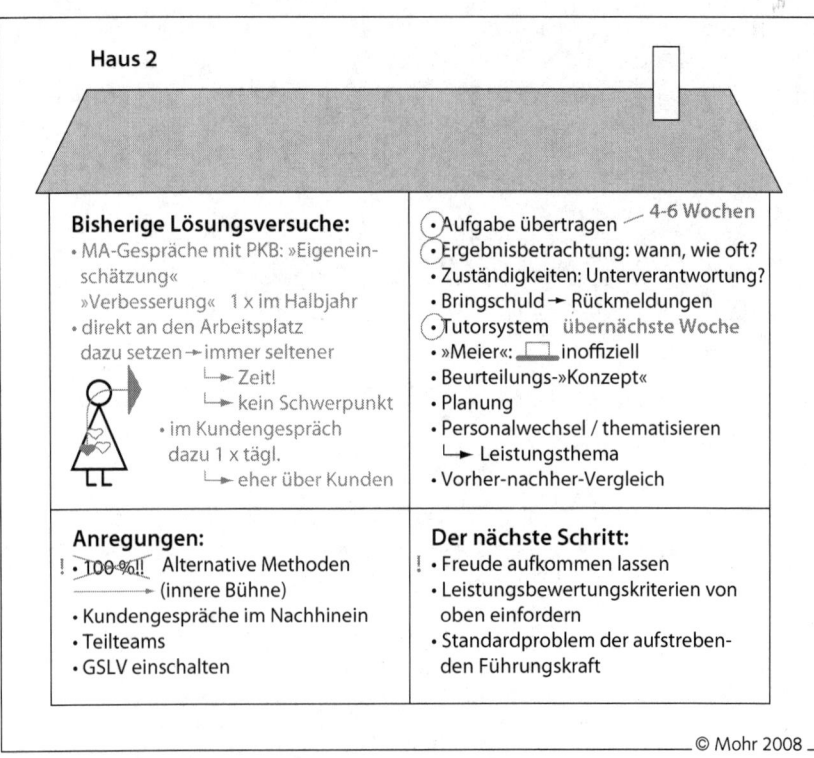

Abb. 41: Beispiel für bisherige Lösungsversuche

Das Doppelhaus von nahem –
Beispiel für systemische Diagnostik und Lösung

1. Haus 1 – oben rechts – Ziel – »Vor«-vertrag

- Was würden Sie gerne hier erreichen?
- Woran wird Erfolg oder Misserfolg zu erkennen sein?

2. Haus 1- oben links – Kontext des Anliegens

- Wer ist beteiligt und steht einer Aktivität positiv gegenüber, wer ist eher skeptisch?
- Wie (wann) ist die Idee, etwas zu unternehmen entstanden?
- Wer entscheidet über Erfolg oder Misserfolg?

3. Haus 1 – unten links – Aktuelle Schlüsselsituation und aufrechterhaltende Bedingungen

- Wie kommen Probleme/Entwicklungsnotwendigkeiten momentan zum Ausdruck?

- Wie folgen bestimmte Verhaltensweisen einzelner Beteiligter aufeinander? Welche Auswirkungen hat das auf wen?
- In welchen Situationen treten bestimmte Verhaltensketten auf?

4. Haus 1 - unten rechts – Die subjektive Verarbeitung des Problems

- Wie wichtig ist das Problem (Skala 0-100)?
- Was wird gedacht während der Schlüsselszenen?
- Worauf wird das »Problem« zurückgeführt?
- Wie würden die Beteiligten das Problem schildern?
- Welchem Zweck von wem nützt das Problem (»Profiteure«)?
- Welche Gefühle in welcher Intensität (Skala 0-100) treten auf?
- Wie würde ein neutraler Beobachter das Problem schildern?

5. Haus 2 – oben links – Die bisherigen Lösungsversuche und Spontanlösungen

- Was wurde bisher von wem versucht?
- Wie waren die Erfolge, die Misserfolge und ihre Gründe?
- Wie sieht es konkret aus, wenn das Problem einmal nicht vorhanden ist?
- Wie war es, als das Problem noch nicht da war?
- Wie könnte man das Problem verschlimmern?
- Wie könnte eine Hilfsmaßnahme zur Verschlimmerung beitragen?
- Welchen Preis zahlen die Beteiligten, wenn alles so bleibt wie es ist?

6. Haus 2 – oben rechts – Der potenzielle Lösungsraum

- »Angenommen das Problem wäre wie durch ein Wunder morgen verschwunden, woran würde man dies im konkreten Verhalten der Beteiligten erkennen?« (die Wunderfrage)
- »Angenommen dass« – Fragen
- Was müssten Sie an Glaubens(ch)ätzen aufgeben, damit sich etwas ändert?
- Welche drei Lösungsrichtungen sehen Sie?
- Welche Auswirkungen hat der Erfolgsfall, welche der Misserfolgsfall?
- Welchen Preis und welchen Gewinn haben die drei Varianten?

7. Haus 2 – unten links – Auswertung des Prozesses

- Wenn Sie noch einmal den Prozess Revue passieren lassen, was erscheint Ihnen jetzt vordringlich?
- Was ist der nächste Schritt?

Enthaltene theoretische Ideen:

A Der **Zeitpunkt** des Auftauchens eines Anliegens ist zu beleuchten und seine Einbettung ins aktuelle **Kräftefeld** ist wichtig.

B Probleme werden durch (aktuelle) **Interaktion** inszeniert und aufrechterhalten.

C Bisheriges Problem und seine Lösungsversuche werden durch **gedankliche Konstrukte** aufrechterhalten.

D Es besteht eine Neigung zu **Gewohnheitsaufmerksamkeiten** bei Problemen und Lösungen.
E **Hin- und Herbewegen** zwischen Problem- und Lösungsraum macht Sinn.
F Alles hat irgendeine subjektiv »**positive**« **Absicht**.

7.2 Psychologische Beratung im Unterschied zu Therapie

Coaching ist als eine Form von intensiver persönlichkeitsbezogener Beratung definiert. Die Abgrenzung zwischen Beratung und Therapie ist oft nicht eindeutig. In der Verhaltenstherapie gilt z.b. Beratung als eine Therapieform neben anderen. Manchmal wird ein quantitatives Abgrenzungskriterium gewählt. Bis fünf Sitzungen ist noch Beratung, danach Therapie, weil dann erfahrungsgemäß die Übertragungsbeziehung relevant werde. Oder die gewählte Methode, Hier-und-Jetzt-Arbeit oder biographische Arbeit, wird als Kriterium benutzt. Diese Unterscheidungen sind jedoch theoretisch unbefriedigend. Sicherlich spielen in diesem Zusammenhang auch institutionelle und gesellschaftliche Aspekte eine Rolle. In der »Wirtschaftswelt« will niemand als behandlungsbedürftig gelten. Deshalb klingt Therapie nicht so gut, ist sozial nicht erwünscht. Außerdem gilt Therapie immer als langwierig und dadurch teuer. Beratung klingt doch ganz anders. Beraten lässt man sich ja auch in vielen anderen Bereichen; beim Hausbau, beim Rechtsanwalt, beim Steuerberater, in der Verbraucherberatungsstelle. Für manchen mag es auch schwer sein zuzugeben, dass in einem so zentralen Bereich wie der Berufsgestaltung ein Beratungsbedarf besteht. Ein solches Eingeständnis bedeutet für den Einzelnen oft erst einmal eine Veränderung des bisherigen Selbstbildes. Aber auch für die Gesellschaft hätte es erhebliche Konsequenzen, die zumindest im Augenblick noch nicht sichtbar sind, wenn konstatiert werden müsste, dass die heutigen Anforderungen an Menschen in vielen Lebensbereichen ohne professionelle Unterstützung nicht mehr zu schultern sind.

Als sinnvolle Abgrenzungskriterien zwischen Beratung und Therapie seien hier zwei vorgeschlagen:

- Das zu erreichende **Ziel**: Geht es um die Heilung einer in den gängigen diagnostischen Manualen (DSM IV, ICD 10) als klinisch relevant erklärten Symptomatik, dann ist es Therapie. Geht es nicht um eine klinisch relevante Störung, so handelt es sich um Beratung.

- Die eingesetzte **Methode**: Werden regressionsfördernde Methoden eingesetzt, die einen Klienten mental in ein früheres (meist frühkindliches) Lebensalter zurückversetzen, spricht dies eher für Therapie, weil hier an den Grundfesten des früh gelegten Fundaments der Persönlichkeit gearbeitet wird. Diese Arbeit kann häufig frühere negative Erfahrungen wachrufen. Diese wiederum brauchen eine intensive, dichte Begleitung, die in der Beratung oft nicht gegeben ist.

Dennoch bleibt die Abgrenzung zwischen Beratung und Therapie, wenn es um wirkliche Veränderungen auf der Ebene der Persönlichkeit geht, nicht einfach. Denn auch im Coaching geht es nicht um eine oberflächliche, antrainierte Verhaltenskosmetik, sondern um eine in Einstellungen und Gefühlen verankerte Entwicklung.

7.3 Coaching im Beziehungsverhalten

In der klientenzentrierten Gesprächsführung, wie sie ursprünglich von Carl Rogers in den 1950er- und 60er-Jahren entwickelt wurde, steht die Kommunikationssituation zwischen Berater und Ratsuchendem im Mittelpunkt.

> Sieben Aspekte charakterisieren ein gutes Beratungsgespräch:
> 1. **Individualisierung der Beratung**: Der Berater muss auf die existentielle Bedeutung, die das Problem für den Ratsuchenden hat, eingehen, denn wirkungsvolle Hilfe hängt von einer Neukonstruktion des Bedeutungssystems ab.
> 2. **Freier Ausdruck der Gefühle** des Klienten.
> 3. **Empathie und Echtheit**: Der Berater muss immer die größere Objektivität und Selbstkontrolle haben als der Beratene.
> 4. **Wertschätzendes Akzeptieren des Klienten** in seiner Realität: Nicht zu verwechseln mit Gutheißen von allem.
> 5. **Keine moralischen Beurteilungen**.
> 6. **Selbstbestimmung des Klienten**: Aufbau der Fähigkeit zur Selbstkontrolle und Selbstregulierung.
> 7. **Verschwiegenheit** über das Gesprochene.

Diese Grundsätze für das Verhalten des Beraters sollen die Veränderung beim Klienten hervorrufen. Prozess und Struktur dieser Beratungsform habe ich in einer Abbildung dargestellt.

Die Grundgedanken der klientenzentrierten Gesprächsführung nach Rogers sind mittlerweile auch in vielen anderen Beratungsformen wiederzufinden. Insbesondere die Fokussierung auf emotionale Erlebnisinhalte und deren wertschätzende Behandlung scheinen wesentliche Punkte für die Entwicklung von Menschen zu sein. Für den Coach sollte dies ein zentraler Eckpfeiler seiner Beziehungsgestaltung dem Klienten gegenüber sein.

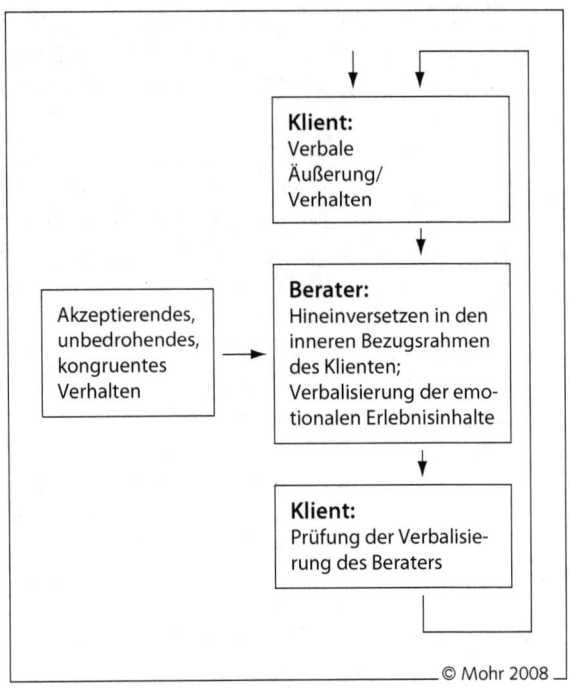

Abb. 42: Beziehung Berater- Klient

Die meisten Beratungsverfahren stehen heute in einem regen Austausch miteinander. Kaum ein Berater wendet ein Beratungsverfahren in der reinen Form an. Nach vielen Jahren Begegnung zwischen den einzelnen Beratungsverfahren ist es daher eher eine theoretische Überlegung, über die »Fallen« der einzelnen Methoden nachzudenken. Nimmt man aber dennoch an, sie würden »puristisch« angewendet, dann wäre die »Falle« in einer Beratung, dass der konkrete Forderungsbezug, den ein Coach seinem Klienten gegenüber aufbringen sollte, in der Gesprächstherapie so nicht vorhanden ist. Dazu macht eine Betrachtung mittels der Trias der Beraterhaltungen von Pat Crossman Sinn. Es sind die drei P's (Potency, Permission, Protection) von Crossman (1966). Diese unterscheidet **Potency**, das kraftvolle, potente Auftreten des Coaches, das beispielsweise für Konfrontationen des Klienten nötig ist. Dann gibt es die **Permission**, die Erlaubnis, die zu neuem Verhalten und Denken gegenüber den alten Gewohnheitsmustern ermutigt. Die dritte Dimension ist die **Protection**. Der Berater muss alles tun, um den Schutz des Klienten zu gewährleisten und die Entwicklung in geschützter Atmosphäre zu ermöglichen.

7.4 Anwendungen im Veränderungsbereich »Beziehung«

Varianten der klientenzentrierten Gesprächsführung sind auch besonders geeignet, den Veränderungsbereich Beziehung zu betrachten. Tausch & Tausch (1977) geben, an die Gesprächstherapie angelehnt, zur Beschreibung jeder Beziehung vier Dimensionen an, deren positiven Pole sie beschreiben mit:
- Achtung/Wärme/Rücksichtnahme,
- vollständigem einfühlendem Verhalten,
- Echtheit/Übereinstimmung/Aufrichtigkeit,
- vielen fördernden nicht-dirigierenden Tätigkeiten.

Versuche zur systematischen Erfassung der Beziehung müssen einen Mittelweg gehen zwischen:
- Beschreibung partikulärer Einzelverhaltensweisen und
- Einteilung in komplexe, verhaltensferne Systeme.

7.4.1 Veränderung in der Kommunikation

Hier wird eine partnerzentrierte Gesprächsführung angestrebt, was vor allem die Zurückstellung eigener Sichtweisen und Bewertungen beinhaltet.

> Dabei gibt es drei Kernpunkte:
> a) **Partnerzentriertes Zuhören**: Dabei muss man nicht die Position des anderen annehmen.
> b) **Erfassen des Bedeutungsgehaltes**: Was will er mitteilen? und nicht: Was hat er gesagt?
> c) **Verbalisierung des verstandenen Bedeutungsgehaltes**: Dabei soll man möglichst alles verbalisieren. Der andere soll das dann wieder überprüfen. Dabei sind bloße Wiederholungen zu vermeiden, genauso wie jegliche Bewertungen, Schlussfolgerungen und Interpretationen.

Erlaubt sind aber dennoch:
a) Unterbrechen des anderen, wenn die eigene Informationsaufnahmekapazität erschöpft ist,
b) Vergewisserungsfragen.

Es kommt auch darauf an, die richtige und konkrete Sprache zu treffen. Das ganze soll nicht nur Technik, sondern auch Ausdruck der Beziehung sein. Die beiden Formen, in denen das ablaufen kann, sind:
- den Partner zur Verdeutlichung seiner Gefühle bringen oder
- beide legen ihre Gefühle, Sichtweisen etc. dar.

7.4.2 Veränderung in der Konfliktbewältigung

Zuerst gilt es hier meistens, eine Fehlwahrnehmung bezüglich Konflikten zu korrigieren: Konflikte sind nicht Ausdruck schlechter Beziehungen, sondern Beziehungen zeigen ihre Qualität darin, wie Konflikte bearbeitet werden. Konflikte sollen daher nicht geleugnet oder verdrängt werden, da sie aus normalen Interessengegensätzen entstehen können. Coaching soll in diesem Zusammenhang Konfliktlösung lehren. Oft ist die Lösungen bei Konflikten im Organisationsbereich durch die Macht einzelner Beteiligter geprägt. Das hat dann zur Folge:
- Verschleierung der Konflikte; letztlich bleiben sie ungelöst,
- Verschlechterung der Beziehungen zwischen Organisationsmitgliedern,
- einen negativen Lernprozess.

Schon die verschiedenen »Konferenz«-Ansätze von Gordon (1989) und in jüngster Zeit sehr stark von Marshall Rosenberg (2001) haben hier wesentliche Impulse für die Konfliktbewältigung vorgeschlagen. Gordon hat »**niederlagelose Konfliktregeln**« formuliert.

> Das soll in sechs Stufen vonstatten gehen:
> 1. **Definition des Konfliktes**: Analog der partner-zentrierten Gesprächsführung werden die Interessen der Beteiligten herausgearbeitet und klar festgestellt, was verändert werden soll.
> 2. **Sammlung möglicher Lösungen**: In einer Art Brainstorming, bei dem noch keine Bewertungen getroffen werden, wird ein möglichst breiter Fächer von Konfliktlösungsmöglichkeiten erarbeitet.
> 3. **Bewertung der Lösungen**: Jetzt kann jeder, die für ihn bedrohlichen, verletzenden und unakzeptablen Lösungen streichen. Auch eine Modifizierung der Lösungsvorschläge ist möglich.
> 4. **Einigung auf die akzeptabelste Lösung**: Diese kann aber später auch noch modifiziert werden.

5. **Durchführung der Lösung**: Die durchzuführende Lösung wird konkret in Einzelschritten verhaltensnah für jeden festgelegt.
6. **Evaluation der Lösung:** Hier kann auch noch einmal eine Änderung stattfinden.

7.5 Coaching und der Veränderungsbereich »Verhalten«

Beratung zielt häufig in irgendeiner Weise auf Verhaltensänderung ab. Dabei wird auch das Denken als Verhalten im Sinne einer inneren Reaktion auf Situationen gewertet. Eine Therapierichtung, die das Verhalten in den Mittelpunkt stellt, ist die Verhaltenstherapie (VT). Beratung ist in der Verhaltenstherapie eine der möglichen Techniken, um Verhaltensänderungen sowohl beim Klienten als auch bei Personen der Umgebung zu bewirken. Schulte (1976) beschreibt den **verhaltensdiagnostischen Prozess** in fünf Phasen (vgl. Abb. 43, S. 166).

Die verhaltenstherapeutische Perspektive fokussiert sehr stark auf die detaillierte **Analyse von Verhaltens- und Gedankenketten**. Dann folgt die gezielte Veränderung im Detail, um daraus eine signifikante Veränderung in Richtung des Beratungsziels zu erreichen. Häufig wird aus der verhaltenstherapeutischen Vorgehensweise heraus die Zielbestimmung auch schon entsprechend detailliert vorgenommen. Dies hat für die Überprüfbarkeit Vorteile, birgt aber die Gefahr, dass am Anfang eines Coachings irgendein sehr offensichtliches, naheliegendes Ziel bis ins Detail operationalisiert wird.

7.6 Der Siegeszug der Verhaltenstherapie im Management

Manche Methoden in der Managementlandschaft beruhen auf einer simplifizierten Logik der Verhaltenstherapie. So zum Beispiel besondere Zielvereinbarungssysteme oder auch das so genannte Aktivitätenmanagement, das die Arbeitsvorgänge des Durchschnittsmitarbeiters ermittelt und auf alle überträgt. Insofern kann man von einem Siegeszug der VT gerade im Management sprechen. Hauptgrund dafür ist sicher auch der hohe »Mechanisierungsgrad« des Vorgehens, das verhaltenstherapeutisches Denken ermöglicht. Verhaltenstherapeutische Erkenntnisse und Vorgehensweisen stellen eine reiche Fundgrube für das Coaching dar. Dies gilt insbesondere, weil im Coaching eine schnell sichtbare Veränderung nützlich ist.

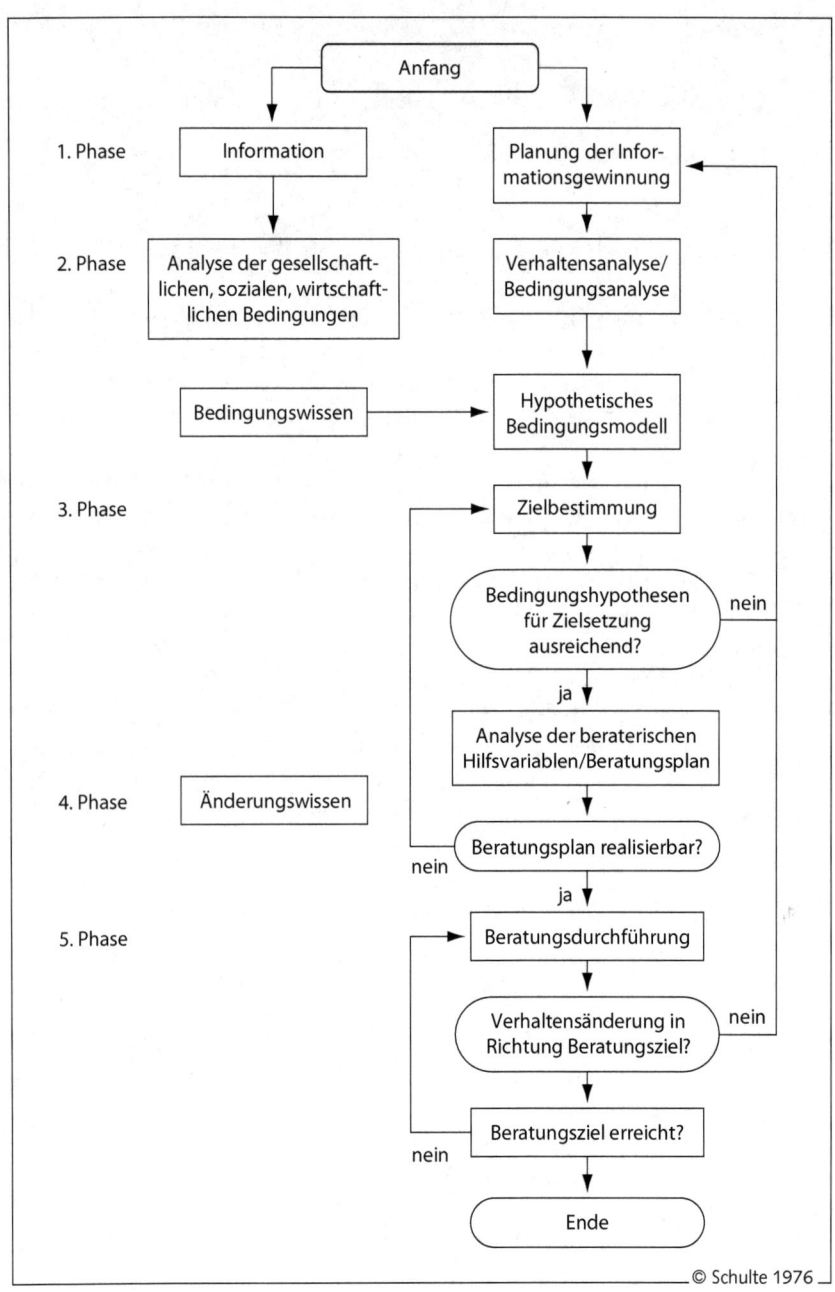

Abb. 43: Fünf Phasen des verhaltensdiagnostischen Prozesses nach Schulte

7.7 Veränderungsbereich »Verhalten« im einzelnen

Im Verhaltensbereich ist es wichtig, dass man bei der Zielfestlegung, wie das Verhalten geändert werden soll, nicht schon die Bedürfnisse des Beteiligten vergisst, d.h. die Bereiche »Beziehung« und »Selbsterfahrung« zu früh ausblendet. Veränderungen im Bereich Verhalten bewirken, heißt Anwendung von folgenden Lerngesetzen:

a) **Lernen durch Konditionierung**: Hier geht es um die beiden grundlegenden Lernprozesse im Verhalten. Ein Verhalten wird durch gemeinsames Auftreten mit einem vorhergehenden anderen Reiz mit der Zeit automatisch hervorgerufen (wie in der alten Geschichte vom Pawlow'schen Hund). Ein zweites ist das Verstärkungslernen, bei dem ein Verhalten systematisch mit einer angenehmen Belohung beantwortet wird und dadurch seine Auftretenswahrscheinlichkeit erhöht..

b) Lernen am Modell. Der Coach ist ständig ein Leitbild für den Klienten.

c) Regellernen, das vorwiegend kognitive Momente beinhaltet: Dies ist die Steuerung des inneren Dialogs eines Menschen. Durch intelligente Selbstinstruktion und klare »mentale Modelle« werden Verhalten und Gedanken in eine gute Richtung gelenkt.

7.7.1 Aufbau von Verhalten

Aufbau von Verhalten geschieht durch:

- **Positive Verstärker**: Es ist hier wichtig, aus den möglichen materiellen und sozialen Aktivitätsverstärkern die für eine Person relevanten herauszufinden.
- **Negative Verstärker**: Hier geht es um Situationen, bei denen ein negativer Reiz durch vorhergehendes Verhalten abgestellt bzw. durch nachfolgendes Verhalten beendet wird.
- Lernen am Modell: Es gliedert sich in die drei Phasen: Sehen des Modells, Nachahmung des Verhaltens, Verstärkung dafür. Gerade in der Erziehung kommt es leicht zu unbeabsichtigtem Aufbau nicht erwünschten Verhaltens.

7.7.2 Abbau von Verhalten

Abbau von Verhalten geschieht durch:
- **Löschung**: Zu berücksichtigen ist, dass bei Löschung kontinuierlich verstärkten Verhaltens dieses unerwünschte Verhalten in der Regel zunächst häufiger und intensiver auftreten kann. Darauf sollte der Coach vorbereitet sein, damit er die Wirkung einer Maßnahme nicht falsch beurteilt.
- **Verstärkerentzug**: Hier gibt es zwei populäre Methoden:
  - response cost: einen Verstärker bei bestimmtem Verhalten wegnehmen
  - time out: längerer Ausschluss bestimmter Verstärker, z.b. bestimmter Vergünstigungen, Freiheitsgrade, sozialen Kontaktes.
- **Bestrafung**: Der Einsatz direkter Strafreize ist aus mehreren Gründen problematisch: Das unerwünschte Verhalten wird nicht verlernt, sondern lediglich situativ gehemmt. Lässt der aversive Reiz nach, so tritt das unerwünschte Verhalten wieder auf, weil immer noch die Kontingenz zwischen Verhalten und Verstärker besteht. Eine Gefährdung und Verschlechterung der Beziehung des Klienten zu sich selbst ist zu erwarten. Durch Strafmaßnahmen werden keine neuen Verhaltensweisen aufgebaut.
- **Lernen am Modell**: Das Modell erlebt hier unangenehme Konsequenzen für sein Verhalten. Hier ist eine Geschichte über ein schlechtes Beispiel oft schon hilfreich.

7.7.3 Steuerung durch kognitive Verhaltensregeln

Bei den meisten Verhaltensweisen, insbesondere aber bei sozialem Verhalten kann man nicht davon ausgehen, dass alleine durch Verstärkung und Löschung etwas zu erreichen ist. Wenn es sich um unangemessene, störende Verhaltensweisen im Alltag handelt, kann das in der Beratungssituation erlernte Verhalten bei Wegfall der dort gegebenen Verstärker schnell unter Löschungsbedingungen geraten. Denn oft hat das neue Verhalten auch den Wegfall bisheriger sozialer Verstärker zur Folge.

Ein Beispiel dazu: Ein beim Examen durchgefallener Student dürfte eigentlich viel weniger Anlass haben, die Prüfung noch einmal anzugehen als einer, der bestanden hat. Von seiner Zielvorstellung her wird er jedoch meist einen weiteren Versuch machen.

Insgesamt sind Verhaltensregeln als Bezugselemente zwischen der kognitiven und der Verhaltensebene in der Regel in Kombination mit anderen Modifikationsmethoden zu sehen. Konkrete Verhaltensregeln sollten das kritische Verhalten und dessen Ziel und Zweck enthalten. Denn sie sollen die Doppelfunktion: einerseits Beschreibung und Analyse des Verhaltens und andererseits Mittel zur Verhaltensänderung erfüllen.

Rahmenbedingungen für die Verhaltensregeln können dabei sein:

a) Wichtige, immer wiederkehrende Verhaltensanforderungen sollten nicht in Form von einzelnen und individuellen Anforderungen gegeben (und verstärkt), sondern in Form von Verhaltensregeln (Leitsätzen) formuliert (und verstärkt) werden. Hier ist die konkrete Ebene der Einzelsituation durch die abstrakte zu ergänzen.

b) Die Klienten selbst sollten die Verhaltensregeln entwickeln und wenn dazu keine Idee vorliegt, sich zumindest intensiv mit den Vorschlägen des Coaches auseinandersetzen müssen.

c) die Anzahl der Regeln darf nicht zu groß sein, sie muss vielmehr der Kapazität des Klienten angemessen sein, was z.B. eine berufserfahrungs- und persönlichkeitsbezogene Abstufung der Anzahl der Verhaltensregeln notwendig macht.

d) Widersprüchliche Regeln müssen vermieden werden.

e) Die Regelbefolgung sollte durch das Aufzeigen von Alternativen zum regelabweichenden Verhalten unterstützt werden.

f) Es sollten klare positive und negative Konsequenzen für Regelbefolgen bzw. Regelverstoß abgesprochen und realisiert werden.

7.7.4 Selbstkontrolltechniken – Eigensteuerung von Verhalten

Selbstkontrolltechniken erlangen gerade in der Situation nur sehr weniger Beratungskontakte große Bedeutung. Den Prozess kann man in sechs Stufen sehen:

1. Selbstbeobachtung und Selbstbewertung
2. Entscheidungsfestlegung zur Verhaltensänderung
3. Verhaltensanalyse: systematische Beobachtung, unter welchen Bedingungen das unerwünschte Verhalten auftritt.
4. Eigengesteuerte Verhaltensäußerung: Hier stellt sich das Problem, wie weit das gewünschte Verhalten im Verhaltensrepertoire enthalten ist.
5. Selbstverstärkung: Die Fremdverstärkung durch den Berater wird durch Selbstverstärkung ersetzt.
6. Konsolidierung: Neben die Verstärkung muss dabei auch kognitive Reflexion treten.

Der Coach soll dabei Hilfestellung leisten:
- Als Gesprächspartner im partner-zentrierten Gespräch zu größerer Klarheit bei der Selbstbewertung und der Definition des Zielverhaltens führen
- Unterstützung bei der Präzisierung der »Vertrags«-Inhalte
- Hilfe bei der Festlegung des Was und Wie der Verhaltensanalyse/-beobachtung
- Hilfe bei der Präzisierung der Selbstverstärkungsform nach anfänglichem Geben von Fremdverstärkung.

Als Methode der Eigensteuerung des Verhaltens kommt erst einmal die Situationsmanipulation, wie z.b. beim Arbeitsverhalten in Frage. Als Zweites ist die Veränderung der Selbstkommunikation von einer destruktiven Tendenz in konstruktive Richtung anzustreben Das läuft wieder in einem dreistufigem Prozess ab: (1) Verhaltensanalyse, (2) Erlernen konstruktiver Selbstkommunikation, (3) Realisierung des Verhaltens auch außerhalb der Beratung.

7.8 Ein möglicher Prozessablauf

Wie kann nun ein kombiniertes Prozessmodell aus diesen Methoden aussehen?

Das Modell besteht aus 15 Schritten, die ich hier kurz ansprechen will.

1. **Erste Information**: z.B. Anmeldung des Klienten durch sich selbst und/oder andere (Chef, Personalentwicklung,...)
2. **Informationsverarbeitung**: Schon durch diese ersten Informationen werden Einstellungen, Meinungen oder bestimmte Haltungen beim Berater geprägt. Der »diagnostische Urteilsprozess« beginnt.
3. **Hypothesenbildung**: Dabei soll die Ausrichtung an einer Theorie allein vermieden werden. Der Berater soll sich aber dennoch seines persönlichen Modells, das er zugrunde legt, bewusst werden.
4. **Eigene Kompetenz ausreichend?** Der Berater soll sich aufgrund der Informationen, seiner Fähigkeiten und seiner persönlichen Anteilnahme entscheiden, ob er die dem Klienten notwendige Unterstützung geben kann.
5. **Zielbestimmung möglich?** Es wird untersucht, ob sich auf der Basis der vorliegenden Informationen schon ein Ziel bestimmen lässt.
6. **Planung der Informationserhebung**: aus den Hypothesen folgt eine problemorientierte Informationserhebung.

7. **Durchführung der Informationserhebung**: Dabei kann das übliche diagnostische Instrumentarium zum Einsatz kommen (Testverfahren, standardisierte Verhaltensinventare, Exploration, Anamnese, Verhaltensbeobachtung etc.).
8. **Kontrolle der Auswirkungen auf den Klienten**: Hier bietet sich ein Vorgehen wie in der klienten-zentrierten Gesprächstherapie an. Der Berater setzt sich mit den verbalen und nonverbalen Hinweisen des Klienten auf seinen derzeitigen gefühlsmäßigen Zustand auseinander.
9. **Klient an Weiterarbeit interessiert?** Der Klient entscheidet, ob er bereit ist, auch weiterhin am Beratungsprozess teilzunehmen.
10. **Überweisung**: Bei mangelnder Kompetenz gibt der Berater Hinweise bezüglich anderer Institutionen.
11. **Zielbestimmung**: Diese bei der Gesprächstherapie und Psychoanalyse nur allgemein, bei der Verhaltenstherapie und in der Transaktionsanalyse explizit formulierte Zielbestimmung ist abhängig von den spezifischen Vorstellungen über Machbares, von gesellschaftlichen Vorstellungen, aber auch den Vorstellungen des Klienten selbst. Das Beratungsziel sollte in einem gemeinsamen Prozess festgelegt werden. Es soll konkrete Festlegungen bezüglich Verhalten, Einstellungen, Normen etc. beinhalten.
12. **Planung der Beratungsdurchführung**: Hier werden die einzelnen Beratungselemente festgelegt.
13. **Beratungsplan realisierbar?** Sind die räumlichen, zeitlichen und personellen Bedingungen ausreichend? Das kann zur Abwägung organisatorischer und inhaltlicher Momente führen.
14. **Beratungsdurchführung**: Hier soll auch geprüft werden, inwieweit der Klient dazu in der Lage ist, die Beratungsmaßnahmen auch in der praktischen Anwendung als für sich angemessen zu akzeptieren.
15. **Veränderung in Richtung auf das Ziel?** Zur Überprüfung kann man hier Häufigkeitstabellen für bestimmte Verhaltensweisen wie in der Verhaltenstherapie oder die Klienten-Erfahrungsbögen aus der Gesprächsthapie benutzen.
    a) *Ziel erreicht?* Hat sich der Klient an die Ziele angenähert? Hier ist ein Vergleich zwischen Soll- und Ist-Zustand nötig. Spezifische Ziele sind dabei leichter zu überprüfen.
    b) *Neue Zielbestimmung notwendig?* Möglicherweise ist aufgrund diagnostischer Informationen oder der Beratungseffekte eine Korrektur des Zieles notwendig.

Der österreichische Transaktionsanalytiker und Coach Werner Vogelauer hat für die Strukturierung des Coachings einen interessanten Vorschlag gemacht, der sowohl das Gesamtcoaching als auch einzelne Sitzungen abbildet und verbindet (Vogelauer, 2005).

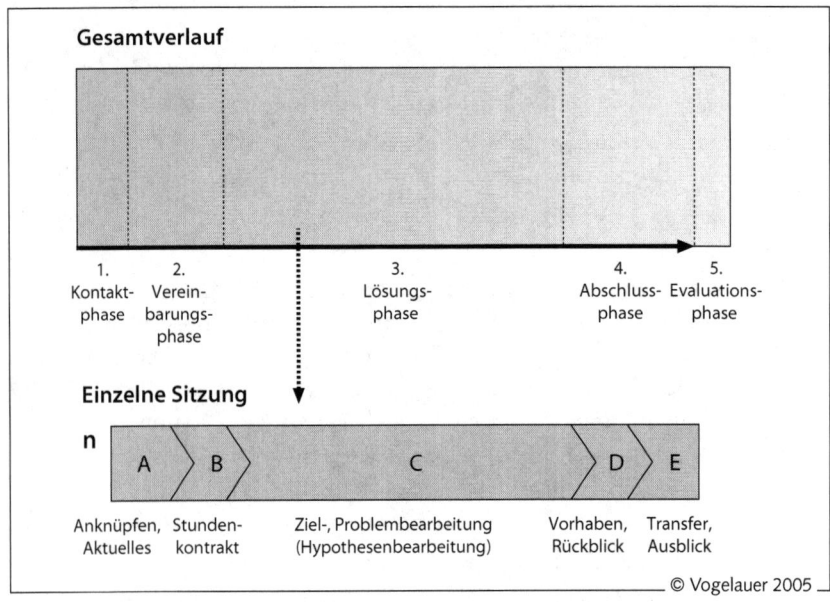

Abb. 44: Die Phasen des Coaching-Verlaufs

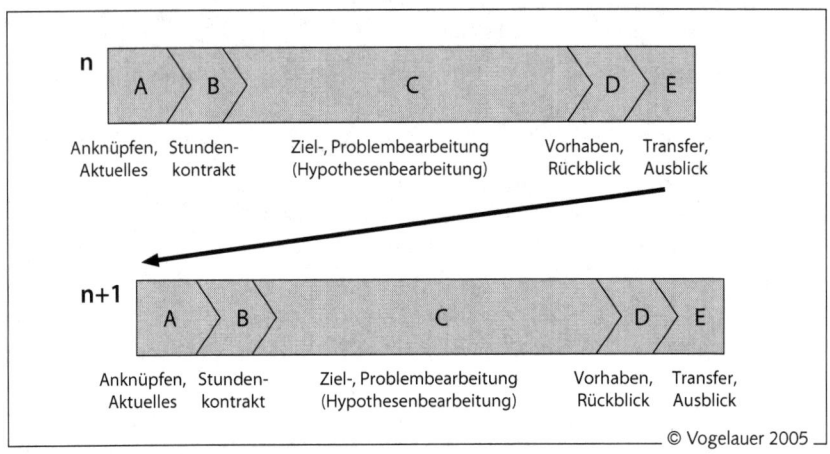

Abb. 45: Verbindung einzelner Coaching-Sitzungen

Zusammenfassend sind in diesem Modell drei Prozesse enthalten:
1. der diagnostische Prozess, bei dem durch unterschiedlichste Verfahren Informationen herangezogen werden,
2. der eigentliche Coaching-Prozess, der möglichst nicht nur einer bestimmten Theorie verhaftet bleiben soll, sondern unterschiedlichste Elemente enthalten kann und
3. der Kontrollprozess, bei dem ständig die Auswirkungen des Beraterverhaltens auf den Klienten überprüft werden.

7.9 Abschließendes zur Detailabeit

Der Coach sollte aus der Perspektive der psychologischen Beratungs-Methoden sowohl die partnerschaftliche Haltung des Verhaltenstherapeuten als auch die abwartende Haltung des Analytikers und das nicht-direktive Verhalten des Gesprächstherapeuten im Erstinterview einer Beratung beherrschen. Zu Beginn eines Beratungsgespräches sollte die nicht-direktive Haltung stehen, da sie für die ersten Kontakte die Gelegenheit gibt, dass der Ratsuchende sich frei mitteilt und entfalten kann. Schon am Ende der ersten Gesprächssitzung könnten jedoch lerntheoretisch fundierte Verfahren Anwendung finden. Der Berater sieht jedes Verhalten als in irgendwelchen Zeitabschnitten unter irgendwelchen Bedingungen erworben an. Ganz pragmatisch soll daher bei der Beratung das Fragen auf ganz bestimmte Fehlverhaltensweisen gelenkt werden, wobei der Coach aber die warme Atmosphäre aufrechterhalten sollte. Dabei gibt es drei Ziele:

- Der Klient soll nicht ständig und ausschließlich über seine Schwierigkeiten sprechen; die Gefahr dabei ist, dass diese dadurch noch verstärkt wird.
- Das konkrete Verhalten, das das »Symptom« ausmacht, soll genau beschrieben werden nach Art, Häufigkeit, Intensität.
- Man sollte die äußeren und inneren Bedingungen, die der betreffenden Schwierigkeit vorausgehen bzw. nachfolgen, herausfinden, um Kontingenzen festzuhalten.

Sind die Kontingenzen erkannt, so ist es wesentlich, den Klienten mit diesen Gesetzmäßigkeiten vertraut zu machen. Es ist meist einfacher, lerntheoretische Erklärungen zu vermitteln als psychoanalytische.

Außerdem ist die Kenntnis der Lernprinzipien eine wichtige Hilfe für die Bewältigung neuer Problemsituationen. Dennoch sind psychoanalytisch orientierte Erklärungen oft sehr erhellend. Sie erfassen häufig einen Gesamtzusammenhang (z.B. einen Parallelprozess: »In unserer Beratungsbeziehung inszeniert sich das gleiche wie in ihrer Beziehung zu Ihrem Mitarbeiter.«) Zudem haben tiefenpsychologische Hypothesen gegenüber den mehr mechanischen der Verhaltenstherapie auch eher etwas Geheimnisvolles, was eher innere Suchprozesse zu neuen Lösungsprozessen beim Klienten eröffnet.

Ist dem Klienten eine Verhaltensänderung durch die Erkenntnis des Zusammenhangs nicht möglich, können die adäquaten Verhaltensweisen z.B. durch Rollenspiele eingeübt werden. Ganz wesentlich ist dabei, dass die zu lernenden Verhaltensregeln in Einzelschritte dosiert werden. Es wäre jedoch naiv, wenn der Coach sich nur abfragend oder anweisend verhielte. Empfehlenswert ist ein ständiges Wechselspiel zwischen anteilnehmender Zurückhaltung, Information, Förderung und Stütze. Es reicht nicht, nur mit direkter Verhaltensbekräftigung als Lernprinzip zu arbeiten. Das Instrumentarium kann beinhalten:

- Benutzung von Fragebogen zur Ermittlung relevanter Bekräftigungsereignisse,
- selektive positive Bekräftigung von Sprachäußerungen bestimmter Art,
- Anwendung partieller Bekräftigungspläne,
- »Gedankenstoppen«,
- Lernen am Modell.

Das Vorgehen sollte ganz pragmatisch sein, so dass der Klient nicht das Gefühl bekommt, er sei einer bestimmten Schulmeinung ausgeliefert. Es gibt nicht »die einzig richtige Beratungstechnik«.

- Die Basis und Wirkungsweise bestimmter Methoden ist noch weitgehend ungeklärt.
- Es ist derzeit nicht klar, in welchem Ausmaß lerntheoretisch fundierte Methoden die aus früheren Sozialisationsstadien stammenden Probleme übergehen können, was eventuell ein psychoanalytisches Vorgehen nahelegen würde.

Coaching kann also auf der Verhaltensebene eine Reihe unterschiedlicher Fragestellungen angehen. Aber wie sieht es aus, wenn man gemeinsam mit anderen im Coaching ist? Geht das überhaupt? Dies ist der Schwerpunkt des nächsten Kapitels.

8. Praxis III: Coachinggruppen in Unternehmen

8.1 Beispiel für Cochinggruppen: »Praxisberatung Führung und Management«

- Spätnachmittags um 17.00 Uhr treffen sich fünf Führungskräfte zur »Praxisberatungsgruppe«Führung und Management« mit einem Coach im Bildungszentrum einer Regionalbank.
- Die Gruppe beginnt pünktlich um 17.00 Uhr.
- Am Anfang stellt der Coach vier Fragen: »Was ist aus dem vom letzten Mal geworden? Was beschäftigt Sie zur Zeit in Ihrer Führungsrolle, was beschäftigt Ihre Mitarbeiter? Gibt es ein Anliegen, das Sie heute ausführlicher besprechen wollen?« In der folgenden Anfangsrunde gibt es schon persönlich-professionelle Feedbacks seitens des Coaches.
- Einer von den Führungskräften will heute erfahren, wie er von Teamgesprächen, in denen er bisher fast ständig in die Rolle des Alleinunterhalters kommt, hin zu mehr Beteiligung und Verantwortungsübernahme der Mitarbeiter kommt.
- Ein anderer hat in den nächsten Tagen ein schwieriges Gespräch mit einem Mitarbeiter zu führen, bei dem er diesem quasi »die gelbe Karte« zeigen muss.
- Ein dritter möchte gerne wissen, wie er den jüngsten Controllingbericht in seiner Vertriebseinheit interpretieren kann und wie er mit der Rückmeldung seines Chefs, er sei »einfach zu zahm«, umgehen kann.
- Zusätzlich steht heute ein Theoriethema auf dem Plan: »Zeitstrukturierung unter Beziehungsaspekten«. Es nimmt mit Übung etwa eine halbe Stunde in Anspruch.
- Nach der Anfangsrunde erfolgt die Zeitplanung und die nach passenden Methoden vorgehende Bearbeitung der Fallsituationen mit Lerneffekt für alle, aber auch mit entsprechenden persönlichen Anregungen für den Fallgeber.
- Kurz vor 19.00 Uhr gibt es eine Auswertungsrunde, ein neuer Termin wird vereinbart und die Teilnehmer nehmen einen aktuellen Artikel über Wettbewerbstheorie zur Lektüre mit.

8.2 Die Organisation der Coachinggruppen

Zwischen 17.00 und 20.00 Uhr, wenn die meisten Geschäftsstellen geschlossen sind, treffen sich regelmäßig Führungskräfte im Bildungszentrum einer Regionalbank. Sie kommen zusammen, um in der Gruppe mit einem Berater (Coach und Supervisor) gemeinsam praktische Fälle ihrer Führungsarbeit zu lösen. Problemlösung und Weiterbildung sind dabei verknüpft.

Für die Firmierung der Supervision wurde der Begriff »Praxisberatung« gewählt, weil der Einstieg zu einem Zeitpunkt stattfand, als Supervision in Unternehmen noch zu fremd klang. Die Rahmenbedingungen der Praxisberatungsgruppen sind:

- Gruppengröße: 4 bis 5 Personen,
- Dauer: 2 bis 2,5 Stunden,
- Kollegen, die nicht direkt zusammenarbeiten, vergleichbare Hierarchiestufe,
- regelmäßiger Turnus, zehn bis zwölf Termine im Jahr,
- professionelle Leitung und Steuerung.

8.3 Die Themen in den Coachinggruppen

Die aktuellen Situationen und Probleme des Führungsalltags stellen die Themen. Dies betrifft alle Komponenten der Organisationsbeziehungen, die eine Führungskraft hat. Es ist einmal das Umgehen mit Mitarbeitern, die Beziehung zum Unternehmen oder auch die Beziehung der Führungskraft zu sich selbst. Die Themen sind so unterschiedlich wie der Führungsalltag. Sie sind außerdem durch die aktuellen Veränderungen im Unternehmen geprägt: Fusionen von Organisationseinheiten, Umstrukturierungen, neue Vertriebssysteme.

Auch in diesem Projekt, an dem vorwiegend Vertriebsführungskräfte teilnahmen, war klar: Die Art, wie in einer Organisationseinheit geführt wird, hat direkten Einfluss auf die Art, mit der sie die Beziehung zu ihren Kunden gestaltet. Führungsbeziehung und Geschäftsbeziehung sind ein System. Die gleichen Menschen beeinflussen beide Prozesse. Wesentliche Veränderungen der Rolle der Führungskräfte zeigen sich in erster Linie für die Vertriebsführungskräfte. Bei zunehmender Konkurrenz und niedrigeren Margen im Markt der Finanzdienstleistungen wird die Vertriebsorientierung in Banken zur wesentlichen Strategie. Dies bedeutet für die Mitarbeiter und Führungskräfte Veränderungen der Professionsrolle und der Organisationsrolle (Schmid, 1994; Mohr, 2000).

Gerade in Banken konnten Führungskräfte lange Zeit Verwalter von Vorschriften aus Organisationshandbüchern sein. Viele haben das früher beklagt. Heute wird der Zeit zum Teil nachgeweint, weil die Veränderung so schnell erfolgt, dass die Organisationshandbücher nicht nachkommen. Restrukturierungsprozesse können nicht warten, bis jede Kleinigkeit der Organisation geregelt ist. Auch der Bezugsrahmen bezüglich des Unternehmens, das Denk- und Glaubenssystem über das, was man selbst ist, wie das mit den anderen ist und wie die Welt sich verhält, ist einer ständigen Veränderung unterworfen. Die Praxisberatung macht hier ein konkretes Unterstützungsangebot. Die systemische Komponente zeigt sich hier auch in der Orientierung, dass Führung in einer Organisationseinheit ein gemeinsam getragenes »Gut« ist.

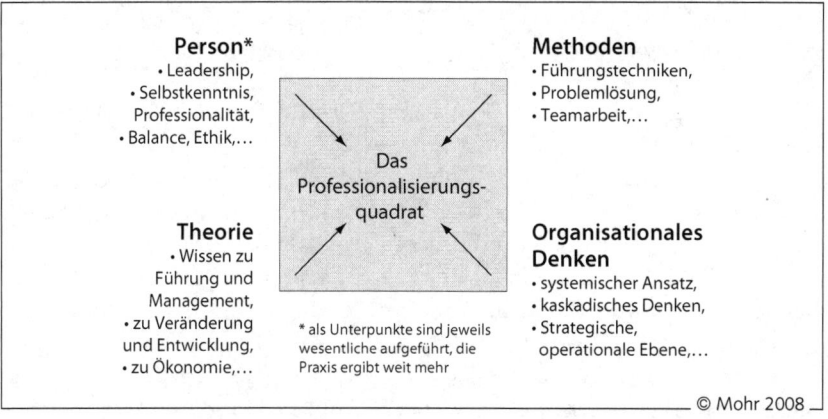

Abb. 46: Konzept der Praxisberatungsgruppe »Führung und Management« – Zielbereiche

8.4 Coaching als Supervision der Führungskraft

Der Coach tritt in der Praxisberatung beim einzelnen Praxisfall mit dem jeweiligen einzelnen Führungssystem des Fallgebers in Kontakt. Supervision hat als Beratungsform den Schwerpunkt auf der Unterstützung eines Beratenen bei der Lösung konkreter einzelner Praxisfragen. Das System »Führungssupervision« koppelt an das System Führung an. Dies bedeutet, dass es günstig für den Beratungsprozess ist, erst einmal von der Unterschiedlichkeit zweier eigenständiger Systeme »Führung« und »Führungskräfteberatung (Supervision, Coaching) auszugehen. Führung wird durch andere Paradigmen (ökonomische Ziele, Umsetzung von Unternehmensvorgaben) geleitet als Beratung, die aus angemessener Distanz bei der Bezugnahme auf die Paradigmen der Führung hilft.

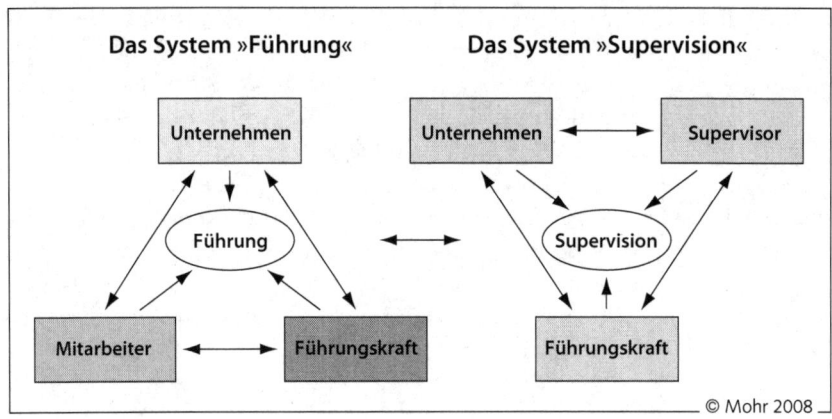

Abb. 47: Systembegegnung

Diese unterschiedlichen Paradigmen zeigen sich auch in den Vorgehensweisen in der Arbeit bis auf die Mikroebene der Sprache. Jedes System kreiert seine eigenen Charakteristika (Mohr, 2000, 23). Im Führungssystem ist die Führungskraft in der Rolle des Vorgesetzten anderen gegenüber. Im Supervisionssystem ist sie Klient. Das Unternehmen gibt im Führungssystem die Vorgaben und Rahmenbedingungen der Arbeit. Im Supervisionssystem sind die Rahmenbedingungen durch die Erkenntnisse über das Wirksamwerden guter Beratung bestimmt. Das Unternehmen ist hier für das Wirksamwerden der Supervision lediglich ein zu berücksichtigender »Beziehungspartner« neben den anderen (Führungskraft, Mitarbeiter). Auf der Basis dieser Unterschiedlichkeit – man könnte von einer regelrechten Begegnung unterschiedlicher Kulturen sprechen – sind gemeinsame Anknüpfungspunkte zwischen beiden Seiten zu eruieren. Diese Vorgehensweise schützt gerade in Organisationen vor der verbreiteten Illusion, dass alle doch sowieso an einem Strang ziehen und auch das Gleiche unter bestimmten Begriffen meinen. Liegen genügend

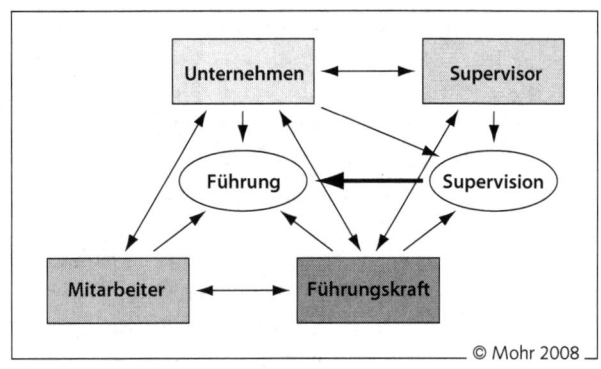

Abb. 48: Systemankopplung

dieser Anknüpfungspunkte vor, kommt es zum Ankoppeln der Systeme. Der Berater begibt sich mit dem Unternehmen und der einzelnen Führungskraft in eine bestimmte Beziehung. Erst einmal sind jedoch Führungssystem und Supervisionssystem als unterschiedliche Systeme zu betrachten. Das Ankoppeln eines Supervisionssystems an ein Führungssystem ist eine systemische Intervention. Innerhalb dieses Rahmens sind transaktionsanalytische Beratungsinterventionen zur Unterstützung der Führungssysteme sehr hilfreich. Das kann in einer Organisationseinheit eine Kultur der Zusammenarbeit modellieren und fördern.

Die Entscheidung, das Beratungsangebot zu machen und über die Führungskraft das einzelne Führungssystem zu erschließen, ist auch eine ökonomische. Teamsupervision, bei der das ganze Team inklusive Führungskraft beraten wird, entwickelt ein anderes Beziehungssystem. Es ist ein aufwendigeres, aber ebenfalls denkbares Verfahren zur Entwicklung eines Führungssystems. Zwei weitere Gründe sprechen für die Vorgehensweise der Führungskräftesupervision. Gerade in Unternehmenskulturen, die traditionell aus eher patriarchalischen Strukturen erwachsen sind, ist der Schritt, gemeinsam in die Teamsupervision zu gehen, für Führungskräfte nicht naheliegend. Die Supervision für Führungskräfte ermöglicht außerdem ein Eingehen auf die aktuell anliegenden Themen, die in einem sehr breiten Fächer von Weiterbildungsthemen (»normale« Führungsthemen, Managementthemen, Reorganisation, persönlicher Umgang mit der Führungsrolle) bestehen.

Der Supervisor benötigt einerseits Feldkenntnis über den Rahmen und die Bedingungen des jeweiligen Führungssystems vor Ort. Sonst wird er kaum spezifische Lösungen unterstützen können. Andererseits benötigt er die Fähigkeit, innerlich immer die nötige professionelle Distanz zum einzelnen Fallthema zu behalten. Wichtig ist weiterhin die Diskretion der Arbeit in den Gruppen sowie eine klare Abgrenzung gegenüber Sozialberatung. Inhalt der Supervision ist Führungsweiterbildung und Lösung von Führungsproblemen.

8.5 Methodische Instrumente

In der Praxisberatung entwickeln die Führungskräfte in kleinen Gruppen ihre Führungskompetenz mithilfe eines Methodeninventars, in dem TA eine große Rolle spielt. Transaktionsanalyse bietet hier den Vorteil, sowohl eine beraterische Seite als auch pädagogische Ansätze (Napper/Newton, 2000) zur Verfügung zu stellen. Die Transaktionsanalyse gibt über ihr Persönlichkeits-, Kommunikations- und Veränderungskonzept ein breites Interventionsrepertoire vor. Insbesondere die Verbindung von TA mit systemischem Denken eignet sich in turbulenten Umstrukturierungszeiten zur Aktivierung der Menschen hin zu lösungsorientiertem Vorgehen, da hier die Bezugsrahmen der persönlichen Reaktion im »kleinen« Beziehungskontext und der übergreifenden und langfristigen Entwicklung gemeinsam geübt wird. Es kann beispielsweise in einem Veränderungsprojekt darum gehen, wie ich eine eigene Reaktion in der Beziehung zum Projektleiter im Veränderungsprojekt – er nervt mich einfach – mit meiner sich anpassenden Professionsidentität hin zum Vertriebsspezialisten in einer sich verändernden Bankenwelt vereinbare.

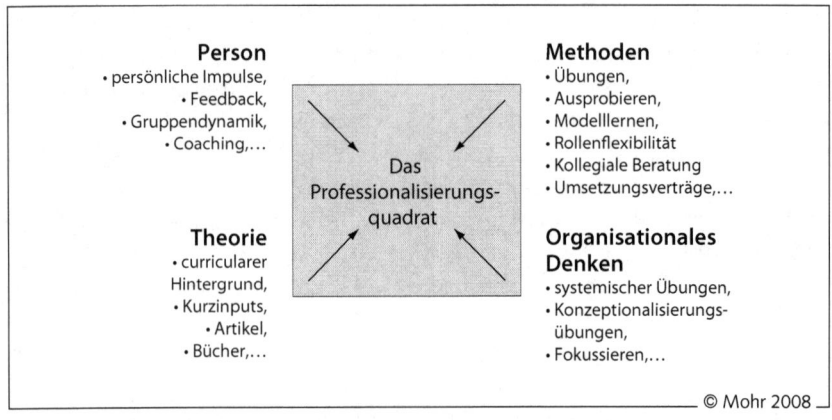

Abb. 49: Konzept der Praxisberatungsgruppe »Führung und Management« – Vorgehen

Die Praxisberatungsgruppen als Form der beratenden Weiterbildung vermitteln Führungsfertigkeiten, versorgen zusätzlich mit dem neuesten Managementwissen und lehren es anzuwenden. Durch den professionellen Supervisor wird für die Führungskräfte Persönlichkeitsentwicklung in der Führungsrolle möglich. Außerdem bietet dieses Qualifizierungssystem den Führungskräften die Möglichkeit einer Unterstützung bei der aktuellen Problemlösung. Dies schafft wiederum Wissen in der Organisation. Aus der Personenqualifizierung wird so auch Systemqualifizierung. Diese methodische Basis wird ergänzt durch Wissenstransfer. In der Praxisberatung bedeutet Führen weiterentwickeln, sich auch mit Wissensthemen im Bereich Führung auseinander zu setzen. So bekommen die Teilnehmer regelmäßig Unterlagen »Trends und Perspektiven zu Führung und Management«, in dem in der Fachwelt aktuell diskutierte Themen aus Führung und Management beschrieben sind. Der Teilnehmer kann in einer Mappe seine bearbeiteten Praxisfälle und die erhaltenen Wissensbeiträge sammeln. So behält er seinen individuellen Lernprozessverlauf im Auge.

Da die Praxisberatung in der Regel im Bildungszentrum stattfindet, bildet die methodische Vorgehensweise »Tournee« hier eine wertvolle Ergänzung. Dabei werden die Sitzungen der Praxisberatungsgruppe von Zeit zu Zeit in den einzelnen Organisationseinheiten der Teilnehmer durchgeführt.

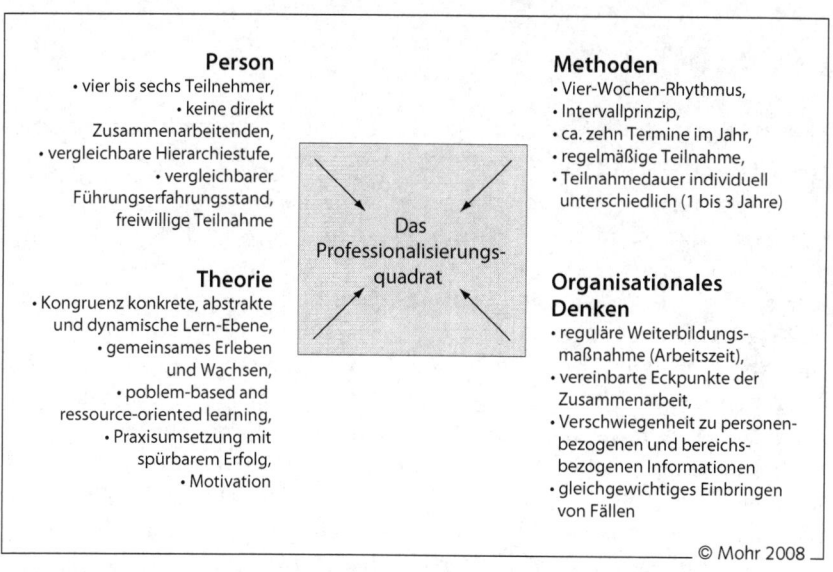

Abb. 50: Konzept der Praxisberatungsgruppe »Führung und Management« – Pädagogisches Konzept

8.6 Resonanz der teilnehmenden Führungskräfte

Eine anonyme Befragung von Teilnehmern der Praxisberatungsgruppen für die Arbeit eines Jahres brachte Ergebnisse zum Nutzen und zum Erleben dieses methodischen Ansatzes.

Auf die Frage, inwieweit die Teilnehmer die Themen und Problemstellungen, die ihnen wichtig waren, in der Praxisberatung besprechen konnten, gaben 76,5 Prozent die maximale Wertung mit vollkommen ausreichend. Dass die Praxisberatung für den Teilnehmer selbst bei den entscheidenden Herausforderungen im Jahr hilfreich war, beantworteten 94,1 Prozent mit ja. Danach konnten die Teilnehmer folgende Fragen beantworten:

- Wie zeigte sich der **Nutzen** bezüglich der Themen, die die Teilnehmer einbrachten?
- Was war an der **Arbeitsweise der Praxisberatung** besonders wichtig?

- Inwieweit konnten **Elemente der Praxisberatung** auf die Organisationseinheiten der Teilnehmer **übertragen** werden?
- Welche Punkte der Arbeitsweise der Praxisberatung lassen sich **in den Führungsalltag** übertragen?

8.6.1 Nutzen

Hier ergaben sich verschiedenartige Nutzen. Dies beginnt mit der **Verbesserung der Zusammenarbeit** mit den Mitarbeitern:
- Anregungen für das Verhalten gegenüber Mitarbeitern,
- Heikle Themen mit Mitarbeitern anpacken.

Für ebenso wichtig wurde die persönliche Entwicklung in Bezug auf das **Selbstmanagement** angesehen: Souveräneres Auftreten, Neue Gesichtspunkte in scheinbar verfahrenen Situationen, Gewinnung neuer Perspektiven bei Vorgehensweisen, Verminderung von Selbststress, Steigerung der Selbstachtung, Verdeutlichung der eigenen Rollenkompetenz, Zielgerichtetes Vorgehen, Selbstkritik. Ein Großteil der Führungskräfte hob die **Lösungsorientierung** hervor: Erarbeitung von Lösungen für konkrete Themen, Entwicklung verschiedener Lösungsstrategien unter Berücksichtigung der eigenen Probleme sowie der Probleme der Mitarbeiter, Lösungsvorschläge, die zur Anwendung kommen. Somit zeigt sich insgesamt, dass der Nutzen nicht nur in dem inhaltlichen Einzelthema, sondern in der »Kultur« des Erarbeitens gesehen wird. Dieser Prozessaspekt der Methode wurde in der nächsten Frage noch spezifischer erörtert.

8.6.2 Arbeitsweise der Praxisberatung (Supervision)

Fast alle heben die **Art der Zusammenarbeit in den Gruppen** hervor. Es fallen Stichworte wie: vertrauensvolle, offene und ehrliche Zusammenarbeit, Diskretion, optimale Teilnehmerzahl, homogene Gruppe, kommunikativer, kritischer Austausch. Ein wichtiger Punkt war die Steuerung der Arbeit der Gruppen: vorrangige Behandlung besonders dringlicher Probleme, Frage nach aktuellen Fragestellungen, sofortiges Aufgreifen der Brennpunkte, Vereinbarung mit den Teilnehmern. Das selbstständige und gemeinsame Erarbeiten von Lösungen wurde ebenfalls betont: Finden von Problemlösungen, selbstständiges Erarbeiten von Lösungen, Kombination von eigenen Themen, fremden Themen und Theorie, Unterstützung bei Entscheidungen, Anregungen, Hilfestellung für weitere Vorgehensweise. Ein Statement eines Teilnehmers dazu: »(es) ... ist wichtig für mich, dass es sich nicht um theoretische Fragestellungen/Probleme handelt, sondern um tatsächliche, bei denen man auch den weiteren Verlauf in der Realität verfolgen kann.«

Im Bereich »**Persönliche Entwicklung als Führungskraft**« ergaben sich sechs Dimensionen: die eigene Persönlichkeit respektieren, Persönlichkeit von Mitarbeitern respektieren, krisenhafte Erscheinungen besser meistern, Feedback zu eigenem Verhalten bekommen, Umgang mit Veränderungsprozessen der Organisation, Rollenbewusstsein im Unternehmen als Manager und im Privatleben als Partner/Elternteil. Aus der Perspektive der Systemqualifizierung interessierte die Frage, wieweit die Arbeit in der Praxisberatung auch in das Führungssystem hineingetragen werden kann. Hier wurden folgende Effekte beschrieben: mehr Bereitschaft auch der Mitarbeiter zur Weiterbildung, direkteres Ansprechen von Konflikten, Belebung der Kommunikation, mehr kommunikative und kooperative Zusammenarbeit, Förderung des Teamgeistes, Entstehen eines Teamgefühls in der Organisationseinheit vor Ort, Stärkung »positiver« Einstellungen. Dieses Thema wurde noch einmal auf die Arbeitsweise der Praxisberatungsgruppen hin spezifiziert.

8.7 Prinzipien einer Inhouse-Coachingstelle

Die Arbeit einer internen Beratungseinheit ist zweckmäßigerweise von Grundsätzen getragen. Diese sind im vorliegenden Falle:

- **Systemische Orientierung**
- **Persönlichkeitsbezogenes Arbeiten**
- **Ethik**
- **Ressourcenschonendes Vorgehen und nachhaltige Entwicklung**
- **Ständige Qualitätsverbesserung**
- **Einheit von Diagnose und Intervention**

Systemische Orientierung: Dies meint, dass in der praktischen Arbeit mit dem einzelnen oder der Gruppe ihre systemische Vernetzung in die Gesamtorganisation berücksichtigt ist. Außerdem berücksichtigt dies das Wirken der Wirklichkeitskonstruktionen, die von einzelnen und Gruppen der Organisation vorgenommen werden. Transaktionsanalyse hat von Anfang an eine systemische Komponente. Eric Berne hatte Kontakt zu den Urvätern der Systemtheorie wie dem Kybernetiker Norbert Wiener. Die Konzepte zu Ich-Zuständen und Spielen bilden einen Vernetzungsaspekt ab (Berne,1964). Das Konzept Bezugsrahmen von Schiff und ihren Kollegen des Cathexis-Instituts

(Schiff, et al., 1975) ist ähnlich dem, was später in den systemischen Ansätzen mit der Wirklichkeitskonstruktion beschrieben wurde.

Persönlichkeitsbezogenes Arbeiten: Die Arbeit der Praxiberatung hat zum Ziel, die Persönlichkeit der Teilnehmer zu entwickeln. Dies bezieht sich auf das Leben der Berufsrollen und ist dabei ganzheitlich auf Verhalten, Denken, Fühlen und Beziehungsgestaltung der Teilnehmer orientiert. Modelltheoretisch sind darin die Rollentheorie (Schmid, 1994) und die Ich-Zustandsvorstellung der ganzheitlichen Gestalt aus Denken, Fühlen und Verhalten zugrundegelegt.

Ethik: Die Arbeit mit den Klientensystemen, egal ob es sich um einzelne oder mehrere Personen handelt, ist durch ethische Regeln geleitet. Diese orientieren sich an den von den transaktionsanalytischen Verbänden (DGTA- www.dgta.de, EATA – www.eatanews.org, ITAA – www.itaa-net.org) beschriebenen Vorgaben. Insbesondere werden in der internen Beratung personenbezogene Informationen und Daten diskret behandelt. Der Diskretionsaspekt ist deshalb gesondert hervorzuheben, da sich hier die interne Beratung von der Funktion Personalentwicklung in einem Unternehmen abgrenzt, die ja für die individuelle und unternehmensweite Personalplanung an Informationen interessiert ist.

Ressourcenschonendes Vorgehen und nachhaltige Entwicklung: Die knappste Ressource ist heute die Zeit. Berne hatte den Umgang mit der Zeit bei Menschen als eine der schwierigsten Aufgaben im Leben bezeichnet. Für die Beratung hatte er empfohlen, einen Klienten in der ersten Stunde zu »heilen«, und wenn das nicht gelinge in der zweiten usw. Bernes Arbeiten kann so von Anfang an sehr stark ressourcenschonend verstanden werden. Die Praxisberatung wird deshalb so angelegt, dass eine angestrebte Veränderung ressourcenökonomisch erreicht wird. Alibi- oder Legitimationsveranstaltungen (»Schaut, wir haben doch irgendwas gemacht.«) werden in Unternehmen nicht selten angeregt. Sie schaden aber der nachhaltigen positiven Entwicklung und sollten daher nicht durchgeführt werden. Dies verbietet, Führungskräfte und Mitarbeiter in Präsenz-Veranstaltungen lediglich »unterzubringen«. Gerade bei Projekten, die eine größere Anzahl von Menschen betreffen, ist deshalb eine entsprechende »Architektur« aus Einzelgesprächen, vor Ort zu erledigender Aufgaben, Klein- und – wenn notwendig – Großgruppenmaßnahmen zu planen, die insgesamt Entwicklung voran bringen.

Ständige Qualitätsverbesserung: Das Referat stellt an sich selbst die Forderung, stetig die Qualität seiner Maßnahmen zu verbessern. Hier wird ein

Grundsatz deutlich, der auch in verschiedenen ethischen Kodizes der TA-Gesellschaften verlangt wird: die stetige Weiterentwicklung des Transaktionsanalytikers (DGTA, Ethik-Richtlinien). Dies bedeutet in erster Linie ständige Weiterbildung und Supervision des Coachs. Zur Qualität trägt außerdem die regelmäßige Auswertung der Maßnahmen bei. Die Diagnostik der Folgen und die Evaluation des Transfers sind stetige Prozesse der Beratungsarbeit.

Einheit von Diagnose und Intervention: Schon der Erstkontakt mit dem Kunden ist gleichzeitig diagnostische Information wie auch eine Intervention. Die Beziehung, die der Berater mit dem internen Kunden eingeht, ist von Anfang an eine Veränderungsbeziehung. Transaktionsanalytische Beratung ist durch ihr Wirken in der Kommunikation geprägt. Beispielsweise lässt der transaktionsanalytische Berater in der Regel keine Abwertungen im Gespräch ohne Intervention durchgehen: Natürlich kann es hier aus diagnostischen oder Interventionsgründen einmal eine Ausnahme geben. Aber die grundlegende Orientierung ist, keine verdeckte Kommunikationsebene zu etablieren, die Abwertungen zulässt. Dies setzt sich bei jedem Beratungskontakt fort. Die Steuerung der Beratung findet aus dem Prozess der Beratung heraus statt. Welche Maßnahmenetikettierung vorgenommen wird, hängt von der Diagnostik und der Auftragsklärung ab. Zu Beginn einer Maßnahme findet zunächst eine eingangsdiagnostische Abklärung statt, welche Maßnahme für die vorliegende Fragestellung sinnvoll ist. Dann wird in gemeinsamer Vereinbarung mit dem Kunden die Vorgehensweise beschlossen. Diese Ebene der gemeinsamen Vereinbarung ist ständiger Begleiter der Beratungsarbeit.

Speziell in Coachings von Vertriebsleuten spielen ganz bestimmte Kompetenzen eine Rolle. Diese werden im Entwicklungspentagon der Kompetenzen betrachtet.

9. Praxis IV: Das Entwicklungspentagon der Kompetenzen

Kompetenzkonzepte sind heute in der Personalentwicklung in aller Munde. Coaching wird oft eingesetzt, um Kompetenzen weiterzuentwickeln. Das Denken in Kompetenzen ist eine Antwort darauf, dass Organisationen bestimmte qualitative Verhaltensweisen von Menschen benötigen. Dabei geht es nicht mehr um einzelne Fähigkeiten, sondern um komplexe Selbstorganisationsfähigkeiten gegenüber Anforderungen, die gestellt werden. Aber welche sind das und worauf sollte sich Coaching richten?

Das Beispiel stammt aus einer Vertriebsorganisation, in der Führungskräfte nach den zentralen Aspekten einer nachhaltigen coachingorientierten Sozialkompetenz befragt wurden. Im Folgenden soll die praktische Dimension der Sozialkompetenz betrachtet werden. Was antworten Führungskräfte, wenn man sie nach ihrer Erfahrung dazu fragt? Was haben Führungskräfte für sich im Coaching als wesentlich erlebt?

9.1 Das Entwicklungspentagon der persönlichen Sozialkompetenz

Das Entwicklungspentagon erfasst Kompetenzen, die Führungskräfte selbst auf Ihrem Weg für sich als hilfreich einschätzen:

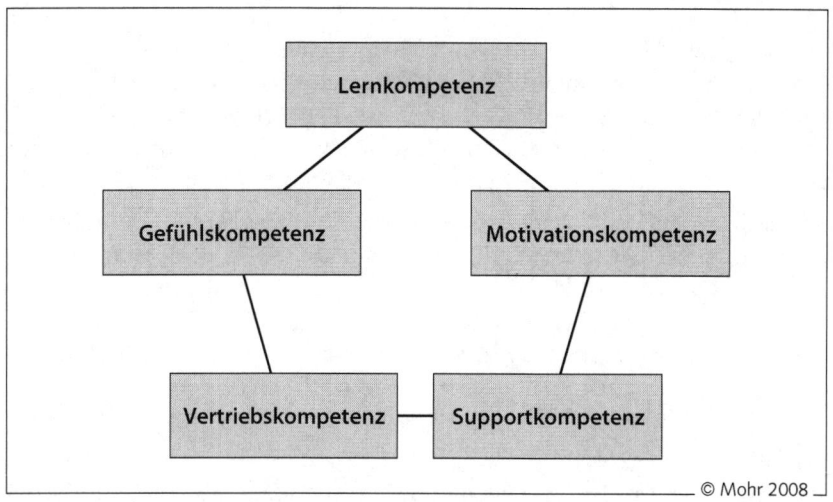

Abb. 51: Konzept der Praxisberatungsgruppe »Führung und Management« – Vorgehen

9.1.1 Lernkompetenz

Das Kompetenzfeld Lernen beginnt mit dem Offensein fürs Lernen. Das ist die Grundbedingung für den Weg nach oben. Wenn man in einem Unternehmen ist, werden einem heute so viele Lernmöglichkeiten geboten, dass man sie nur erkennen und wahrnehmen muss. Das heißt Lernen in der Praxis.

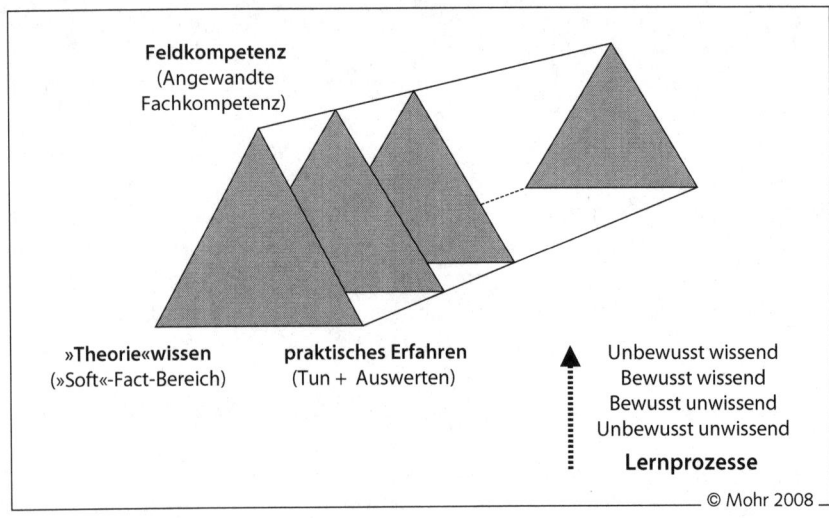

Abb. 52: »Toblerone«: Lern-Dreiecke mit guten Zutaten

Das Toblerone-Modell von Bernd Schmid (Schmid, 1990) veranschaulicht die Bestandteile des Lernprozesses. Die Toblerone-Schokolade aus der Schweiz wird nur in der charakteristischen Dreiecks-Form verkauft. Drei Ecken mit guten Zutaten drin: Milch, Kakao, Nüsse, Mandeln. Für den Lernprozess zur Professionspersönlichkeit braucht man ebenfalls drei Zutaten:

- **Feldkompetenz:** Das ist angewandtes Fachwissen. Die Zeit, in der Fachkompetenz abgewertet wurde, ist vorbei: Zumindest die Bereitschaft und Fähigkeit, sich rasch in ein neues Fachgebiet einzuarbeiten, ist sehr wichtig. Feldkompetenz ist angewandte Fachkompetenz. Es nützt nichts, wenn ein junger Mitarbeiter von der Uni kommt, dort ein bestimmtes Controlling-Modell gelernt hat, aber nicht mit den im Unternehmen vorhandenen Möglichkeiten zurechtkommt und permanent seine Geringschätzung für das betriebliche Controlling kundtut.

- **Theoriewissen im Soft-Fact-Bereich:** Interessanterweise antworten Führungskräfte, dass ihnen im Coaching vermitteltes Theoriewissen zu

Führung, Kommunikation etc. entscheidend geholfen hat. Man könnte meinen, das ist eigentlich logisch, weil man ja auch in anderen professionellen Fachgebieten Theoriewissen verlangt. Und Führungskraft ist ein eigener zusätzlicher Beruf. Merkwürdigerweise wird in Unternehmen oft erwartet, dass man »Führen« nebenbei lernen kann. Allenfalls werden einige Konzepte und Techniken vermittelt. Sicher gehört Führung zu erfahren in der Leiterrolle zum Nach-oben-Kommen dazu. Aber Führungswissen ist genauso wie Fachwissen in anderen Bereichen ein komplexes Wissen. Es will auch als Konzept verstanden sein. Viele Führungskräfte berichten, dass sie manche Konzepte erst Jahre nach dem sie sie zum ersten Mal gehört hatten, verstanden haben. Und das Verstehen geht dann noch weiter. Immer wieder werden neue Facetten eines Zusammenhangs verstanden. Theoriewissen dient offensichtlich bei vielen auch dazu, das eigene Selbstbild zu klären. Es ist eine Grundillusion der Menschen, zu glauben, sie kennten sich selbst. Die Verzerrungen der Wahrnehmung über die eigene Person sind in der Regel größer als bezüglich anderer Personen: Also ein Ziel von Führungslernen ist, sich seines Selbst, wie es gerade ist, bewusst zu werden. Dabei unterscheide ich Weg- und Zieltypen. Für viele Führungskräfte ist es eine Erleichterung festzustellen, welchem Typ sie mehr zuneigen. Der Zieltyp hat immer sein Ziel vor Augen und zahlt dafür den Preis, das zu übersehen, was sich an Möglichkeiten und Schönem »am Wegesrand« bietet. Der Wegtyp registriert viel Interessantes und ist präsent. Er zahlt aber den Preis, dass er sich immer wieder auf das Ziel orientieren muss. Beide haben ihre Stärke, zahlen einen Preis und haben eine Lernaufgabe.

- **Praktisches Erproben (Tun und Auswerten):** Manche Menschen waren schon sehr oft in einer bestimmten Situation, aber sie haben keine Erfahrung gewonnen. Erfahrung gewinnt der, der aktiv auswertet, wie es gelaufen ist. An dieser Stelle hilft ein interessantes Modell für den Lernprozess. Wie wird man ein Profi? Zunächst befindet man sich auf der Stufe des unbewusst Unwissend-Seins. Man weiß nicht, dass man ein Defizit oder ein Lernthema hat. Wird man aber darauf aufmerksam, beispielsweise indem ein anderer einem entsprechende Rückmeldung gibt, so kommt man in den Status des bewusst Unwissenden. Das Vorliegen einer Lernherausforderung ist nun klar. Bekommt man jetzt die richtige Information und nimmt für sich etwas daraus, das die Lücke schließt und einen vorwärts bringt, ist man zunächst in dem Stadium des bewusst Wissenden. Dann braucht das Neue ein gewisses Training. Behält man das Verhalten bei und lässt es langsam zur Gewohnheit werden, so steigt man auf in die Phase des unbewusst Wissenden. Intuitiv und automatisch tut man das Angemessene.

9.1.2 Gefühlskompetenz

Viele psychologische Untersuchungen weisen darauf hin, dass der Umgang mit Gefühlen eine zentrale Fähigkeit von Führungskräften ist. Das ist auch logisch, weil Gefühle Lenkungsparameter im Leben sind. Aber man muss dazu aktiv etwas lernen, wenn man nach oben kommen will. Um Gefühle einordnen zu können, ist zunächst die Unterscheidung in die drei Welten Denken, Fühlen und Verhalten wichtig, die aufs engste aufeinander einwirken. Gefühle sind die Energiepotenziale des Menschen. Sie sollen zum Handeln (Verhalten) motivieren. Denken greift an dieser Stelle moderierend ein. Aber wir können noch einen Schritt vor die Gefühle gehen. Am Anfang stehen Bedürfnisse. Unsere Gefühle entstehen dann über die Erfüllung und Nichterfüllung von Bedürfnissen. Im ersten Falle entstehen angenehme Gefühle und im zweiten Falle unangenehme. Erleben wir beispielsweise durch einen anderen Menschen mangelnde Wertschätzung, könnten wir ihm zurückmelden, dass das uns verletzt und dass wir uns respektvollen Umgang wünschen. Dies erfolgt aber oft nicht. Denn der Bedürfnis-Primärgefühl-Prozess ist oft gar nicht bewusst. Dann entstehen Gefühle durch einen Sekundärprozess, indem wir Denk- und Bewertungsmuster anlegen. In einer Situation, in der wir uns durch einen anderen verletzt fühlen, weil unser Bedürfnis nach Wertschätzung vielleicht nicht erfüllt ist, findet vielleicht ein Sekundärprozess der Bewertung unseres Gegenübers als »ungehobelter Mensch«, »einer, der es verdient, einmal klein gemacht zu werden« statt. Dieser Denkprozess löst dann Ärger aus. Der Ärger ist die Energie für den Angriff und man reagiert auf den anderen aggressiv und übergriffig. Ziel bleibt hier, bei sich und bei anderen den primären Bedürfnis-Gefühls-Prozess wahrzunehmen und den konstruktiv in der Kommunikation einzusetzen (Rosenberg, 2002).

Die Grundgefühle wie Angst, Ärger, Trauer, Freude, Scham, Schuld, Ekel und Zuneigung bieten eine sinnvolle Orientierung. Sie haben alle die Funktion, Energie für Verhalten bereitzustellen. Kompetenz heißt hier, drei Aspekte der Gefühle beherzigen:

- **Spüren können**: Manche Gefühle sind systematisch weggedrückt, verdrängt, werden manchmal kaum noch wahrgenommen. Hier ist ein Auftauen nötig. Dies zahlt sich auch in der Beziehungsfähigkeit im Wirtschaftleben aus.
- **Konstruktiv äußern können**: Ein Gefühl ist erst einmal etwas Internes. Dann haben alle Gefühle eine soziale Funktion: Sie können Gemeinschaft (Angst, Freude, Liebe) schaffen, Veränderung herbeiführen (Ärger) oder sich auf Abschied und Neuanfang beziehen (Trauer).

- **»Nicht anhaften«**: Um nach »oben« zu kommen, ist es nicht ratsam, sich zum Spielball eines Gefühlskonzerts zu machen, sondern seine Gefühle in ihrer inneren Botschaft wahrzunehmen und nach außen zu steuern. Also kein Ausleben des Ärgervulkans bei den Mitarbeitern, dort allenfalls ein kalkuliertes Donnerwetter, wovon man auch zurück kann.

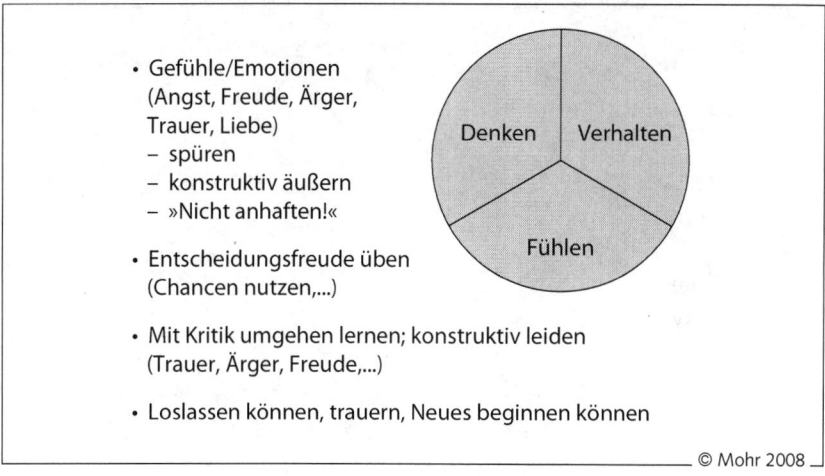

Abb. 53: »Mixed Emotions«: Gefühle integrieren

Drei weitere Tipps dazu:

- **Entscheidungsfreude üben**, weil Entscheidungsfähigkeit im Management wichtig ist. Dabei hilft, in jeder Situation auch eine lösungsorientierte, auf mögliche Chancen gerichtete Perspektive zu behalten.
- **Zur Kritik einladen**: Es gilt zu lernen, mit Kritik umzugehen, sogar konstruktiv zu leiden. Kritik ist manchmal hart, wenn sie richtig trifft. Jeder Mensch verteidigt seine Gewohnheiten und seine Komfortzone. Außerhalb davon ist ein gewisses Maß an Unsicherheit und Leiden vorhanden. Damit konstruktiv umzugehen ist auch eine Trainingssache. Es ist ratsam, frühzeitig zu lernen, mit Kritik umzugehen.
- **Loslassen lernen**, trauern und Neues beginnen: Hier geht es darum, mit selbstentschiedenen und fremdentschiedenen Veränderungen umzugehen. Dies bedeutet auch, Stabilität in der eigenen Person zu finden. Wer im Loslassen-Können sein Problem sieht, sollte sofort mit einem kleinen Experiment beginnen: seinen Bücherschrank, seine alten Klamotten oder den Keller aufräumen und ein bisschen mehr weggeben, als die persönliche Komfortzone ihm nahelegt.

9.1.3 Motivationskompetenz

Selbstmotivation ist entscheidend: in einem Menschen muss das Feuer brennen. Die Rose steht für die Liebe zu einem Thema. Dies kann der Umgang mit Menschen genauso wie ein Sachthema sein.

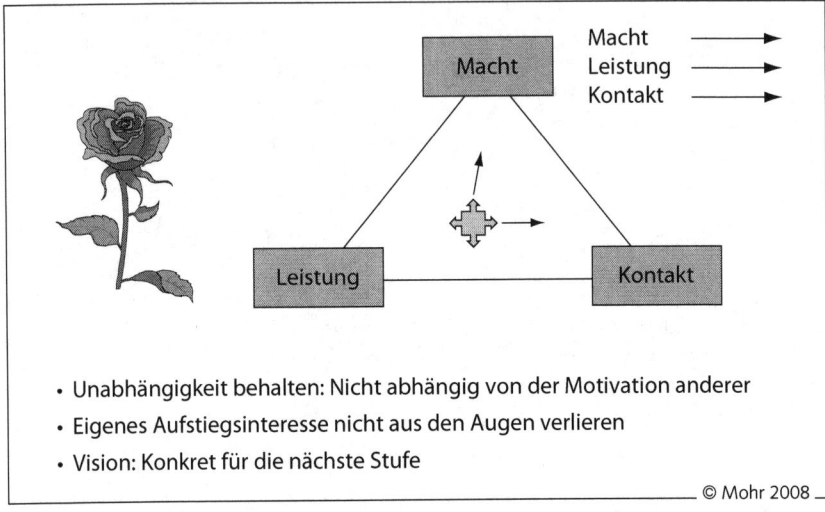

Abb. 54: »Inneres Feuer«: Sich selbst motivieren

Für Menschen in Unternehmen ist dabei ein **Motivationsdreieck** interessant. Man sollte eine Vorstellung davon haben, was einen wirklich motiviert. Wieweit wird man durch Macht, Leistung und/oder Zugehörigkeit motiviert? Dies zeigt sich bis in die kleinste Kommunikation mit einem anderen.
- Der **Machtmotivierte** will gerne »die Puppen tanzen sehen«. Positiv formuliert, will man sehen, dass man anderen Menschen gegenüber wirksam ist.
- Dem **Leistungsmotivierten** geht es um hohe quantitative Ergebnisse. Er schaut in sportlicher Manier auf die Höhe der Leistung.
- Dem **Kontaktmotivierten** geht es um Zugehörigkeit zu anderen, Zusammensein mit Menschen in Harmonie.

Es ist sinnvoll zu wissen, wie man da gepolt ist. Denn möglicherweise muss man eine andere Perspektive noch lernen, z.B. Macht auszuprobieren. Insgesamt ist hier eine einigermaßen ausgeglichene Orientierung hilfreich.

Jemand, der sich entwickeln will, muss für seine eigene Motivation sorgen. Auf andere zu warten »Motiviert mich mal« führt nirgendwohin. Auch sollte man aufpassen, inwieweit man abhängig von bestimmter Zuwendung wird. Da Organisationen auf ihre Mitglieder einen ständigen Sog ausüben und genügend Alltagseintauchen verlangen, empfehlen viele Führungskräfte, das eigene Aufstiegsinteresse nicht aus den Augen zu verlieren. Für günstig erachten sie es, für die nächste Stufe, die man erreichen will, eine konkrete Vision zu entwickeln. Für darüber hinaus gehende Stufen macht das praktisch keinen Sinn.

9.1.4 Vertriebskompetenz

Die meisten Führungskräfte, mit denen ich zu dem Thema gesprochen habe, stellen Vertriebserfahrung heraus. Die Erfahrung, über einige Zeit etwas – und irgendwie damit auch sich selbst auf – dem Markt zur Disposition gestellt zu haben, bringt einen reichen Erfahrungsschatz. Insbesondere vier Momente führen langjährige Führungskräfte an, die sie durch die Vertriebserfahrung gelernt haben.

- Man lernt, Interessen durchzusetzen, ohne Machtinstrumente zu haben.
- Man erwirbt Flexibilität im Handeln: Wenn ein Weg nicht klappt, muss man einen anderen einschlagen.
- Man lernt mit der Vielfalt der Menschen umzugehen.
- Man lernt mit Zieldruck umzugehen.

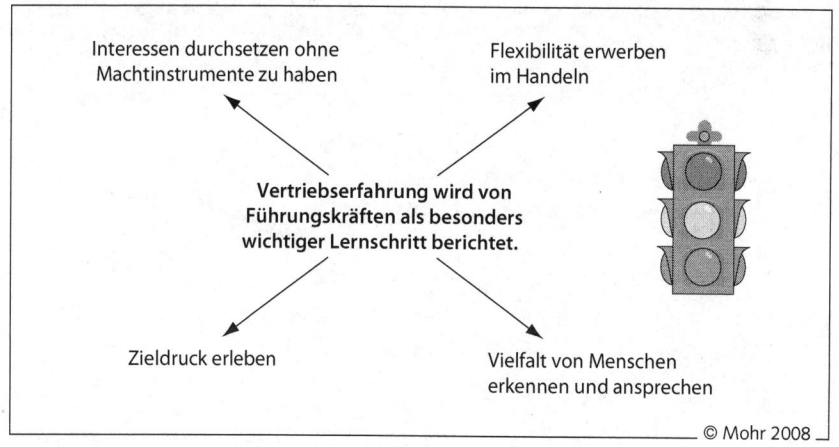

Abb. 55: »Klinken putzen«: An der Kundenfront agieren

»Klinken putzen« ist für viele zunächst negativ besetzt. In den meisten Berufsbereichen funktioniert der Kontakt auch eher über das Telefon oder die persönliche Einladung an den Kunden. Wichtig ist, das Erleben des eigenen Mutes, das Erlebnis, die bisherige eigene Komfortzone zu verlassen und in unbekanntes Terrain vorzustoßen. Dies empfanden viele der befragten Führungskräfte als eine nützliche Erfahrung.

9.1.5 Supportkompetenz

»You never walk alone.« Alles alleine machen wollen, ist in Hinblick auf den persönlichen Aufstieg, nicht sehr intelligent. Es geht darum, sich frühzeitig auf seinem Weg fachmännische Sparringspartner und Unterstützer für die Entwicklung der eigenen Professionspersönlichkeit zu nehmen. Drei Stichworte werden dazu genannt: Coaching, Mentoring und kollegiale Beratung. Eine die eigene Berufspraxis begleitende Qualifizierung bringt eine Menge Entwicklung (Mohr, 2000). Sie macht Erleben zu Erfahrung.

- Coaching ist personenzentrierte Beratung durch einen professionellen Coach.
- Mentoring ist die Begleitung durch eine erfahrene Führungskraft.
- Kollegiale Beratung kann in einem kleinen Netzwerk von Menschen in ähnlicher Situation stattfinden, braucht aber in der Regel auch einen Moderator.

Dort sollte man investieren. Die Kosten sind weit geringer als die potenziellen Kosten von evtl. Fehlentscheidungen und langfristigen Schieflagen in beruflichen Beziehungen.

Was: Coaching, Mentoring, Kollegiale Beratung

Wie: Beratung durch vertrauenswürdige, ehrliche, kompetente Gesprächspartner

Wozu: Bei Einzelsituationen:
Praktische Hilfe zur Selbsthilfe

Im Großen: Regelmäßig eigenen Standort bestimmen

Eigenes Potential einschätzen und lassen

Alle Optionen einbeziehen

© Mohr 2008

Abb. 56: »Klinken putzen«: An der Kundenfront agieren

Alle Supportmethoden sollte man dazu nutzen, regelmäßige Standorteinschätzungen von außen zu bekommen. Dabei sind alle Optionen einzubeziehen, auch die, dass ein Weg nach oben meistens anders verläuft als anfangs geplant.

Insgesamt bilden alle fünf Kompetenzfelder der Sozialkompetenz ein Gebäude, an dem ein Leben lang gearbeitet, verfeinert und veredelt werden kann und sollte. Dabei ergänzen sich die einzelnen Perspektiven Lernkompetenz, Gefühlskompetenz, Motivationskompetenz, Vertriebskompetenz und Supportkompetenz auch gegenseitig. Coaching ist durch seinen Prozess und seine Inhalte hier ein Königsweg der Unterstützung.

9.2 Einwände gegen das Entwicklungspentagon der Sozialkompetenzen

Jetzt vertreten manche: Sozialkompetenz ist völlig irrelevant. Der einzige Parameter, der etwas mit dem Aufstieg zu tun hat, ist Intelligenz. Sie meinen das im Sinne einer Grundfähigkeit, die jemand ins Leben mitbringt oder nicht. Sie glauben an feste Persönlichkeitsmerkmale, die es als vorhanden oder nicht vorhanden festzustellen gilt. Sie vertreten eine Naturtalenttheorie. Das Reservoir der Naturtalente sehen sie allerdings als eher begrenzt an. Die Erfordernisse der Wirtschaft zeigen sich jedoch ganz anders. Erst einmal gibt es viel mehr Führungspositionen als sogenannte Naturtalente. Das geben sogar die Naturtalenttheoretiker zu. Und dann ist da die Geschichte mit den beiden Piloten.

▸▸ *Ein Mann will eine Flugreise machen und auf dem Rollfeld stehen zwei Maschinen zur Auswahl. Aus der Kanzel des einen Flugzeuges ruft der Pilot: »Ich bin ein Naturtalent. Fliegen Sie mit mir!« Aus der Kanzel des anderen Flugzeuges ruft der Pilot: »Ich habe das Fliegen von der Pike auf gelernt. Fliegen Sie mit mir!« Mit welchem Piloten fliegen Sie?*

Insofern hilft die Naturtalenttheorie für die Praxis der Unternehmen nur wenig.

Andere sagen, Sozialkompetenz hänge nur von der gesellschaftlichen Herkunft ab: Die aus der »herrschenden Klasse« kommen, setzen sich auch da fest, weil sie einfach die dort erwarteten Umgangsformen beherrschen. Die »von unten« kommen, erreichen nicht die Toppositionen, weil ihnen dafür der Stallgeruch fehlt. Diese Schichtentheorie hilft einzelnen und Unternehmen für die Praxis auch wenig. Wenn man ihr folgen würde und analog einer

Aristokratie nur die ausgewiesenen Oberschichtler in Führungspositionen setzte, wären die meisten Unternehmen nicht mehr ankoppelungsfähig für die Mehrzahl der Kunden. Denn Kunden wollen im Unternehmen etwas sehen, das auch sie selbst ein Stück repräsentiert. Sie wollen »Beziehungsfähiges« erleben und nicht eine ferne, fremde Elite.

Beide Ansätze, die Naturtalenttheorie und der Schichtenansatz, erklären einzelne Werdegänge recht gut. Sie taugen aber für die breite Praxis von Unternehmen wenig. Der konstruktive Standpunkt kann also hier nur die Frage sein, wie Menschen zu ihrem persönlichen »Oben-Sein« kommen und wie sie für diesen Weg auch etwas lernen können. Dies zeigt auch die Erfahrung moderner Entwicklungskonzepte für Führungskräfte. Und je mehr Potenzial ein einzelnes Unternehmen sich hier zunutze machen kann, umso erfolgreicher wird es sein. Dies ist vor allem auch im Hinblick auf das bis heute sehr wenig genutzte Potenzial weiblicher Führungskräfte zu sehen.

Menschen sollten, wenn sie Karrierewünsche haben, den Entwicklungsweg »nach oben« bewusst angehen und sie sollten wissen, dass sich auf diesem Wege die genauen Koordinaten des Oben verändern. Und das ist gut so. Denn Starrheit in seinen Vorstellungen gehört nicht zu den Kompetenzen, die zum persönlichen »Oben« führen.

»Oben«: Die räumliche Metapher von einem Oben und Unten knüpft an die Hierarchie an. »Oben sein« an sich ist kein Wert. Es gibt genügend wichtige Rollen, in denen Menschen sehr viel zum Leben und zur Gemeinschaft beitragen, die nicht klassisch »oben« sind. Oben wird in vielen Fällen mit dem klassischen Weg der Karriereentwicklung in einer Hierarchie verbunden. Aber jeder weiß, dass das immer eine Grenze hat. Irgendwann ist der Aufstieg beendet. Dies sollten auch die »Aufsteiger« beherzigen. Durch mehr Projektarbeit und schnelleren Wandel in Unternehmen sind die Möglichkeiten klassischer »Kaminaufstiege«, bei denen der Weg klar voraussagbar ist, auch weniger geworden. Aber es kommt ein zweiter Aspekt hinzu. In der Regel hat nach oben kommen in gesellschaftlichen Bereichen mit Einfluss und Verantwortungsübernahme zu tun, ob in Wirtschaft, Kirche oder Politik. Entwicklung nach oben erfordert eine zunehmende Fähigkeit, Verantwortung zu übernehmen. Verantwortungsübernahme ist in Gemeinschaften eine wichtige Perspektive. Aber das Mehr an Verantwortungsfähigkeit muss mit äußerer und innerer Entwicklung korrespondieren. Wer sich innerlich nicht weiter entwickelt, äußerlich aber dorthin berufen wird, verkümmert innerlich menschlich und/ oder fällt ganz schnell wieder. Es kann so gehen, wie Joachim Witt es einmal besungen hatte: »Ich war so hoch, hoch, hoch auf der goldenen Leiter, doch dann ging's bergab ...« Also »oben« muss auch ein innerer Weg sein, sonst fällt der, der plötzlich seinen Status verliert, ins Bodenlose.

Führungsentwicklung ist Persönlichkeitsentwicklung. Dazu gehört auch das Umgehen mit Weichenstellungen, Sackgassen und Irrwegen im eigenen Karriereweg. Jeder Mensch bringt eine unterschiedliche Persönlichkeit mit, wenn er ins Berufsleben einsteigt. »Jeder Jeck ist anders« sagt der Rheinländer mit Recht. Jeder hat dementsprechend auch anderes, Differenziertes zu lernen, wenn er seinen Karriereweg gehen will.

9.3 Abschließendes zur Zielbestimmung

Alle fünf Felder innerhalb der persönlichen Sozialkompetenz sind lebenslange Beziehungs- und Entwicklungsfelder. Sich weiterentwickeln, fühlen, sich motivieren, der Welt seinen Beitrag anbieten und sich Unterstützung sichern, dies bleibt ohnehin Teil des Lebens. Es lohnt sich, dafür Bewusstheit und Achtsamkeit aufzuwenden sowie sich aktiv Entwicklungssituationen zu suchen und sich ihnen zu stellen.

Coaching geht über eine kurzfristige Verhaltensänderung weit hinaus. Das Ziel ist, die ganzheitliche Lernfähigkeiten eines Menschen zu verbessern und seine Kompetenzen zu erweitern. Dazu gehört auch die so genannte Sozialkompetenz. Sozialkompetenz zeigt sich zunächst in den Fertigkeiten, wie jemand mit anderen Menschen umgeht. Vom äußeren Auftreten ist jedoch die innere Haltung nicht zu trennen. Die äußere und die innere Seite des persönlichen Erlebens stehen in Wechselwirkung. Wie man anderen gegenüber agiert, ist abhängig von der inneren »Verarbeitung« von Beziehung und Begegnung. Die dann erfahrene Resonanz hat wiederum entscheidende Rückwirkung auf die innerpsychische Repräsentanz.

10. Theoretischer Ausklang: Muster*

10.1 Musterbildung

Coaching und Selbstcoaching setzen an Mustern an. Denn unsere Gehirnaktivität besteht aus Mustern. Muster sind die gemeinsam feuernden Nervenzellen zu einem bestimmen Zeitpunkt (Allen, 2003). Neuere Forschungsergebnisse zeigen sehr genau, wie erwachsene Menschen durch wiederkehrende Muster gesteuert sind (Polyn, 2005). Bestimmte Aktivierungsmuster im Gehirn sind mit ganz bestimmten Bildern verbunden. Die Mustermaßstäbe unseres Gehirns haben »Musterbibliotheken«. Gesichter werden an vollkommen anderen Mustern gemessen als beispielsweise Gebäude. Ästhetik, Wahrnehmung, Sprache, Beratung und Therapie identifizieren Muster. »Aus systemischer Sicht beginnt das Verstehen des Lebens mit dem Verstehen von Mustern.« (Capra, 1996). Aber auch die Warnung vor Mustern besteht schon sehr lange: »Du sollst Dir kein Bildnis machen.« Insofern hatte der Mensch das Zweischneidige von Mustern schon in der Bibel präsent. Im Folgenden soll betrachtet werden, welche Rolle Muster spielen und wie wir sie ändern können.

10.2 Nutzen von Mustern

Ein Muster zu sehen ist Bedeutungszuschreibung. In der modernen Wissenschaft nennt man es Konstruktion von Wirklichkeit. Der Musterbildungsprozess beschreibt, wie Menschen sich einen Reim auf die Welt machen.

> Muster sind dann Phänomene, die einen Vergleichs- oder Bezugspunkt für andere Phänomene darstellen.

Sie haben meist eine gewisse Regelmäßigkeit und Struktur. Sie dienen der Orientierung und Unterscheidung. Der Vorteil von Mustern besteht im Sinne der psychologischen Informationsverarbeitung in der Wiedererkennung. Dies gibt auf der emotionalen Seite Sicherheit (»Kenn ich schon [...], ist bekannt [...], genau wie damals [...]«). Die Unsicherheit der Neu-Orientierung fällt weg.

---

* Beim Musterthema danke ich besonders meinem Kollegen Bernd Taglieber von *T&T Seminar* in Landau für die gemeinsamen Workshops bei den DGTA-Kongressen 2001 und 2003.

Ein Thema ist dabei auch der physiologische Konstruktivismus. Offensichtlich bringt es für Menschen einen evolutionären Vorteil, wenn sie sich Muster aufbauen, die die Phänomene der Welt in ein Muster abbilden. Muster werden erzeugt, um die Welt überschaubarer zu machen.

Eigenschaften von Mustern

Muster zeichnen sich durch einige zentrale Eigenschaften aus:
- Sie passen offensichtlich zu neuronalen Strukturen.
- Sie bilden Beispielhaftes ab.
- Sie geben Regeln.
- Sie sind ökonomisch.
- Sie sorgen für eine gewisse Bequemlichkeit.
- Sie beinhalten einen hohen emotionalen und technischen Änderungsaufwand.

Strukturelle Aspekte von Mustern

Strukturell betrachtet kann man bei Mustern einige Kennzeichen feststellen:
- Wiederholung
- Dimensionen
- Symmetrie
- Rhythmus

Nutzen von Mustern

Muster leisten damit wichtige Aufgaben, um die Welt erfassen zu können:
- Wirklichkeitskonstruktion
- Komplexitätsmanagement
- Ökonomie
- Sicherheit

Alle diese Kennzeichen sind auch Ansatzpunkte, durch die Muster »gestört« und verändert werden können. Manchmal reicht die Veränderung eines kleinen Teils, das Erwischen eines »Zipfels«, um selbst ein sehr rigide wirkendes Muster ins Wanken zu bringen oder zu verflüssigen.

10.3 Das Vier-Türen-Modell: Entwicklung und Veränderung von Mustern

Berater und Coaches begleiten Entwicklungsprozesse. Sie begegnen den Mustern der ihnen Anvertrauten. In welcher Situation ist der Klient, wenn er in einen Entwicklungsprozess eintritt? Oft ist er in der Situation etwas verändern zu müssen. Er hat die Situation nicht mehr unter Kontrolle. »Muster-Versagen« liegt vor. Insofern ist man dort »notgedrungen«. Man muss sozusagen so handeln. Eine Übung aus der Praxis von Ergotherapeuten ist es, zu versuchen die Schuhe mit einer Hand zu binden, wie Menschen es lernen müssen, die bei einem Verkehrsunfall einen Arm verloren haben. Auf der anderen Seite gibt es die Möglichkeit, freiwillig Muster in Frage zu stellen. Dies wäre eine Art freiwilliger Muster-TÜV.

Für den Coach gibt es viele Möglichkeiten des Herangehens an Muster. Das Vier-Türen-Modell zeigt Möglichkeiten im Umgang mit Mustern auf. Wie kann man sich Mustern nähern? Manchmal zeigt sich in den vier Türen eine Abfolge, die von links nach rechts durchlaufen wird. Dennoch liegt darin keine zwangsläufige Abfolge im Sinne eines Phasenmodells.

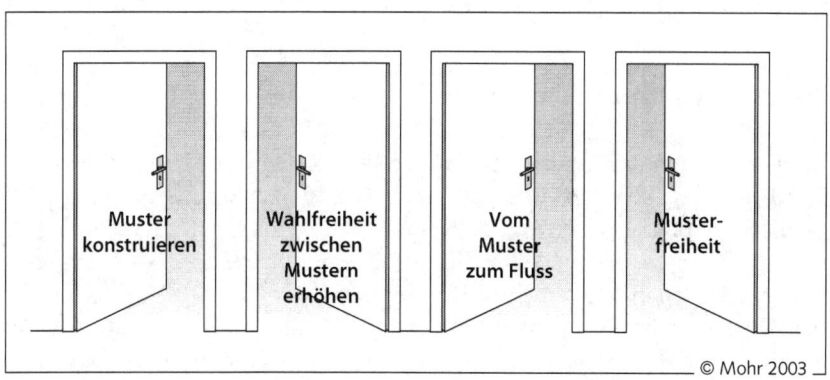

Abb. 57: Das Vier-Türen-Modell

10.3.1 Muster konstruieren

In vielen Fällen kommen die Leute zu Profis und wollen Muster haben. Sie erwarten vom Handwerker, dass er ihnen sagt, wie etwas gebaut werden kann. Auch Coaches werden häufig als Musterkonstrukteure angefragt. Der Coach ist dann als Experte gefragt und bietet ein Muster oder »Baumaterialien« dafür an. Die erste Tür der Musterkonstruktion wird auch dann genutzt, wenn man sich eines vorhandenen unbewussten Musters »bewusst« wird.

10.3.2 Wahlfreiheit zwischen Mustern erhöhen

Als zweite Herangehensweise ist vom Ausgangspunkt eines vorhandenen Musters her die Wahlfreiheit zu erhöhen, indem ein weiteres oder mehrere weitere Muster dazu kommen. Sonst entsteht das in der Hammer-Metapher beschriebene Phänomen: Für jemanden, der nur den Hammer als Werkzeug kennt, ist jedes Problem ein Nagel.

Wahlfreiheit wird beispielsweise auch beim Fremdsprachenlernen erhöht, wenn zu einem Begriff für eine Sache zunehmend alternative Begriffe gelernt werden. Es gilt aber auch für das Lernen von Coaching und im Coaching. Im Prozess der Reifung zum Profi werden die Musterbibliotheken zunächst ergänzt. Immer mehr Musteralternativen stehen dann zur Verfügung. Am Übergang zwischen Tür 2 und Tür 3 liegt die NLP-Technik des Reframing. Ein Phänomen wird in einen neuen Rahmen gestellt. Es wird neu »gerahmt«, in ein anderes alternatives Muster gebracht.

10.3.3 Vom Muster zum Fluss

Bald wird auch der Übergang zum flexiblen Spiel mit Mustern möglich. Wird ein Stück beherrscht, so kann man beginnen zu improvisieren. In der persönlichen Beratung ist es zum Beispiel wichtig, die verschiedenen Ebenen zu unterscheiden. Dies bedeutet die Person vom Muster, die Person vom Verhalten zu trennen. Der zu lernende Einstellungssatz ist hier: »Ich bin nicht das Muster.« Oft hängen Menschen in einer unguten inneren Pattsituation zwischen vorgelebten Norm-Bildern und ihren selbstbestimmten Strebungen. Diese Situation hält sie zurück und blockiert sie in ihrer Entwicklung. Wenn die Energie zwischen beiden Polen zu fließen beginnt, geht es wieder voran. Manchmal reicht das Bewegen eines kleinen Teils eines Musters, um selbst rigide erscheinende Muster in Bewegung zu bringen.

10.3.4 Musterfreiheit

Als vierte Tür ist die Musterfreiheit aufgeführt. Es ist einerseits eine philosophische Frage: Gibt es überhaupt Musterfreiheit? Andererseits ist die rein theoretische Antwort nach allem, was bisher in diesem Abschnitt gesagt wurde: Nein, es gibt keine Musterfreiheit. Auf die Frage, ob sie sich manchmal außerhalb von Mustern empfinden, antworten viele Menschen aber trotzdem mit »ja«. Sie können sogar sehr genau beschreiben, wie sie selbst individuell Musterfreiheit erleben. Für den einen ist es Meditation, für den anderen der Dauerlauf. Wieder andere berichten von Musikerleben oder dem Betrachten einer schönen Landschaft. In dieser Perspektive wird Musterfreiheit auch als »Befreit-Sein« von Mustern erlebt. Es gibt jedoch auch die Form von Musterfreiheit (im Sinne von fehlenden Mustern), die zumindest bei erwachsenen Menschen Leiden verursacht, weil man für eine Situation keine zufrieden stellenden Muster zur Verfügung hat. Dies ist z.B. der Fall, wenn im Übergang eines Entwicklungsprozesses die alten Muster »erkannt« und als unbrauchbar deklariert und noch keine neuen Muster »gefunden« wurden. Dann ist da Niemandsland, Wüste, Nichts, Unsicherheit, Ungeschütztheit, grenzenlose Freiheit. Als Coach fragen wir uns philosophierend: Sollen wir unsere Klienten mit grenzenloser Freiheit konfrontieren? Wir haben im Grunde »Nichts« oder nur »Chaos« anzubieten. Als selbst Betroffene fragen wir uns: Wir gehen ohne irgendetwas, mit offenem Visier, wollen aber nicht reproduzieren, nicht in alte Muster zurück fallen, sondern selbst wahrnehmen, selbst aus dem Nichts herausfinden?

An Muster heranzugehen, ist offensichtlich ein schmerzlicher Prozess. Sich wirklich auf musterfreies Gelände begeben, bringt eine Menge Unsicherheit. Oder: Musterfreiheit – Meine Muster reichen nicht. Der erste Grundsatz der anonymen Alkoholiker: Es gibt eine größere Macht als man selbst. An dieser Stelle schließt sich wieder der Kreis mit der ersten Tür. Es geht darum, ein einigermaßen tragfähiges erstes Muster aufzubauen.

Kinder befinden sich häufig in Situationen im Status der Musterfreiheit. Sie stehen dann vor der Aufgabe, ihr Eigenes zu entwickeln. Wenn wir aus dieser Perspektive auf unsere eigene Entwicklung zurück schauen, uns an die grenzenlose Neugierde und Wissbegierde erinnern und uns die Begeisterung für alles neu Gelernte wachrufen, bekommen wir einen kreativen Zugang zu einer gewollten oder aufgezwungenen »Musterfreiheit«.

10.4 Musterperspektiven

Muster haben eine wesentliche Funktion in der Konstruktion der Wirklichkeit. Sie bergen Chancen und Gefahren. Daraus ergeben sich für die Veränderungsarbeit mit Menschen und Systemen interessante Fragen:

- Wie lassen sich Muster im Coaching von Menschen und Systemen nutzen?

- Wie können beraterische Muster hilfreich oder hinderlich sein?

In einer ganzen Reihe von psychologischen Modellen wie der Transaktionsanalyse oder dem Neurolinguistischen Programmieren (NLP) ist die Konzeptentwicklung eine Stärke. Dabei wird die Musterbildung in Form von Modellen genutzt, die die Komplexität optimal reduzieren. Substanz bei gleichzeitiger Vermeidung von Überkomplexität sollte Modelle auszeichnen. Für das Coaching sind mittlerweile sehr viele Muster-Instrumente als Leitlinien, als Erklärungen, zur Veranschaulichungen und zur Konfrontation entwickelt worden. Das Wissen darüber, was Muster charakterisieren und wie damit umzugehen ist, kann als Metakonzept für deren Einsatz dienen.

Für den Musterbegriff beleuchten verschiedene Definitionsentwürfe unterschiedliche Facetten von Mustern.

> »Ein Muster besteht aus kleinsten zu isolierenden Einheiten, die gemäß einer Wiederholungsvorschrift zu einem Ganzen, potentiell Unendlichen zusammengesetzt werden.« (Kraft, 2002).

In dieser Definition sind die Perspektiven der fraktalen und der holistischen Betrachtungsweise vereint. Der Organisationstheoretiker Stafford Beer hat in diesem Zusammenhang später das Rekursivitätsprinzip für Systeme abgeleitet. Es bedeutet, dass sich in einem System bestimmte Prinzipien auf unterschiedlichen Ebenen durchgängig wiederfinden. In der russischen Matrjoschka-Puppe, die in sich ein kleineres Abbild ihrer selbst enthält, wird dieser Aspekt sehr anschaulich. Die rekursiven »Tiefenmuster« erhalten gerade für Mehrpersonen- und Vielpersonensysteme zunehmend Bedeutung.

> »Ein Muster ist eine bewährte Lösung zu einem häufigen Problem in gegebenem Kontext.« (Alexander, 1977)

Der Architekt Christopher Alexander war auf der Suche nach Prinzipien, die in vielen Lebenskontexten wiederzufinden sind. Die von ihm vertretene Betrachtungsrichtung sucht nach Archetypen. Alexander hatte Grundmuster in Natur und Architektur im Auge. Carl Gustav Jung betrachtete Archetypen für grundlegende psychische Muster. Peter Senge, der Organisationsforscher, arbeitete für Unternehmen interessante Grundfiguren des Ablaufs heraus (siehe dazu auch Systemmuster). Der Wunsch, die Komplexität, die Unübersichtlichkeit und Unberechenbarkeit alles Lebendigen zu vereinfachen, bewegt die Menschen zu ihrer Suche nach Grund- oder sogar nach dem Ursprungsmuster.

> »Ein Muster ist ein Vergleichsmaßstab, der eine Unterschiedsbildung ermöglicht.«

Meine Definition steht bewusst in der Tradition des Informationsbegriff von Gregory Bateson (»der Unterschied, der einen Unterschied macht«). Moderne neurophysiologische Erkenntnisse, wie es weiter unten beispielsweise für die Gesichtswahrnehmung beschrieben ist, zeigen die Musterleistung der Unterschiedsbildung.

Ein Muster ist etwas zu Lesendes, zu Dekodierendes. Man vermutete, dass Muster im Sinne einfacher Ornamente vor der Schrift existierten und sich langsam zur Schrift entwickelt haben. Die Vorstellung von Mustern hat einen deutlich kulturellen Bezug. Für den Musterbegriff findet man im Deutschen zwei Bedeutungen: Modell und Vorbild sowie Mittel der Flächenverzierung. Das Element der Flächenverzierung, die eher an der Oberfläche stattfindet, ist ebenso für psychologische Anwendungen interessant, da bei Veränderungsprozessen oft die Frage auftaucht: Handelt es sich nur um eine oberflächliche kosmetische Aktion oder wird ein Muster nachhaltig und »tief«, ebenfalls ein bildliches Muster, verändert?

Im Englischen unterscheidet man »model« und »pattern«, das Modellhafte und das Strukturhafte des Musters, im Französischen »modèle« und »dessin«, das Modell und die Ausdrucksform des zu Zeigenden. Die Wortfamilie zu Mustern ist auch sehr illuster. Muster kommt von »monstrare« (»zeigen, weisen, bezeichnen«). Daher kommen auch die Begriffe Monstranz oder auch Monster.

Muster und ihre Instrumentalisierung sind lern- und kulturabhängig. Menschen wachsen mit Mustern auf, die ihre eigenen Muster beeinflussen. Dies kann man unter anderem an den Ornamenten der verschiedenen Kunstepochen erkennen. Außerdem sind damit deutlich manuelle und möglicherweise auch innere visuelle Fähigkeiten verbunden. Dies zeigt sich auch eher individuell. Beispielsweise träumen blinde Menschen nicht in Farben, sondern mit den Mustern, die sie durch Hören gelernt haben.

10.5 Das Sechs-Fenster-Modell: Diagnoseebenen bei Mustern

Muster finden wir in unserer Welt, in uns selbst und bei anderen. Wir können sie in den unterschiedlichen Sinnes- und Lebenswelten beobachten, in denen wir uns bewegen. Die Welt lässt sich in einer beliebig großen Zahl »bemustern«. Für einen besseren Überblick seien sie einmal nach sechs verschieden Perspektiven »gemustert«:

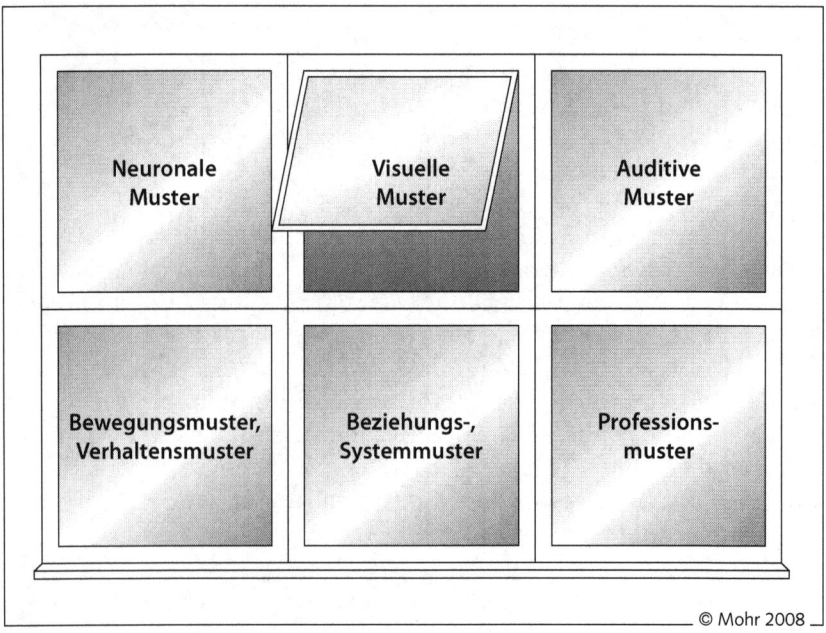

Abb. 58: Das Sechs-Fenster-Modell

10.5.1 Neuronale Muster: Die Hardware und der Kleber

Menschen »sind« Muster

Unsere »Hardware«, der Körper und insbesondere das Gehirn, lassen sich als Musterensemble beschreiben. »Most of the material of our bodies and brains, after all, is being continuously replaced, and it is just its pattern that persists.« (Penrose, 1994). Das Muster ist oft das Überdauernde, nicht der Inhalt, etwa beim menschlichen Körper. Gehirnorganisation und menschliche

Körperorganisation ist wiederum das Ergebnis eines langen evolutionären Musterausleseprozesses.

Ein Beispiel für das neuronale Arbeiten ist der Prozess, wie wir Gesichter wahrnehmen. Eine neuere Untersuchung zur Wahrnehmung von Gesichtern zeigt, dass der Mensch nicht für jeden Menschen, den er neu kennen lernt, das gesamte Gesicht abspeichert wie in einer Bibliothek. Hingegen wird nur der Unterschied zu einem vorhandenen Muster registriert, mit dem dann verglichen wird. Begegnen wir einem anderen Menschen, so schaltet unser Gehirn ein übergeordnetes Standard-Muster-Gesicht ein, an dem wir das neue vergleichen. Es ist unser typisches Vergleichsgesicht mit den Variationsmöglichkeiten, die wir normalerweise kennen. Dies erklärt, warum Mitteleuropäer beispielsweise asiatische Gesichter so schlecht unterscheiden können. Die Differenz zum Standardgesicht des Mitteleuropäers ist so groß dass die Variationen nicht mehr verarbeitet werden können. Menschen, die dann länger in einem anderen Land leben, erweitern ihr Musterspektrum und können dann auch differenzieren.

Die Verarbeitungsareale des Gehirns für Gedanken und Gefühle liegen nicht nahe bei einander, sondern sie sind in einer gewissen Distanz zueinander untergebracht. Eric Berne, der Begründer der Transaktionsanalyse, hatte seinerzeit durch Penfields Gehirnforschungen angeregt die Hypothese aufgestellt, dass man möglicherweise die gemeinsame Gestalt aus Gefühl, Denken und Verhaltensinformation an einem Punkt des Gehirns durch Stimulation auffinden kann (Berne, 1964). Diese spezifische Punktzuordnung erscheint nach heutigem Wissensstand sehr fraglich. Stattdessen scheinen die Transportwege über Nervenzellen und chemische Botenstoffe weitaus komplexer zu sein.

Das Verbindende, der »Kleber« bei Mustern

Ein flüchtiger Blick, sofort erkennt man eine Zeitungsseite aus Text und Bildern. Blitzschnell hat das Gehirn Ordnung in das Chaos der vom Auge registrierten Signale gebracht. Der Kleber ist die Synchronizität der Nervenreaktionen. Es sind nicht ganz bestimmte Nervenzellen von vorneherein bestimmten äußeren Mustern zugeordnet, sondern es entsteht durch das synchrone und dynamische Zusammenspiel einer Reihe von Nervenzellen.

Unterschiedliche Gruppen von Nervenzellen werden gleichzeitig aktiv und entladen sich im Gleichtakt, wenn die Konturen als Teile eines zusammenhängenden Musters erscheinen. Diese Reaktion ist individuell gelernt und ausgeprägt. Es hat den Anschein, dass im Musterentstehungsprozess einfach geschaut worden ist, welche Zellen gerade frei sind.

Durchschnittlich verfügt jede Zelle nach drei bis vier Schaltstellen über eine Rückkopplung auf sich selbst. Das Gehirn im Gesamten ist ein komplexes Gefüge aus gekoppelten Schaltkreisen. Ein Durchlauf der neuronalen Aktivität beträgt wenige Millisekunden, selbst wenn es mehrere Stufen sind. Das Anklingen und Abklingen von Gefühlen benötigt jedoch mehrere Minuten, so dass sich ein Aufschaukeln eines Systems durch Tausende von Kreisprozessen in dem betreffenden System ergeben kann. Das Gehirn ist ein System. Eine eindeutige Ortzuweisung einer psychischen Qualität auf Gehirnorte ist erkenntnistheoretisch nach heutigem Wissenstand nicht haltbar. Es ist ein systemisches Phänomen, wie wir es auch in anderen Perspektiven finden. Hierzu eine Analogie aus der Physik: Die Eigenschaften des Wassers (z.B. Gefrierpunkt, Siedepunkt) lassen sich nicht aus den einzelnen betrachteten Eigenschaften des Wasserstoffs und des Sauerstoffs herleiten.

**Über den Vorteil Muster zu haben –
und die Schwierigkeit, neue Muster aufzubauen**

Bei Schachspielern hat man mit der Messmethode der Magnet-Enzephalographie Profis (Großmeister) mit Amateuren (»Liebhabern« des Schachspiels) verglichen. Profis mobilisieren andere Hirnareale als weniger fortgeschrittene Turnierspieler. Bei den weniger Erfahrenen liegt die Aktivität im mittleren Schläfenlappen und im Hippocampus, bei den Profis ist mehr Aktivität im Bereich der Stirn und des Scheitels. Dies deutet auf die Verarbeitung von »chunks«, also ganzer Informationsbrocken aus dem Langzeitgedächtnis hin. Sie greifen mehr auf Metamuster ihres Expertenwissens zurück. Sie ersparen sich damit die detaillierte Analyse des einzelnen Zuges. Die Amateure analysieren viel mehr.

Verabschieden wir uns jetzt mit einem letzten Blick zurück vom neuronalen Teil, indem wir kurz auf eine der radikalsten Muster der Betrachtung psychischer Phänomene schauen. Der sogenannte eliminative Materialismus zeigt gerade für psychologisch denkende Menschen ein ungewohntes Betrachtungsmuster, indem er psychologische Begriffe gänzlich eliminiert und beispielsweise statt von Lust von Dopaminausschüttung spricht.

Beim Betreten der psychologischen Musterwelt begegnen uns zunächst die Wahrnehmungsmuster in ihrer ganzen Breite von visuellen über auditive bis hin zu Geschmacks- und Geruchsmustern. Die kognitive Psychologie hat dann die Vielzahl von Wahrnehmungsphänomenen, die mit Täuschungen, plötzlichen Aha-Effekten, Erkennen usw. zu tun haben, eingehend untersucht.

10.5.2 Visuelle Muster: Von Yves-Klein-Blau und von Marken

Oft machen erst Ausnahmen ein Muster deutlich. Ein Beispiel aus der Malerei ist Yves, le Monochrome, Yves der Einfarbige: Yves Klein gestaltete großformatige Leinwände als reine Meditationsebenen in der Farbe des Himmels: Blau. Er malte nur noch in blau und vorwiegend Flächen. Viele Menschen reagieren auf Kleins Bilder irritiert, weil sie sich durch den Musterverlust auszeichnen. Sie bieten nur noch ein eindimensionales visuelles Muster und konterkarieren viele Mustervorstellungen von Kunst. Dabei wollte Klein nach eigenen Worten hinter die Muster schauen. Er suchte etwas in seinem Leben, »das nie geboren ist und nie gestorben ist«. »Ein Maler soll ein einziges Meisterwerk malen: das sich selbst, unaufhörlich mit seiner ganzen malerischen Gegenwart erfüllt und sie nach seinem Weggehen im Raum hinterlässt.« (Yves Klein)

Visuelle Musterangebote finden wir natürlich in großem Ausmaße in der heutigen Welt. Die Muster-Visualisierung zeigt sich insbesondere in der Wirtschaftswelt. Das Bestreben von Unternehmen ist es gar, ein Muster zu einer solchen Verbreitung zu führen, dass der Wiedererkennungseffekt überall sehr hoch ist. Dann ist eine Marke entstanden: Mercedes mit dem Stern, Coca-Cola, McDonalds, Tempo. Aber auch genügend historische Beispiele für visuelle Muster mit hohem Wiedererkennungswert wie das Kreuz für die Christen sind in der Welt vorhanden..

10.5.3 Auditive Muster: Die Welt ist Klang

Joachim E. Behrendt hatte sein Leben den auditiven Mustern verschrieben. »Die Welt ist Klang« (Berendt, 1985). Bei auditiven Mustern scheint eine tiefe Einprägung möglich zu sein. So wie bestimmte Sätze uns ein Leben lang nicht aus dem Kopf gehen, gibt es ein Dur- und Moll-Gedächtnis. Gesprochene Sprache und Musik rufen in denselben Hirnarealen der Hirnrinde ähnliche Reaktionsmuster aus. Menschen lernen je nach Kultur ein implizites Harmoniewissen. Dies war das Ergebnis einer Untersuchung, bei der unerwartete Wörter in Sätzen vorkamen. Die kulturspezifischen Harmonieweisen geben Muster vor.

10.5.4 Bewegungs- und Verhaltensmuster: Typisches

Schöne Beispiele für Bewegungs- und Verhaltensmuster sind im Tanz zu finden. Aber auch der »typische Gang, die typische Mimik und Gestik« sind Alltagsphänomene mit hohem Wiedererkennungswert. Ebenso sind psychische Auffälligkeiten wie eine depressive Verstimmung mit bestimmten Körperhaltungen verbunden.

Verhaltensmuster kennzeichnen unseren Alltag. Der Anteil der wiederkehrenden gleichen Verrichtungen an einem Tag übersteigt weit die einmaligen und die neu kreierten Handlungen. Offensichtlich scheint Musterbildung auch bei einem Menschen vom Zusammenwirken der Sinneskanäle abzuhängen. Die drei hier betrachteten Zugangskanäle visuell, auditiv und körperbewegend scheinen das Lernen neuer Muster zu erleichtern. Man lernt eine Sache erfahrungsgemäß besser, wenn man hört, sieht und etwas tut.

Der einzelne Mensch entwickelt bewusst und unbewusst Muster, um besser in der Welt zurechtzukommen. Gruppen von Menschen wie auch Organisationen bilden Muster heraus, um äußeren und inneren Anforderungen gerecht zu werden. Berater, Trainer, Pädagogen und Coaches haben Muster entworfen, die menschliches Denken, Fühlen und Handeln abbilden und die sie für ihre jeweilige Arbeit wie Landkarten zur besseren Orientierung nutzen. In diesen Berufsrollen treffen sie mit ihren Mustern auf Menschen mit deren spezifischen Mustern. Transaktionsanalytiker können hier beispielsweise auf die geniale Vorarbeit von Eric Berne bauen, der sowohl den Ich-Zustand, das kohärente Muster aus Fühlen, Denken und Verhalten, als auch das Skript, den aus frühen Lebenserfahrungen entstandenen unbewussten Lebensplan, beschrieb. Damit liegen zwei Muster-Konzepte vor, die für viele Lebenssituationen wichtige Deutungskategorien und Veränderungsimpulse zur Verfügung stellen (Näheres hierzu in Kap. 2).

10.5.5 Beziehungs- und Systemmuster: Interpersonale Resultate

Die Beziehungen von Menschen, gestalten sich oft in Mustern. Wir lästern über Beziehungen wo »die Frau die Hosen an hat«, über zwei, »die immer zusammen hängen«, oder über Paare, »die immer nur streiten«. Wir lachen über »Dick und Doof«, suchen den »Traumpartner« und freuen uns am »Katz-und-Maus«-Spiel von Don Camillo und Peppone.

Auch das Ich, die Beziehung zu sich selbst, ist ein Muster. Das erlebte Ich hängt sehr vom Körper ab. Je nach körperlicher Beeinträchtigung des Gehirns wird das Ich sehr unterschiedlich erlebt. Die Gedanken dazu sind insofern frei, dass ein Rauschzustand etwa durch Alkohol oder Drogen die schönste Welt vorgaukeln kann, obwohl man sich in einer äußerst schlechten Situation befindet.

Mehrpersonenkonstellationen wie Familien und Organisationen lassen Muster erkennen. Das Muster zeigt sich in einer systemischen Dynamik. Die

Kirche, die wertkonservativ Jahrhunderte überdauert. Die Mafia, die mit Brutalität, Blutsbanden und bestimmten Organisationsprinzipien unausrottbar erscheint. Der Bundesliga-Club, der alle Spieler und den Trainer austauschen kann und immer noch treue Fans bindet. Organisationen reproduzieren sich selbst über ihre Muster. Menschen können dort oft ersetzt oder ausgetauscht werden, solange dies nicht das Muster selbst verändert.

10.5.6 Professionsmuster

Zuerst ein Professions-Beispiel aus dem Tierreich: Elstern können zählen. Sie haben das offensichtlich für ihre Sicherheit und Nahrungsbeschaffung lernen müssen. Wenn sich fünf Personen unweit von ihrem Nest verstecken und nur vier davon wieder abziehen, dann weiß die Elster, dass sich noch einer im Versteck befinden muss. Dies fand Charles G. Leroy in einer seiner Untersuchungen heraus. Vielleicht ist es für das »professionelle« Vorgehen der Elster wichtig, diese Kompetenz zu haben.

Aber auch menschliche Professionen haben ihre Muster. Man denke nur an die Sprachmuster in bestimmten Berufen. Wenn der Banker von Sicherheit spricht, meint er etwas gänzlich anderes, als wenn ein Polizist, ein Soldat oder ein Psychologe von Sicherheit spricht.

10.6 Abschließendes

Die Betrachtung von Mustern zeigt, wie sehr dieses Phänomen uns betrifft. Menschen »sind« Muster. Menschen »machen« Muster. Das Musterkonzept ergibt Metaideen zu vielen anderen Konzepten. Die vielen Modelle und Konzepte, die wir Menschen uns für unser Leben machen, sind Musterbildungsprozesse. Die Tragweite der Musterbildung ist nicht zu unterschätzen.

Literatur:

Alderfer, C.P. (1977): Existence, relatedness, and growth: Human needs in Organizational settings. New York: Free Press.
Alexander, C. (1977): A pattern language, Oxford
Berne, E. (1966): Principles of Group treatment, Oxford Univ. Press
Berne, E. (1970): Games People Play, N.Y. 1964; dt.: Spiele der Erwachsenen, Hamburg
Berne, E. (1983): Was sagen Sie, nachdem Sie Guten Tag gesagt haben? Frankfurt: Fischer.
Berne, E. (2001): Die Transaktionsanalyse in der Psychotherapie, Paderborn: Junfermann
Behrendt, J.-E.(1985): Nada Brahma. Die Welt ist Klang. Hamburg: Rowohlt
Boszormenyi-Nagy, I. (1973): Invisible Loyalities, New York
Capra, F. (2000): Lebensnetz, München
Clarkson, P. (1996): Transaktionsanalytische Psychotherapie, Freiburg: Herder
Dalai Lama (2005): Zitat aus einem Vortrag in Wiesbaden, Oktober 2005
Deutscher Berufsverband Coaching (2007): Leitlinien und Empfehlungen für die Entwicklung von Coaching als Profession, Kompendium mit den Professionsstandards des DBVC
Dehner, U. (2001): Die alltäglichen Spielchen im Büro, Frankfurt a.M.: Campus
Ellis, A. (1979): Ein integrierter psychotherapeutischer Ansatz in: Quekelberghe, R.: Modelle kognitiver Therapien, München u.a.
English, F. (1976): Transaktionsanalyse und Skriptanalyse, Aufsätze und Vorträge von Fanita English, hrsg. von H. Petzold u. M. Paula, Hamburg
English, F. (1977): »What shall we do tomorrow? Reconceptualizing Transactional Analysis«, pp. 287-347, in: Barnes (ed.): Transactional Analysis after Eric Berne, New York: Harper's College Press
English, F. (2004): »Family Influences and Unconscious Drives: Motivators of Career Coices«, in: www.carrertrainer.com
Frühmann, E. (1978): Neuere Psychotherapiemethoden II, in Strotzka, H.: Psychotherapie, München u.a., S. 354-375
Grawe, K. (1994): Psychotherapie ohne Grenzen, Verhaltenstherapie und psychosoziale Praxis, S. 357-370
Grof, S. (1978): Topographie des Unbewussten, Stuttgart: J.G. Cotta
Grün, A. (o.J.): Die Krise der Lebensmitte, Audio-Casette, Abtei Münsterschwarzach
Harris, T.A. (1973): Ich bin o.k. - Du bist o.k., Hamburg
Haberleitner, E., Deistler, E. und Engvari, R. (2001): Führen, Fördern, Coachen. Frankfurt: Ueberreuter

Hennig, G. und Pelz, G. (2002): Lehrbuch der Transaktionsanalyse, Paderborn: Junfermann

Hjelle, A.L. und Ziegler, R. (1976): Personality, N.Y.

Hewitt, G. (1995): Cycles of psychotherapy, *Transactional Analysis Journal*, 25, 3, 200-207

Hewitt, G. (2003): Cycles of supervision, Presentation at the ITAA-Conference, in Oaxaca, Mexico

Höher, P. (2007): Coaching als Methode des Organisationslernens, Bergisch-Gladbach: EHP

Horn, K.P. und Brick, R. (2001): Das verborgene Netzwerk der Macht, Offenbach: Gabal

Horn, K.P. und Brick, R. (2003): Organisationsaufstellungen und systemisches Coaching, Offenbach: Gabal

James. M. und D. Jongeward (1974): Spontan leben, Übungen zur Selbstverwirklichung, Hamburg

Janov, A. (1973): The primal Scream, N.Y. 1970; dt.: Der Urschrei, Ein neuer Weg der Psychotherapie, Frankfurt

Kahler, T. (1977): The Miniscript. In: G. Barnes, (Ed.): Transactional Analysis after Eric Berne. Teaching und praktices of three TA schools. N.Y., 223-256, dt.: (1977): Das Miniskript. In: Barnes, G., u.a.: Transaktionsanalyse seit Eric Berne, Bd 2; Berlin, 91-132

Kernberg, O.F. (1983): Borderline-Störungen und pathologischer Narzissmus, Frankfurt: Suhrkamp

Kohlrieser, G. (2005): Leadership, Vortrag im Rahmen einer Veranstaltung des IMD, Lausanne, in Basel, Dezember 2005

König, E. und Volmer, G. (2003): Systemisches Coaching, Weinheim und Basel: Beltz

Köster, R. (1999): Von Antreiberdynamiken zur Erfüllung grundlegender Bedürfnisse. In: *Zeitschrift für Transaktionsanalyse* 16, 4, 145-169

Kraft, K. (2002): Muster ohne Wert, Zur Funktionalisierung und Marginalisierung von Muster, Dortmund: Univ. Diss.

Maslow, A. (1970): Motivation and personality, New York: Harper (2nd. Edition)

Maturana, H. und Varela, F. (1987): Der Baum der Erkenntnis, Hamburg: Scherz

Mautsch, F. (2004): Vertragsarbeit – Wie kommen wir zu einem gemeinsamen Arbeitsbündnis?, in: Rauen, C. (Hrsg.): Coaching-Tools, Bonn: manager-seminare-Verlag, S. 65-71

McClelland, D. (1953): The achievement motive, New York

Mohr, G. (2000): Lebendige Unternehmen führen, Frankfurt: FAZ-Buchverlag

Mohr, G. (2003): Das innere Team der Ich-Zustände, in: *Zeitschrift für Transaktionsanalyse*

Mohr, G. (2006): Dynamic Organisational Analysis, in Mohr, G. und Steinert, T.: Growth and Change for Organizations, Transactional Analysis – New Developments, Pleasonton: ITAA

Mohr, G. (2006): Systemische Organisationsanalyse, Bergisch-Gladbach: EHP-Verlag

Mohr, G. (2007): Interne Beratung, in: Hagehülsmann, H. (Hrsg.): Die Kunst transaktionsanalytischer Beratung, Paderborn: Junfermann

Mohr, G. und Steinert, T. (Hrsg.)(2006): Growth and Change for Organizations, Transactional Analysis – New Developments, Pleasonton: ITAA

Moiso, C. (1985): Ego states and transference, Transactional Analysis Journal, 15, 194-201

Norman K.A., Polyn S.M., Detre G.J., & Haxby J.V. (2006): Beyond mind reading: multi-voxel pattern analysis of fMRI data. *Trends in Cognitive Science*, 10(3)

Novellino, M. (2003): On closer analysis: a psychodynamic revision of the rules of communication within the framework of transactional psychoanalysis, in: Sills, C. & Hargarden, H. (2003): Ego states, London, p. 149-168

Penrose, R. (1994): Shadows of the Mind. A Search for the Missing Science of Consciousness. Oxford University Press, 1994

Petersen, G. (1980): Transaktionsanalyse, in: Linster, H.W. und Wetzel, H.: Veränderung und Entwicklung der Person, Hamburg, 264-291

Polyn, S.M., Natu, V.S., Cohen, J.D., & Norman, K.A. (2005): Category-specific cortical activity precedes recall during memory search. *Science*, 310, 1963-1966

Raddatz, S. (2002): Beratung ohne Ratschlag, Systemisches Coaching für Führungskräfte und BeraterInnen, Wien: Verlag Systemisches Management

Rauen, C. (2004) (Hg.): Coaching-Tools, Bonn: manager-seminare-Verlag

Rohde-Dachser, C. (1983): Das Borderline-Syndrom, Bern: Huber

Rosenberg, M. (2002): Gewaltfreie Kommunikation, Paderborn: Junfermann

Rückle, H. (2000): Coaching, Landsberg: Moderne Industrie

Schenk, H. (2000): Glück und Schicksal. Wie planbar ist unser Leben?, München: Beck

Schmid, B. und Jäger, K. (1986): Zwickmühlen. Oder Wege aus dem Dilemma-Zirkel. In: *Zeitschrift für Transaktionsanalyse* 3, 1, 5-16

Schmid, B. (2004): Systemisches Coaching. Konzepte und Vorgehensweisen in der Persönlichkeitsberatung, Bergisch-Gladbach: EHP-Verlag (2. Aufl. 2006)

Schmid, B. (1990): Professionelle Kompetenz für Transaktionsanalytiker - das Toblerone-Modell, in: *Zeitschrift für Transaktionsanalyse*, 1/

Schmid, B. und Hipp, J. (1999): Individuation und Persönlichkeit als Erzählung. In: *Zeitschrift für systemische Therapie* 1, 33-42

Schmidt, G. (2005): Einführung in die hypnosystemische Therapie und Beratung, Heidelberg: Carl Auer

Schmidt-Tanger, M. (1998): Veränderungscoaching, Paderborn: Junfermann

Schneider, J. (2000): Supervision, Paderborn: Junfermann

Schneider, J. (1977): Dreistufenmodell transaktionsanalytischer Beratung und Therapie von Bedürfnissen und Gefühlen, *Zeitschrift für Transaktionsanalyse*, Heft 1-2, 14. Jg.

Schreyögg, A. (1994): Supervision, Didaktik und Evaluation, Paderborn: Junfermann

Schulz von Thun, F. (1996): Praxisberatung in Gruppen, Weinheim und Basel: Beltz

Senge, P. (1994): Das Fieldbook der fünften Disziplin, Stuttgart: Klett-Cotta

Shapiro, I. (1997): Outbreak of peace, Pasenbach: Arun

Sprenger, R. (2003): Mythos Motivation, Frankfurt: Campus

Stasiuk, A. (1998): Der weiße Rabe, Berlin. Rowohlt

Steiner, C. (1974): Scripts People Live, Transactional Analysis of Life Scripts, N.Y.

Suzuki, Daisetz Teitaro (1980): Über Zen-Buddhismus, in Fromm, E., Suzuki, D.T. und de Martino, R.: Zen-Buddhismus und Psychoanalyse, Frankfurt: Suhrkamp

Vogelauer, W. (2005): Methoden-Abc des Coaching, Neuwied: Luchterhand

Woolams, S. und Brown, M. (1978): Transactional Analysis, Dexter (Mich.)

Günther Mohr

WORKBOOK COACHING UND ORGANISATIONSENTWICKLUNG MIT INTEGRATIVER TRANSAKTIONSANALYSE

EHP-Praxis / ISBN 978-3-89797-099-1 / 140 S., Abb., Tabellen

Der Autor komplettiert seine beiden Bücher »Coaching und Selbstcoaching« und »Systemische Organisationsanalyse« mit diesem Workbook für die beraterische Praxis. Damit ist der Leser umfassend informiert: von den theoretischen Grundlagen der Organisationsentwicklung und des Coachings über die Organisationsdiagnose bis hin zur praktischen Umsetzung in der Transformationspraxis in Organisationen und der Führungskräfteberatung.